# A类石油石化设备材料监造大纲

(石化转动设备及电气设备分册)

中国石油化工集团有限公司物资装备部　编

## 内容提要

《A 类石油石化设备材料监造大纲》是中国石油化工集团有限公司物资装备部总结以往监造管理工作经验，结合设备材料监造管理制度及相关标准的要求，形成的一套工具书。分为《材料》《阀门管件》《石化专用设备》《石化转动设备与电气设备》《石油专用设备》五个分册，是 A 类石油石化设备材料监造管理工作制订的技术规范。明确实施监造设备材料的关键部件、关键生产工序，以及质量控制内容，规范中国石化设备材料监造工作流程和质量控制点，是委托第三方监造单位开展 A 类石油石化设备材料监造管理工作的指导用书。

《A 类石油石化设备材料监造大纲》适合从事石油石化设备材料采购、物资供应质量管理、生产建设项目管理、设备技术管理、工程设计等相关人员阅读参考。

### 图书在版编目（CIP）数据

A 类石油石化设备材料监造大纲.4，石化转动设备与电气设备分册 / 中国石油化工集团有限公司物资装备部编. —北京：中国石化出版社，2020.5
ISBN 978-7-5114-5747-9

Ⅰ.① A… Ⅱ.① 中… Ⅲ.① 石油化工设备—制造—监管制度②石油化工—化工材料—制造—监管制度③石油化工设备—转动机构—制造—监管制度④石油化工设备—电气设备—制造—监管制度 Ⅳ.① TE65

中国版本图书馆 CIP 数据核字（2020）第 065461 号

未经本社书面授权，本书任何部分不得被复制、抄袭，或者以任何形式或任何方式传播。版权所有，侵权必究。

中国石化出版社出版发行
地址：北京市东城区安定门外大街58号
邮编：100011　电话：（010）57512500
发行部电话：（010）57512575
http://www.sinopec-press.com
E-mail：press@sinopec.com
北京科信印刷有限公司印刷
全国各地新华书店经销

\*

710×1000 毫米 16 开本 80.5 印张 1232 千字
2020 年 6 月第 1 版　2020 年 6 月第 1 次印刷
定价：320.00 元（全五册）

## 编委会

主　任：茹　军　王　玲
副主任：戚志强
委　员：张兆文　徐　野　刘华洁　高文辉　方　华　李晓华
　　　　沈中祥　苗　濛　范晓骏　孙树福　周丙涛　余良俭

## 编写组

主　　编：张兆文
副 主 编：孙树福　余良俭　张　铦
编写人员：娄方毅　田洪辉　傅　军　刘　旸　王洪璞　王瑞强
　　　　　陈生新　陶　晶　刘长卿　程　勇　赵保兴　曲吉堂
　　　　　张冰峻　王秀华　王　磊　唐晓渭　王志敏　夏筱斐
　　　　　王宇韬　郭　峰　吴　宇　杨　景　陈明健　解朝晖
　　　　　章　敏　胡积胜　张海波　葛新生　周钦凯　王　勤
　　　　　田　阳　郑明宇　邵树伟　华　伟　时晓峰　方寿奇
　　　　　贺立新　魏　嵬　赵　峰　张　平　李　楠　刘　鑫
　　　　　李科锋　孙亮亮　付　林　郑庆伦　华锁宝　李星华
　　　　　赵清万　李　辉　易　锋　陈　琳　杨运李　王常青
　　　　　康建强　吴晓俣　吴　挺　刘海洋　陆　帅　李文健
　　　　　田海涛　陈允轩　吴茂成　蔡志伟　李　波　孙宏艳
　　　　　肖殿兴　朱全功　赵付军　姚金昌　鄢邦兵

# 审核人员

秦士珍　李广月　尉忠友　龚　宏　赵　巍　谭　宁
王立坤　方紫咪　曲立峰　崔建群　毛之鉴　黄　强
沈　珉　邓卫平　李胜利　柯松林　刘智勇　黄　志
黄水龙　刘建忠　徐艳迪

# 序言 PREFACE

为落实质量强国战略,中国石化坚持"质量永远领先一步"的质量方针,高度重视物资供应质量风险控制,致力打造基业长青的世界一流能源化工公司。设备材料制造质量直接影响石油石化生产建设项目质量进度和生产装置安稳长满优运行,是本质安全的基础。对设备材料制造过程实施监造,开展产品质量过程监控,是中国石化始终坚持的物资质量管控措施。

对于生产建设所需物资,按照其重要程度,实行质量分类管理。对用于生产工艺主流程,出现质量问题对安全生产、产品质量有重大影响的物资确定为A类物资,对A类物资实施第三方驻厂监造。多年来中国石化积累了丰富的监造管理经验,为沉淀和固化行之有效的经验和做法,物资装备部2010年组织编写并出版发行了《重要石化设备监造大纲》(上册),包括加氢反应器、螺纹锁紧环换热器、压缩机组、炉管等共19大类设备;2013年组织编写并出版发行了《重要石化设备监造大纲》(下册),包括烟气轮机、聚酯反应器、冷箱、空冷器、阀门、管件等共17大类设备材料。

为持续提高物资供应质量风险防控能力和质量管理水平,2017年6月启动了A类设备材料监造大纲制(修)订工作。历时两年半,于2019年12月完成了《A类石油石化设备材料监造大纲》制(修)订工作,将85个A类石油石化设备材料监造大纲汇编为材料、阀门管件、石化专用设备、石化转动设备与电气设备、石油专用设备等5个分册。本次监造大纲制(修)订充分吸收了监造单位、设计单位、制造厂和使用单位的意见,并将中国石化设备材料监造管理制度及相关采购技术标准的要求纳入监造大纲内容,明确了原材料、重要部件、关键生产工序等质量控制范围,规范了监造工作流程、质量控制点和控制内容,是开展A类石油石化设备材料监造工作的指导性文件。

对参与编写工作的上海众深科技股份有限公司、南京三方化工设备监理有限公司、合肥通安工程机械设备监理有限公司和陕西威能检验咨询有限公司；参与审核工作的中国石油化工股份有限公司胜利油田分公司、齐鲁分公司、长岭分公司、安庆分公司、天然气分公司，中国石化集团扬子石油化工有限公司，中石化工程建设有限公司、洛阳工程有限公司、宁波工程有限公司、石油工程设计有限公司，中国石化集团南京化学工业有限公司化工机械厂、中石化四机石油机械有限公司、石油工程机械有限公司沙市钢管厂、江苏中圣机械制造有限公司、燕华工程建设有限公司、沈阳鼓风机集团股份有限公司、大连橡胶塑料机械有限公司、天津钢管集团股份有限公司、南京钢铁集团有限公司、中核苏阀科技实业股份有限公司、成都成高阀门有限公司、合肥实华管件有限责任公司、浙江飞挺特材科技股份有限公司、宝鸡石油机械有限责任公司、上海神开石油设备有限责任公司、胜利油田孚瑞特石油装备有限责任公司、江苏金石机械集团有限公司等，在此表示感谢。

A类石油石化设备材料监造大纲，虽经多次研讨修改，由于水平有限，仍难免存在缺陷和不足之处，结合实际使用情况和技术进步需要不断完善，欢迎广大阅读使用者批评指正。

编委会

2019年12月16日

# 目录
CONTENTS

| | |
|---|---|
| 工业驱动汽轮机监造大纲 | 001 |
| 发电汽轮机监造大纲 | 017 |
| 离心式压缩机监造大纲 | 035 |
| 往复式压缩机监造大纲 | 051 |
| 轴流式压缩机监造大纲 | 067 |
| 管道压缩机监造大纲 | 081 |
| 螺杆压缩机监造大纲 | 097 |
| （高压聚乙烯、EVA）一次压缩机监造大纲 | 111 |
| （高压聚乙烯、EVA）二次压缩机监造大纲 | 125 |
| （高压聚乙烯、EVA）高压柱塞泵监造大纲 | 139 |
| 烟气轮机监造大纲 | 151 |
| 石油化工流程泵监造大纲 | 165 |
| 多级高压离心泵监造大纲 | 177 |
| 高速泵监造大纲 | 191 |
| LNG高压外输泵监造大纲 | 203 |
| 煤浆泵监造大纲 | 215 |
| 大型挤压造粒机组监造大纲 | 229 |
| 磨煤机监造大纲 | 245 |
| 蒸汽管干燥机监造大纲 | 259 |
| 大型发电机监造大纲 | 273 |
| 大型变压器监造大纲 | 287 |
| 气体绝缘金属封闭开关设备（GIS）监造大纲 | 301 |

# 工业驱动汽轮机

## 监造大纲

# 目 录

前言 …………………………………………………………………… 003
1 总则 ………………………………………………………………… 004
2 主机 ………………………………………………………………… 006
3 辅机 ………………………………………………………………… 009
4 成撬 ………………………………………………………………… 010
5 涂装与发运 ………………………………………………………… 010
6 工业驱动汽轮机驻厂监造主要质量控制点 ……………………… 010

# 前 言

《工业驱动汽轮机监造大纲》是参照GB/T 1.1—2009《标准化工作导则 第1部分：标准的结构和编写》给出的规则起草。

本大纲由中国石油化工集团有限公司物资装备部提出。

本大纲2010年7月第一次发布，本次为修订升版。

本大纲起草单位：上海众深科技股份有限公司。

本大纲起草人：贺立新、刘鑫、李科锋、孙亮亮、吴茂成。

# 工业驱动汽轮机监造大纲

## 1 总则

1.1 内容和适用范围。

1.1.1 本大纲主要规定了采购单位（或使用单位）对石油化工工业驱动汽轮机制造过程监造的基本内容及要求，是委托驻厂监造的主要依据。

1.1.2 本大纲适用于石油化工工业使用的驱动汽轮机制造过程监造，同类设备可参照使用。

1.1.3 本大纲中具体技术要求如与采购技术文件不一致时，原则上应以采购技术文件为准。

1.2 监造工作的基本要求。

1.2.1 监造人员要求。

1.2.1.1 监造人员应与所在监造单位有正式劳动合同关系。

1.2.1.2 监造人员应严格依据监造委托合同，履行监造职责，完成监造任务。

1.2.1.3 监造人员应持有不低于中国设备监理协会颁发的专业设备监理师资格证书，监造人员有二年（或以上）的监造业务经验，在相应专业岗位工作三年以上。

1.2.1.4 监造人员应熟悉监造物资的制造工艺，掌握制造过程中的质量技术要求和检验试验关键控制点。

1.2.1.5 监造人员在监造活动过程中应遵守有关保密约定和规定。

1.2.1.6 监造人员应遵守制造商 HSSE 或安全生产管理制度的相关规定，严格执行劳保着装和安全防护要求。

1.2.2 监造工作程序。

1.2.2.1 监造人员在开始监造的 10 个工作日内，对制造商的人员资质、生产工艺、装备能力和质保体系运行情况进行检查和评估，并向委托方提供质量风险评估报告，明确风险等级（高、中、低、无）。

1.2.2.2 监造单位在收到采购技术文件后，10 个工作日内编制完成《监造大纲》。

1.2.2.3 监造单位在获得设计相关图样、制造工艺、质量控制计划、生产进度计划后，15 日内编制完成《监造实施细则》。

1.2.2.4 监造人员应配备必要的用于平行检查且检定合格的检测器具。

1.2.2.5 监造人员应按委托方的通知或有关要求参加或组织召开预检验会议，与

制造商对接确定检验试验计划和质量控制点,并经委托方确认。

1.2.2.6　监造人员应组织制造商质量、技术、生产及经营(项目管理)等相关部门召开监理周例会,通报监造工作情况,协调解决质量进度问题,结合生产进度计划安排后续监造工作,并形成会议纪要。

1.2.2.7　监造人员在监造实施过程中,如发现质量隐患、质量问题以及可能影响交货期的重大因素时,应及时报委托方,并以书面形式通知制造商,要求制造商采取有效措施予以整改,若制造商延误或拒绝整改时,可责令其停工。

1.2.2.8　对于原材料、外购件以及外协加工、外协检测和外协检验试验等过程,监造人员应重点审查质量证明文件、外协单位资质、人员资质、工艺文件和检验试验报告等。并依据监造实施细则和检验试验计划中设置的监造访问点,实施质量控制。

1.2.2.9　实施监造的物资经现场监造人员确认符合标准规范和订单约定后,按发货批次开具监造放行单,并报委托方。

1.2.2.10　全部监造工作完成后,应于30日内完成监造总结报告交付委托方。

1.3　监造单位应提交的文件资料。

1.3.1　目录(含页码)(必须)。

1.3.2　产品质量监造报告书(必须)。

1.3.3　监造工作总结(必须)。

1.3.4　监造大纲(必须)。

1.3.5　监造实施细则(必须)。

1.3.6　监造周报(必须)。

1.3.7　设计变更通知及往来函件(如有)。

1.3.8　监造工作联系单(如有)。

1.3.9　监造工程师通知单(如有)。

1.3.10　会议纪要(如有)。

1.3.11　监造放行单(必须)。

1.4　主要编制依据。

1.4.1　GB/T 26429　设备工程监理规范。

1.4.2　GB/T 51007　石油化工用机泵工程设计规范。

1.4.3　JB/T 9021　汽轮机主轴和转子锻件的热稳定性试验方法。

1.4.4　NB/T 47013.1～5,7　承压设备无损检测。

1.4.5　SH/T 3145　石油化工特殊用途汽轮机工程技术规定。

1.4.6　Q/SHCG 10029—2018　工业驱动用汽轮机底座系列。

1.4.7　Q/SHCG 10030—2018　工业驱动用汽轮机系列。

1.4.8　Q/SHCG 10031—2018　工业驱动用汽轮机轴承系列。

1.4.9　Q/SHCG 10032—2018　工业驱动用汽轮机轴头尺寸系列。

1.4.10 API 612—2014 石油、化工及气体工业用特殊用途汽轮机。

1.4.11 API 614—2008 石油、化工及气体工业用润滑、轴密封和控制油系统及其辅助设备。

1.4.12 API 671 石油、化工及气体工业用特殊用途联轴器。

1.4.13 API 670 机械保护系统。

1.4.14 采购技术文件。

## 2 主机

2.1 技术要求。

2.1.1 依据采购技术文件、SH/T 3145标准，Q/SHCG 10029～10032—2018标准核对制造商机组配置以及施工图样的符合性。

2.1.2 应审查下列文件。

2.1.2.1 施工图样及制造工艺文件中的检验和试验项目的满足性；

2.1.2.2 辅机、外配套件、电气、仪表等外购件清单及分供应商的符合性。

2.2 原材料。

2.2.1 依据采购技术文件核对分供应商的符合性，审查原始质保书，并核对材料牌号、规格、热处理状态、化学成分、力学性能、金相、无损检测等内容。

2.2.2 检查材料或毛坯外观质量、标识，并做好记录。

2.2.3 根据采购技术文件及施工图样，检查制造商对叶片、主轴、汽缸、速关阀（主汽阀）、蒸汽室、导叶持环（隔板）等主要零件的化学成分、力学性能、金相、无损检测的复验报告。

2.2.4 需在制造商厂内进行性能热处理的材料，必须以最终性能热处理数据为验收结果。

2.2.5 对于进汽温度大于480℃的汽轮机，主轴应进行热稳定性试验。

2.3 无损检测。

2.3.1 无损检测按采购技术文件及相关材料标准的无损检测有关规定验收。

2.3.2 动叶片精加工后应进行磁粉检测或超声检测。

2.3.3 静叶片精加工后应进行磁粉检测。

2.3.4 主轴毛坯粗加工后应进行超声检测。

2.3.5 主轴半精加工后应进行磁粉检测。

2.3.6 主轴精加工后应对轴承部位进行磁粉或渗透检测。

2.3.7 汽缸、速关阀壳毛坯粗加工后应在机加工面进行超声检测。

2.3.8 汽缸、速关阀应力集中处应进行磁粉检测。

2.3.9 汽缸与速关阀阀壳对接焊坡口应进行渗透检测。

2.3.10 汽缸与速关阀阀壳对接焊缝应进行射线检测。

2.3.11 蒸汽室、高压导叶持环（高压隔板）毛坯粗加工后应在机加工面进行超声检测。

2.3.12 蒸汽室、高压导叶持环（高压隔板）应力集中处应进行磁粉检测。

2.4 消除应力处理。

2.4.1 按制造商工艺规定验收。

2.4.2 主轴半精加工后应进行消除应力处理，并进行残余应力检查；主轴的热稳定性试验按 JB/T 9021，最终消除应力和热稳定性试验可以合并在同一工序中进行。

2.4.3 焊接隔板、汽缸与速关阀阀壳焊接结束后应进行消除应力处理，对于 Cr-Mo 钢类材料，焊前应进行预热，焊后应及时消氢和消除应力处理。

2.4.4 导叶持环（隔板）粗加工后应进行消除应力处理。

2.4.5 铸造轴承座、铸造排缸等铸造件清砂后应进行消除应力处理。

2.4.6 焊接排缸焊后应进行消除应力处理。

2.4.7 公用底座焊后应进行消除应力处理。

2.5 几何尺寸。

2.5.1 按制造商施工图样及工艺要求验收。

2.5.2 首次制造开发叶型的叶根尺寸应逐一进行检查。

2.5.3 主轴与联轴器、轴承配合尺寸应进行检查。

2.5.4 转子轴向定位尺寸及跳动应进行检查。

2.5.5 汽缸水平中分面自由贴合间隙应进行检查。

2.5.6 导叶持环（隔板）水平中分面自由贴合间隙应进行检查。

2.5.7 轴承箱水平中分面自由贴合间隙应进行检查。

2.6 外观。

2.6.1 叶片、主轴、导叶持环（隔板）、汽缸、速关阀阀壳（主汽阀阀壳）应进行有效标识。

2.6.2 所有零部件应进行毛刺和清洁度检查，合格后才能转入总装工序。

2.7 其它检查。

2.7.1 转子残磁≤3Gs，机械电跳量≤6.3μm。

2.7.2 轴承和密封组件（包括所有部件）的最大允许大气高斯水平：±2Gs；除了轴承和密封组件外的铸件和所有静止部件的最大允许大气高斯水平：±4Gs；轴和所有转动部件的最大允许大气高斯水平：±2Gs。

2.7.3 轴承座应进行煤油渗漏检查。

2.8 转子超速试验。

2.8.1 超速试验转速应不低于跳闸转速（额定运行转速的1.16倍），且持续时间不小于3min。

2.8.2 铆接围带的叶片，超速试验后应对铆接处进行着色检查，且不得有裂纹。

2.8.3 自带围带的叶片，超速试验后应检查叶片的变化，验收标准按制造商工艺要求。

2.9 转子动平衡试验。

2.9.1 低速动平衡试验按制造商施工图样及工艺要求进行。

2.9.2 高速动平衡试验应在超速试验后进行，高速动平衡试验转速应为汽轮机最高连续转速，在最高连续转速下的任意转速，转子振动速度应不大于1.0mm/s。

2.10 水压试验。

2.10.1 汽缸水压试验可根据压力不同分腔进行，试验压力应为最高允许工作压力的1.5倍，但不小于0.14MPa，保压时间≥30min，且无渗漏。

2.10.2 速关阀（主汽阀）水压试验压力应为最高允许工作压力的1.5倍，保压时间≥30min，且无渗漏。

2.10.3 平衡管焊接后应进行水压试验，试验压力应为最高允许工作压力的1.5倍，保压时间≥30min，且无渗漏。

2.11 总装。

2.11.1 按施工图样及制造商工艺规定验收。

2.11.2 汽缸、蒸汽室、导叶持环（隔板）、轴承座同心度应进行检查。

2.11.3 转子与汽缸同心度应进行检查。

2.11.4 转子与静止部件间隙应进行检查。

2.11.5 转子与径向轴承径向间隙、转子与推力轴承轴向间隙应进行检查。

2.11.6 滑销装配间隙应进行检查。

2.11.7 调节系统静态模拟试验检查。

2.12 主要外购外协件。

2.12.1 联轴器、轴承等型号、原产地及供应商应与采购技术文件规定一致。

2.12.2 测温、测振、转速探头、调速器等主要监控仪表型号及原产地应与采购技术文件规定一致。

2.12.3 主要外协件（如转子锻件、汽缸铸件、蒸汽室铸件、导叶持环铸件等原材料、某一加工工序外协）应按采购技术文件要求，采取过程控制（如关键点访问监造）。

2.13 机械运转试验。

2.13.1 多缸结构的汽轮机，机械运转试验可采用单缸或多缸串联同时进行。

2.13.2 机械运转试验前应进行以下检查：

2.13.2.1 审查制造商提交的试验大纲。

2.13.2.2 试验装置应满足工业拖动汽轮机机械运转试验的要求。

2.13.2.3 油系统过滤精度应≤10μm。

2.13.2.4 轴承进油温度。

2.13.2.5 试验监测仪表数量最低要求：测振探头前、后轴径各2个，测温探头前后径向轴承各2个，推力轴承主、副推力面各2个，轴位移探头1个，转速探头2个。

2.13.3 机械运转试验：

2.13.3.1 升速速率为额定转速的10%。

2.13.3.2 增速到额定转速的116%（跳闸转速）后，稳定运行15min。

2.13.3.3 机械式跳闸装置应进行跳闸试验，其连续三次测得的无倾向性跳闸转速应在规定的跳闸转速±1%以内。

2.13.3.4 在最高连续转速稳定运行至少4h。

2.13.3.5 转子未滤波的双振幅≤25.4μm，轴承出口油温≤80℃，回油温升≤30℃。

2.13.3.6 最高连续转速的0.05~8倍频率的振幅的振动数据，不应超过最高连续转速允许振动值的20%。

2.13.3.7 试验后应记录汽轮机惰走时间和临界转速。

2.13.3.8 试验后（热态）应按制造商工艺进行盘车，以防转子变形。

2.13.3.9 汽缸温度恢复到室温时，方可对汽轮机进行解体检查，转子与静止部件应无损伤。

## 3 辅机

3.1 油系统。

3.1.1 油系统验收依据采购技术文件规定执行。

3.1.2 核对油系统P&ID图。

3.1.3 油箱、高位油箱、油管道、法兰及阀门材料应与采购技术文件规定一致。

3.1.4 主、辅油泵型号、原产地及供应商应与采购技术文件规定一致；双联过滤器的过滤精度、材料、原产地及供应商应与采购技术文件规定一致；双联油冷却器的材料、原产地及供应商应与采购技术文件规定一致。

3.1.5 油管路焊缝应采用对接焊形式，氩弧焊打底的焊接方式，焊缝无损检测应按施工图样或采购技术文件规定。

3.1.6 控制油过滤精度应≤5μm。

3.1.7 不锈钢油管路应进行酸洗钝化处理。

3.1.8 油箱、高位油箱、油管路系统应进行外观及清洁度检查。

3.1.9 油系统运转试验：

3.1.9.1 主、辅油泵（如为电机驱动）启动及运转应正常。

3.1.9.2 双联油过滤器、油冷却器手动切换时，系统油压变化应符合相关标准。

3.1.9.3 稳定运转试验1h后，用100目滤网进行检查，手感无硬质颗粒为合格。

3.1.9.4 油站其它功能性试验。

3.2 水冷冷凝系统、汽封系统。

3.2.1 冷凝器、疏水膨胀箱、射汽抽气器和汽封冷却器的筒体、管板、换热管、管道、法兰及阀门用材料应与采购技术文件规定一致。

3.2.2 无人孔的辅机容器合拢前应进行内部清洁度及焊缝外观检查,接管焊缝及壳体合拢环缝应采用氩弧焊打底、单面焊双面成型的焊接方式。

3.2.3 焊缝无损检测应按施工图样或采购技术文件规定。

3.2.4 水压试验试验压力应按采购技术文件及施工图样规定。

3.2.5 射汽抽气器应进行性能试验检查。

3.2.6 冷凝泵的性能参数、供应商及原产地应核对,交工文件应审查,尤其应核对汽蚀余量与施工图样的符合性。

3.2.7 核对冷凝系统、汽封系统P&ID图。

3.2.8 冷凝器、疏水膨胀箱、射汽抽气器和汽封冷却器应进行外观及清洁度检查。

## 4 成橇

4.1 工业驱动汽轮机底座范围内的供货界面按采购技术文件中的P&ID图要求进行核对。

4.2 底座范围内的蒸汽管线及润滑油管线的焊缝应按采购技术文件要求进行无损检测,回油管应沿回油方向水平倾斜。管线应进行水压试验,试验压力及保压时间可按施工图样要求进行。

4.3 底座范围内的管线布置及支撑外观质量应进行检查。

## 5 涂装与发运

5.1 防锈涂装按采购技术文件规定,其中主机涂装质量应确保12个月,备用转子及其它备件涂装质量应确保18个月。

5.2 共用接口必须用金属盲板封口,且盲板厚度应为3mm以上。

5.3 驱动汽轮机转向标识、铭牌应固定在汽轮机机壳醒目位置,铭牌内容及铭牌用材料应进行检查。

5.4 驱动汽轮机包装箱起吊位置及重心位置应醒目标识。

5.5 装箱及出厂文件检查。

## 6 工业驱动汽轮机驻厂监造主要质量控制点

6.1 文件见证点(R):由监造人员对设备材料制造过程有关文件、记录或报告进行见证而预先设定的监造质量控制点。

6.2 现场见证点(W):由监造人员对设备材料制造过程、工序、节点或结果进行现场见证而预先设定的监造质量控制点,且应包括相关文件见证点(R)质量控制内容。

6.3 停止点(H):由监造人员见证并签认后才可转入下一个过程、工序或节点而预先设定的监造质量控制点,应包括相关现场见证点(W)和文件见证点(R)质量控制内容。

| 序号 | 零部件及工序名称 | 监造内容 | 文件见证点(R) | 现场见证点(W) | 停止点(H) |
|---|---|---|---|---|---|
| 1 | 主轴 | 1. 化学成分 | R | | |
| | | 2. 力学性能 | R | | |
| | | 3. 标识检查 | | W | |
| | | 4. 热处理 | R | | |
| | | 5. 无损检测(UT、MT) | R | | |
| | | 6. 热稳定性试验 | R | | |
| | | 7. 残余应力测定 | R | | |
| | | 8. 消磁处理 | R | | |
| | | 9. 尺寸及外观检查 | | W | |
| 2 | 动叶片(含喷嘴) | 1. 化学成分 | R | | |
| | | 2. 力学性能 | R | | |
| | | 3. 金相检验 | R | | |
| | | 4. 无损检测 | R | | |
| | | 5. 尺寸及外观检查 | | W | |
| | | 6. 末级动叶片称重 | R | | |
| 3 | 转子 | 1. 径向及端面跳动检查 | | W | |
| | | 2. 叶片安装 | | W | |
| | | 3. 半联轴器轴向推进量检查 | | W | |
| | | 4. 机械电跳量 | | W | |
| | | 5. 超速试验 | | | H |
| | | 6. 高速动平衡试验 | | | H |
| 4 | 高压缸 | 1. 材料标识 | R | | |
| | | 2. 化学成分 | R | | |
| | | 3. 力学性能 | R | | |
| | | 4. 无损检测(RT、UT、MT、PT) | R | | |
| | | 5. 热处理 | R | | |
| | | 6. 水压试验 | | | H |
| | | 7. 水平中分面自由贴合间隙、螺栓孔对中 | | W | |
| | | 8. 外观、尺寸及清洁度检查 | | W | |

（续表）

| 序号 | 零部件及工序名称 | 监造内容 | 文件见证点（R） | 现场见证点（W） | 停止点（H） |
|---|---|---|---|---|---|
| 5 | 排缸（背压式除外） | 1. 材料标识 | R | | |
| | | 2. 化学成分 | R | | |
| | | 3. 力学性能 | R | | |
| | | 4. 无损检测（铸铁件除外）（UT、MT） | R | | |
| | | 5. 消除应力处理 | R | | |
| | | 6. 水压试验 | | | H |
| | | 7. 轴承座部位渗漏试验 | | W | |
| | | 8. 水平中分面自由贴合间隙、螺栓孔对中 | | W | |
| | | 9. 外观、尺寸及清洁度检查 | | W | |
| 6 | 蒸汽室（喷嘴室） | 1. 化学成分 | R | | |
| | | 2. 力学性能 | R | | |
| | | 3. 无损检测（UT、MT） | R | | |
| | | 4. 消除应力处理 | R | | |
| | | 5. 水平中分面间隙 | | W | |
| | | 6. 外观、尺寸及清洁度检查 | | W | |
| 7 | 导叶持环（隔板） | 1. 化学成分 | R | | |
| | | 2. 力学性能 | R | | |
| | | 3. 无损检测（UT、MT） | R | | |
| | | 4. 消除应力处理 | R | | |
| | | 5. 水平中分面间隙 | | W | |
| | | 6. 外观、尺寸及清洁度检查 | | W | |
| 8 | 轴承座 | 1. 铸件外观 | | W | |
| | | 2. 材料核对 | R | | |
| | | 3. 渗漏试验 | R | | |
| | | 4. 轴承座水平中分面间隙 | | W | |
| 9 | 轴承 | 1. 轴承结构形式 | | W | |
| | | 2. 外观 | | W | |
| | | 3. 轴承合金贴合度无损检测（UT） | R | | |
| | | 4. 试装与轴承箱贴合 | | W | |
| 10 | 调节系统装配及试验 | 1. 调节阀动作试验 | | W | |
| | | 2. 静态联动试验 | | W | |

（续表）

| 序号 | 零部件及工序名称 | 监造内容 | 文件见证点（R） | 现场见证点（W） | 停止点（H） |
|---|---|---|---|---|---|
| 11 | 速关阀（含阀壳） | 1. 化学成分 | R | | |
| | | 2. 力学性能 | R | | |
| | | 3. 无损检测（UT、MT、PT） | R | | |
| | | 4. 热处理 | R | | |
| | | 5. 水压试验 | | W | |
| | | 6. 部件总装检查 | | W | |
| 12 | 静叶片 | 1. 化学成分 | R | | |
| | | 2. 力学性能 | R | | |
| | | 3. 金相检验 | R | | |
| | | 4. 无损检测（MT） | R | | |
| | | 5. 尺寸及外观检查 | | W | |
| 13 | 高压汽缸中分面螺栓 | 1. 化学成分 | R | | |
| | | 2. 力学性能 | R | | |
| | | 3. 无损检测（UT，螺栓直径≥36mm；/MT/PT） | R | | |
| | | 4. 材料标识 | | W | |
| 14 | 汽缸接管 | 1. 对接焊缝无损检测（RT） | R | | |
| | | 2. 平衡管水压试验 | R | | |
| | | 3. 外观检查 | | W | |
| | | 4. 部件组装 | | W | |
| 15 | 主机装配 | 1. 零部件标识、外观、清洁度检查 | | W | |
| | | 2. 静止部分对中检查 | | W | |
| | | 3. 滑销系统校正检查 | | W | |
| | | 4. 支撑轴承压盖过盈量 | | W | |
| | | 5. 轴瓦间隙及推力间隙检查 | | W | |
| | | 6. 通流部分间隙检查 | | W | |
| | | 7. 主要监控仪表安装检查 | | W | |
| | | 8. 油管道安装质量检查 | | W | |
| 16 | 空负荷机械运转试验 | 1. 审查试车大纲 | R | | |
| | | 2. 蒸汽参数、润滑油清洁度、油压、油温检查 | | W | |
| | | 3. 汽轮机运转前保安装置动作试验检查 | | | H |
| | | 4. 汽轮机运转前盘车试验 | | | H |

013

(续表)

| 序号 | 零部件及工序名称 | 监造内容 | 文件见证点（R） | 现场见证点（W） | 停止点（H） |
|---|---|---|---|---|---|
| 16 | 空负荷机械运转试验 | 5. 升速速率检查 | | | H |
| | | 6. 超速试验，持续15min | | | H |
| | | 7. 危急遮断器动作试验 | | | H |
| | | 8. 稳定运行 a. 轴承温度 | | | H |
| | | 8. 稳定运行 b. 轴振动 | | | H |
| | | 8. 稳定运行 c. 轴承回油温升 | | | H |
| | | 8. 稳定运行 d. 轴位移 | | | H |
| | | 8. 稳定运行 e. 0.05～8倍频非同步频率振幅扫描 | | | H |
| | | 8. 稳定运行 f. 连续稳定运行4h | | | H |
| | | 9. 临界转速、惰走时间 | | | H |
| | | 10. 停机试验（包括：速关阀活塞动作试验、油压停机试验、手动停机试验、遥控电磁阀停机试验） | | | H |
| | | 11. 汽轮机停机后盘车试验 | | | H |
| 17 | 运转试验后解体检查 | 1. 轴瓦、轴颈部位检查 | | | H |
| | | 2. 通流部分间隙检查 | | | H |
| 18 | 油系统 | 1. 油系统P&ID图核对 | | W | |
| | | 2. 原材料核对 | R | | |
| | | 3. 清洁度及外观检查 | | W | |
| | | 4. 油过滤器、油冷却器水压试验 | | W | |
| | | 5. 油箱、高位油箱渗漏检查 | | W | |
| | | 6. 油路系统水压试验 | | W | |
| | | 7. 油系统运转试验 | | | H |
| | | 8. 油管酸洗钝化处理 | | W | |
| 19 | 水冷冷凝系统 | 1. 冷凝器主要承压件原材料审查 | R | | |
| | | 2. 冷凝器无损检测报告 | R | | |
| | | 3. 管板尺寸、外观质量检查 | | W | |
| | | 4. 冷凝器管束胀管质量检查 | | W | |
| | | 5. 冷凝器焊缝外观质量检查 | | W | |
| | | 6. 冷凝器管口方位、尺寸检查 | | W | |
| | | 7. 冷凝器水压试验（含热井） | | | H |
| | | 8. 冷凝器内部清洁度、外观质量检查 | | W | |

(续表)

| 序号 | 零部件及工序名称 | 监造内容 | 文件见证点（R） | 现场见证点（W） | 停止点（H） |
|---|---|---|---|---|---|
| 19 | 水冷冷凝系统 | 9. 冷凝器油漆检查 | | W | |
| | | 10. 疏水膨胀箱材质报告 | R | | |
| | | 11. 疏水膨胀箱焊缝无损检测报告 | R | | |
| | | 12. 疏水膨胀箱焊缝外观质量检查 | | W | |
| | | 13. 疏水膨胀箱尺寸、外观质量检查 | | W | |
| | | 14. 疏水膨胀箱水压试验 | | W | |
| | | 15. 疏水膨胀箱油漆检查 | | W | |
| | | 16. 凝结水泵材质报告 | R | | |
| | | 17. 凝结水泵壳体水压试验报告 | R | | |
| | | 18. 凝结水泵转子动平衡报告 | R | | |
| | | 19. 凝结水泵外观、尺寸检验 | | W | |
| | | 20. 凝结水泵出厂试验 | | W | |
| | | 21. 凝结水泵油漆检查 | | W | |
| 20 | 射汽抽气器 | 1. 主要承压件原材料审查 | R | | |
| | | 2. 无损检测 | R | | |
| | | 3. 管口方位及法兰密封面质量检查 | | W | |
| | | 4. 水压试验 | | W | |
| | | 5. 射汽抽气器性能试验 | | W | |
| | | 6. 外观、尺寸及清洁度检查 | | W | |
| 21 | 汽封冷却器 | 1. 主要承压件原材料审查 | R | | |
| | | 2. 无损检测（如有） | R | | |
| | | 3. 管口方位及法兰密封面质量检查 | | W | |
| | | 4. 水压试验 | | W | |
| | | 5. 外观、尺寸及清洁度检查 | | W | |
| 22 | 主要外购件 | 1. 型号规格、原产地核对 | R | | |
| | | 2. 型号及防爆等级 | | W | |
| 23 | 成撬 | 1. 底座范围内的管线、管件、阀门材料核对 | R | | |
| | | 2. 底座范围内的管线焊接质量检测 | | W | |
| | | 3. P&ID图核对 | | W | |
| | | 4. 底座范围内的管线安装外观质量及支撑件外观质量检查 | | W | |

(续表)

| 序号 | 零部件及工序名称 | 监造内容 | 文件见证点（R） | 现场见证点（W） | 停止点（H） |
|---|---|---|---|---|---|
| 24 | 出厂检验 | 1. 涂装检查 |  | W |  |
|  |  | 2. 专用工具检查 |  | W |  |
|  |  | 3. 装箱单检查 |  | W |  |
|  |  | 4. 包装检查 |  | W |  |
|  |  | 5. 文件核对 | R |  |  |

# 发电汽轮机监造大纲

# 目 录

前　言 ································································································ 019
1　总则 ······························································································ 020
2　汽轮机主机 ···················································································· 022
3　辅机 ······························································································ 025
4　涂装与发运 ···················································································· 027
5　发电汽轮机驻厂监造主要质量控制点 ············································· 027

# 前 言

《发电汽轮机监造大纲》是参照GB/T 1.1—2009《标准化工作导则 第1部分：标准的结构和编写》给出的规则起草。

本大纲由中国石油化工集团有限公司物资装备部提出。

本大纲2013年1月第一次发布，本次为修订升版。

本大纲起草单位：上海众深科技股份有限公司。

本大纲起草人：刘鑫、贺立新、李科锋、孙亮亮、吴茂成、付林、蔡志伟。

# 发电汽轮机监造大纲

## 1 总则

1.1 内容和适用范围。

1.1.1 本大纲主要规定了采购单位(或使用单位)对石油化工工业使用的发电汽轮机制造过程监造的基本内容及要求,是委托驻厂监造的主要依据。

1.1.2 本大纲适用于石油化工工业使用的发电汽轮机制造过程监造,同类设备可参照使用。

1.1.3 本大纲中具体技术要求如与采购技术文件不一致时,原则上应以采购技术文件为准。

1.2 监造工作的基本要求。

1.2.1 监造人员要求。

1.2.1.1 监造人员应与所在监造单位有正式劳动合同关系。

1.2.1.2 监造人员应严格依据监造委托合同,履行监造职责,完成监造任务。

1.2.1.3 监造人员应持有不低于中国设备监理协会颁发的专业设备监理师资格证书,监造人员有二年(或以上)的监造业务经验,在相应专业岗位工作三年以上。

1.2.1.4 监造人员应熟悉监造物资的制造工艺,掌握制造过程中的质量技术要求和检验试验关键控制点。

1.2.1.5 监造人员在监造活动过程中应遵守有关保密约定和规定。

1.2.1.6 监造人员应遵守制造商HSSE或安全生产管理制度的相关规定,严格执行劳保着装和安全防护要求。

1.2.2 监造工作程序。

1.2.2.1 监造人员在开始监造的10个工作日内,对制造商的人员资质、生产工艺、装备能力和质保体系运行情况进行检查和评估,并向委托方提供质量风险评估报告,明确风险等级(高、中、低、无)。

1.2.2.2 监造单位在收到采购技术文件后,10个工作日内编制完成《监造大纲》。

1.2.2.3 监造单位在获得设计相关图纸、制造工艺、质量控制计划、生产进度计划后,15日内编制完成《监造实施细则》。

1.2.2.4 监造人员应配备必要的用于平行检查且检定合格的检测器具。

1.2.2.5 监造人员应按委托方的通知或有关要求参加或组织召开预检验会议,与

制造商对接确定检验试验计划和质量控制点,并经委托方确认。

1.2.2.6 监造人员应组织制造厂质量、技术、生产及经营(项目管理)等相关部门召开监理周例会,通报监造工作情况,协调解决质量进度问题,结合生产进度计划安排后续监造工作,并形成会议纪要。

1.2.2.7 监造人员在监造实施过程中,如发现质量隐患、质量问题以及可能影响交货期的重大因素时,应及时报委托方,并以书面形式通知制造商,要求制造商采取有效措施予以整改,若制造商延误或拒绝整改时,可责令其停工。

1.2.2.8 对于原材料、外购件以及外协加工、外协检测和外协检验试验等过程,监造人员应重点审查质量证明文件、外协单位资质、人员资质、工艺文件和检验试验报告等。并依据监造实施细则和检验试验计划中设置的监造访问点,实施质量控制。

1.2.2.9 实施监造的物资经现场监造人员确认符合标准规范和订单约定后按发货批次开具监造放行单,并报委托方。

1.2.2.10 全部监造工作完成后,应于30日内完成监造总结报告交付委托方。

1.3 监造单位应提交的文件资料。

1.3.1 目录(含页码)(必须)。

1.3.2 产品质量监造报告书(必须)。

1.3.3 监造工作总结(必须)。

1.3.4 监造大纲(必须)。

1.3.5 监造实施细则(必须)。

1.3.6 监造周报(必须)。

1.3.7 设计变更通知及往来函件(如有)。

1.3.8 监造工作联系单(如有)。

1.3.9 监造工程师通知单(如有)。

1.3.10 会议纪要(如有)。

1.3.11 监造放行单(必须)。

1.4 主要编制依据。

1.4.1 TSG 21 固定式压力容器安全技术监察规程。

1.4.2 GB/T 150.1~4 压力容器。

1.4.3 GB/T 5578—2007 固定式发电用汽轮机规范。

1.4.4 GB/T 6557 挠性转子机械平衡的方法和准则。

1.4.5 GB/T 26429 设备工程监理规范。

1.4.6 GB/T 8117.1~2 电站汽轮机热力性能验收试验规程。

1.4.7 GB/T 8117.3 电站汽轮机热力性能验收试验规程。

1.4.8 GB/T 8117.4 电站汽轮机热力性能验收试验规程。

1.4.9 GB/T 8732 汽轮机叶片用钢。

1.4.10　GB/T 9239.1~2　机械振动恒态（刚性）转子平衡品质要求。
1.4.11　GB/T 11348.1　旋转机械转轴径向振动的测量和评定。
1.4.12　GB/T 11348.2　旋转机械转轴径向振动的测量和评定。
1.4.13　GB/T 13399　汽轮机安全监视装置技术条件。
1.4.14　JB/T 9637　汽轮机总装技术条件。
1.4.15　JB/T 7025　25MW以下汽轮机转子体和主轴锻件技术条件。
1.4.16　JB/T 1265　25~200MW汽轮机转子体和主轴锻件技术条件。
1.4.17　JB/T 7027　300MW以上汽轮机转子体和主轴锻件技术条件。
1.4.18　JB/T 8707　300MW以上汽轮机无中心孔转子锻件技术条件。
1.4.19　JB/T 9021　汽轮机主轴和转子锻件的热稳定性试验方法。
1.4.20　JB/T 7028　25MW以下汽轮机轮盘及叶轮锻件技术条件。
1.4.21　JB/T 1266　25~200MW汽轮机轮盘及叶轮锻件技术条件。
1.4.22　JB/T 10087　汽轮机承压铸钢件技术条件。
1.4.23　采购技术文件。

## 2　汽轮机主机

2.1　技术要求。
2.1.1　依据采购技术文件，核对制造商机组配置以及施工图样的符合性。
2.1.2　应审查下列文件：
2.1.2.1　施工图样及制造工艺文件中的检验和试验项目的满足性；
2.1.2.2　辅机、外配套件、电气、仪表等外购件清单及分供应商的符合性。
2.2　原材料。
2.2.1　依据采购技术文件核对分供应商的符合性，审查原始质保书，并核对材料牌号、规格、热处理状态、化学成分、力学性能、金相、无损检测等内容。
2.2.2　检查材料或毛坯外观质量、标识，并做好记录。
2.2.3　根据采购技术文件及施工图样，核查制造商对叶片、叶轮轮盘、主轴、汽缸、蒸汽室、喷嘴室、主汽阀、调节阀、隔板套（持环）、隔板、联轴器、高压螺栓、螺母等主要零件的化学成分、力学性能、金相检验、无损检测的复验报告。
2.2.4　需在制造商内进行性能热处理的材料，必须以最终性能热处理数据为验收结果。
2.2.5　对于进汽温度大于480℃的汽轮机，主轴应进行热稳定性试验。
2.3　无损检测。
2.3.1　无损检测按采购技术文件及相关材料标准的无损检测有关规定验收。
2.3.2　动叶片粗加工后应进行超声检测，精加工后应进行磁粉检测。
2.3.3　铆接结构的动叶片，与围带铆接后应进行渗透检测。

2.3.4  静叶片（含喷嘴）精加工后应进行磁粉检测。

2.3.5  叶轮轮盘毛坯粗加工后应进行超声检测，精加工后对轮毂、轮缘、轮辐可探测部位进行超声检测；精加后应进行磁粉检测。

2.3.6  主轴毛坯粗加工后应进行超声检测，精加工后应进行磁粉检测。

2.3.7  有中心孔的主轴应进行窥膛仪（内窥镜）检查。

2.3.8  汽缸毛坯粗加工后应在机加工面进行超声检测，其应力集中处应进行磁粉检测，对接焊缝处应进行射线检测。

2.3.9  蒸汽室毛坯粗加工后应在机加工面进行超声检测，其应力集中处应进行磁粉检测。

2.3.10  主汽阀、调节阀毛坯粗加工后应在机加工面进行超声检测，其应力集中处应进行磁粉检测，对接焊缝处应进行射线检测。

2.3.11  隔板套（持环）粗加工后应在机加工面进行超声检测，其应力集中处应进行磁粉或渗透检测。

2.3.12  隔板毛坯粗加工后应在机加工面进行超声检测，其应力集中处应进行磁粉或渗透检测。

2.3.13  隔板与静叶焊接后（含喷嘴组），焊缝应进行磁粉或渗透检测。

2.3.14  高压螺栓、螺母毛坯粗加工后应进行超声检测，精加工后应进行硬度检查。高压螺栓精加工后还应进行磁粉检测。

2.3.15  联轴器毛坯粗加工后应进行超声检测，精加工后应进行磁粉或渗透检测。

2.3.16  轴承合金应进行贴合度超声检测。

2.3.17  蒸汽管道焊接后，对接焊缝应进行射线检测。

2.4  消除应力处理。

2.4.1  按制造商工艺规定验收。

2.4.2  主轴半精加工后应进行消除应力处理，并进行残余应力检查。主轴的热稳定性试验按 JB/T9021，最终消除应力和热稳定性试验可以合并在同一工序中进行。

2.4.3  叶轮轮盘半精加工后应进行消除应力处理。

2.4.4  焊接隔板（含喷嘴组）、汽缸接管焊接后应进行消除应力处理，对于 Cr-Mo 钢类材料，焊前应进行预热，焊后应及时消氢和消除应力处理。

2.4.5  蒸汽室、喷嘴室、主汽阀、调节阀粗加工后应进行消除应力处理。

2.4.6  隔板套（持环）粗加工后应进行消除应力处理。

2.4.7  铸造轴承座、铸造排缸清砂后应进行消除应力处理。

2.4.8  焊接排汽缸焊后应进行消除应力处理。

2.4.9  联轴器粗加工后应进行消除应力处理。

2.4.10  蒸汽管道焊接后应进行消除应力处理。

2.5 几何尺寸。

2.5.1 按制造商施工图样及工艺要求验收。

2.5.2 首次开发的叶型应进行叶片工作面形线检查,并逐一检查叶根尺寸。

2.5.3 主轴与联轴器、轴承配合尺寸应进行检查。

2.5.4 转子跳动及轴向定位尺寸应进行检查。

2.5.5 发电机端与汽轮机端联轴器内孔及外圆尺寸、连接螺栓孔位置度应进行检查。

2.5.6 汽缸水平中分面自由贴合间隙应进行检查。

2.5.7 隔板套(导叶持环)水平中分面自由贴合间隙应进行检查。

2.5.8 隔板水平中分面自由贴合间隙应进行检查。

2.5.9 轴承箱水平中分面自由贴合间隙应进行检查。

2.6 外观。

2.6.1 叶片、叶轮轮盘、主轴、隔板、汽缸、主汽阀、调节阀、高压螺栓、螺母材料应进行有效标识。

2.6.2 所有零部件应进行毛刺和清洁度检查,合格后才能转入总装工序。

2.7 其它检查。

2.7.1 如采购技术文件规定:采用测振探头监测转子振幅,则转子应进行消磁处理和机械电跳量检查,转子残磁≤5高斯,机械电跳量≤6.4μm。

2.7.2 轴承座应进行煤油渗漏检查。

2.7.3 轴承座与台板接触面积检查。

2.7.4 焊接排汽缸焊缝应进行煤油渗漏检查。

2.7.5 主汽阀、调节阀、抽汽止逆阀密封贴合线应进行检查。

2.7.6 经喷涂或淬硬处理的叶片应进行硬度及外观检查。

2.8 转子超速试验。

2.8.1 整锻转子超速试验转速应不超过额定转速的120%,且持续时间不超过2min,并只进行一次。

2.8.2 铆接围带的叶片,超速试验后应对铆接处进行渗透检测,且不得有裂纹。

2.8.3 自带围带的叶片,超速试验后应检查叶片的变化,验收标准按工艺要求。

2.9 转子动平衡试验。

2.9.1 低速动平衡试验按制造商施工图样及工艺要求进行。

2.9.2 高速动平衡试验应在超速试验后进行,高速动平衡试验转速应为汽轮机额定转速,且振动速度应≤1.8mm/s或按采购技术文件规定。

2.10 水压试验。

2.10.1 汽缸水压试验可根据压力不同分腔进行,试验压力应为最高允许工作压力的1.5倍,保压时间≥30min,且无渗漏。

2.10.2 喷嘴室水压试验压力应为最高允许工作压力的1.5倍,保压时间≥30min,

且无渗漏。

2.10.3 蒸汽室水压试验应在所有焊接工作结束后进行，应为最高允许工作压力的1.5倍，保压时间≥30min，无渗漏。

2.10.4 主汽阀、调节阀壳体水压试验压力应为最高允许工作压力的1.5倍，保压时间≥30min，无渗漏。

2.10.5 蒸汽管道焊接后应进行水压试验，试验压力应为最高允许工作压力的1.5倍，保压时间≥30min，且无渗漏。

2.11 总装。

2.11.1 按施工图样及制造商工艺规定验收。

2.11.2 总装前零部件清洁度及外观质量应进行检查。

2.11.3 汽缸、隔板套（持环）、隔板、轴承座同心度应进行检查。

2.11.4 转子与汽缸同心度应进行检查。

2.11.5 转子与静止部件间隙应进行检查。

2.11.6 转子与径向轴承径向间隙、转子与推力轴承轴向间隙应进行检查。

2.11.7 滑销装配间隙应进行检查。

2.11.8 汽缸上半与下半自由贴合间隙应进行检查。

2.11.9 调节系统静态模拟试验应进行检查。

2.12 主要外购件外协件。

2.12.1 轴承、盘车装置等型号、原产地及供应商应与采购技术文件规定一致。

2.12.2 测温、测振、转速探头、调速器等主要监控仪表型号及原产地应与采购技术文件规定一致。

2.12.3 主要外协件（如主轴锻件、汽缸铸件等原材料、某一加工工序外协）应按采购技术文件要求，采取过程控制（如关键点访问监造）。

2.13 盘车试验。

2.13.1 多缸结构的汽轮机，盘车试验可采用单缸或多缸串联同时进行。

2.13.2 盘车试验前应进行以下检查：

2.13.2.1 审查制造商提交的试验大纲；

2.13.2.2 试验装置应满足汽轮机盘车试验的要求；

2.13.2.3 前后轴承座及其油管路清洁度应合格，油系统过滤精度应≤10μm。

2.13.3 盘车试验中转子应转动灵活、无卡涩，汽轮机无异常声响。

2.13.4 盘车试验后应检查轴瓦表面磨损情况，转子与静止部件应无损伤。

## 3 辅机

3.1 油系统。

3.1.1 油系统验收依据采购技术文件规定执行。

3.1.2 核对油系统P&ID图。

3.1.3 油箱、高位油箱、油管道及法兰、阀门材料应与采购技术文件规定一致。

3.1.4 主、辅油泵、顶轴油泵、事故油泵等型号、原产地及供应商应与采购技术文件规定一致；过流部件材料应与采购技术文件规定一致；机械密封、联轴器等原产地及供应商应与采购技术文件规定一致；双联过滤器过滤精度、材料、原产地及供应商应与采购技术文件规定一致；油冷却器材料、原产地及供应商应与采购技术文件规定一致。

3.1.5 油管路焊缝应采用氩弧焊打底对接焊形式，焊缝无损检测应按施工图样或采购技术文件规定。

3.1.6 控制油过滤精度应≤5μm。

3.1.7 不锈钢油管路应进行酸洗钝化处理。

3.1.8 油箱、高位油箱、油管路系统应进行外观及清洁度检查。

3.1.9 油系统运转试验：

3.1.9.1 主、辅油泵（如为电机驱动）启动及运转应正常。

3.1.9.2 双联油过滤器、油冷却器手动切换时，系统油压变化应符合相关标准。

3.1.9.3 稳定运转试验1h后，用100目滤网进行检查，手感无硬质颗粒为合格。

3.1.9.4 油站其它功能性试验。

3.2 水冷冷凝系统、汽封系统。

3.2.1 冷凝器、疏水膨胀箱、射汽抽气器和汽封冷却器的筒体、管板、换热管、管道、法兰及阀门材料应与采购技术文件规定一致。

3.2.2 无人孔的辅机容器合拢前应进行内部清洁度及焊缝外观检查，接管焊缝及壳体合拢环缝应采用氩弧焊打底、单面焊双面成型的焊接方式。

3.2.3 焊缝无损检测应按施工图样或采购技术文件规定。

3.2.4 水压试验试验压力按《技术协议》及施工图样规定。

3.2.5 射汽抽气器应进行性能试验或审核型式试验报告。

3.2.6 核对冷凝器、疏水膨胀箱、射汽抽气器和汽封冷却器P&ID图。

3.2.7 冷凝器、疏水膨胀箱、射汽抽气器和汽封冷却器应进行外观及清洁度检查。

3.3 压力容器。

3.3.1 如采购技术文件规定：汽轮机用高、低压加热器、除氧器等压力容器由主机厂成套供应，则应核对压力容器的供应商、主要承压件用原材料与采购技术文件规定的一致性，材料复验按TSG 21有关规定执行。

3.3.2 A、B类焊缝应进行射线检测，检测比例及验收级别按采购技术文件或施工图样规定；C、D类焊缝的表面探伤按采购技术文件或施工图样规定。

3.3.3 产品焊接试板、热处理按GB/T 150规定。

3.3.4 无人孔的容器合拢前应进行内部清洁度及焊缝外观检查。接管焊缝及壳体合拢环缝应采用氩弧焊打底、单面焊双面成型的焊接方式。

3.3.5 水压试验、气密试验应按采购技术文件及施工图样规定。

3.4 控制及调节系统。

3.4.1 一次仪表及DEH系统仪表、TSI系统仪表原产地、型号、供应商应与采购技术文件规定一致。

3.4.2 电动或气动阀门原产地、型号、供应商应与采购技术文件规定一致。

3.4.3 管路外观及安装质量应符合采购技术文件及图纸规定。

3.4.4 控制柜接线端子裕量及接线质量应符合采购技术文件及施工图样规定。

3.4.5 控制系统静态动作试验、模拟信号试验应符合采购技术文件及施工图样规定。

## 4 涂装与发运

4.1 防锈涂装按采购技术文件规定，其中主机涂装质量应确保12个月，备用转子及其它备件涂装质量应确保18个月。

4.2 分体发运时部件应固定牢固。

4.2.1 转子轴颈部位应加以保护，支撑位置不得在轴颈部位。

4.2.2 汽缸水平中分面应加以保护，支撑位置应平整。

4.2.3 包装箱上至少应标注货物重量、重心位置、起吊位置等信息。

4.3 共用接口必须用金属盲板封口，且盲板厚度应为3mm以上。

4.4 机组转向标识、铭牌应固定在机组醒目位置，铭牌内容及铭牌用材料应进行检查。

4.5 装箱及出厂文件检查。

## 5 发电汽轮机驻厂监造主要质量控制点

5.1 文件见证点（R）：由监造人员对设备材料制造过程有关文件、记录或报告进行见证而预先设定的监造质量控制点。

5.2 现场见证点（W）：由监造人员对设备材料制造过程、工序、节点或结果进行现场见证而预先设定的监造质量控制点，且应包括相关文件见证点（R）质量控制内容。

5.3 停止点（H）：由监造人员见证并签认后才可转入下一个过程、工序或节点而预先设定的监造质量控制点，应包括相关现场见证点（W）和文件见证点（R）质量控制内容。

| 序号 | 零部件及工序名称 | 监造内容 | 文件见证点（R） | 现场见证点（W） | 停止点（H） |
|---|---|---|---|---|---|
| 1 | 主轴 | 1. 化学成分 | R | | |
| | | 2. 力学性能（含FATT） | R | | |
| | | 3. 中心孔质量（如有） | | W | |
| | | 4. 标识检查 | | W | |
| | | 5. 热处理 | R | | |
| | | 6. 无损检测 | R | | |
| | | 7. 热稳定性试验（高中压部分） | R | | |
| | | 8. 残余应力测定 | R | | |
| | | 9. 消磁处理 | R | | |
| | | 10. 尺寸及外观 | | W | |
| 2 | 动叶片（含喷嘴） | 1. 化学成分 | R | | |
| | | 2. 力学性能 | R | | |
| | | 3. 金相检验 | R | | |
| | | 4. 无损检测 | R | | |
| | | 5. 测频试验（首次开发叶型） | R | | |
| | | 6. 喷涂或淬硬处理的叶片硬度及外观 | | W | |
| | | 7. 尺寸及外观 | | W | |
| 3 | 联轴器 | 1. 化学成分 | R | | |
| | | 2. 力学性能 | R | | |
| | | 3. 无损检测 | R | | |
| | | 4. 热处理 | R | | |
| | | 5. 尺寸及外观 | | W | |
| 4 | 转子 | 1. 叶片安装 | | W | |
| | | 2. 径向及端面跳动 | | W | |
| | | 3. 围带铆接外观及渗透检测 | | W | |
| | | 4. 拉筋焊接外观质量 | | W | |
| | | 5. 半联轴器安装 | | W | |
| | | 6. 机械电跳量 | | W | |
| | | 7. 超速试验 | | | H |
| | | 8. 机械式危急遮断器动作转速试验 | | W | |
| | | 9. 高速动平衡试验 | | | H |

（续表）

| 序号 | 零部件及工序名称 | 监造内容 | 文件见证点（R） | 现场见证点（W） | 停止点（H） |
|---|---|---|---|---|---|
| 5 | 静叶片 | 1. 化学成分 | R | | |
| | | 2. 力学性能 | R | | |
| | | 3. 金相检验 | R | | |
| | | 4. 无损检测 | R | | |
| | | 5. 尺寸及外观 | | W | |
| 6 | 高压汽缸 | 1. 材料标识 | | W | |
| | | 2. 化学成分 | R | | |
| | | 3. 力学性能 | R | | |
| | | 4. 无损检测 | R | | |
| | | 5. 热处理 | R | | |
| | | 6. 水压试验 | | | H |
| | | 7. 水平中分面间隙、螺栓孔对中 | | W | |
| | | 8. 外观、尺寸及清洁度 | | W | |
| 7 | 排汽缸（背压式除外） | 1. 材料及标识 | R | | |
| | | 2. 无损检测 | R | | |
| | | 3. 热处理 | R | | |
| | | 4. 水压试验 | | | H |
| | | 5. 焊接排汽缸焊缝渗漏试验 | | W | |
| | | 6. 水平中分面间隙、螺栓孔对中 | | W | |
| | | 7. 外观、尺寸及清洁度 | | W | |
| 8 | 蒸汽室、喷嘴室 | 1. 化学成分 | R | | |
| | | 2. 力学性能 | R | | |
| | | 3. 无损检测 | R | | |
| | | 4. 热处理 | R | | |
| | | 5. 水压试验 | | W | |
| | | 6. 外观、尺寸及清洁度 | | W | |
| 9 | 主汽阀及调节阀 | 1. 化学成分 | R | | |
| | | 2. 力学性能 | R | | |
| | | 3. 热处理 | R | | |
| | | 4. 无损检测 | R | | |
| | | 5. 水压试验/密封试验 | | | H |

（续表）

| 序号 | 零部件及工序名称 | 监造内容 | 文件见证点（R） | 现场见证点（W） | 停止点（H） |
|---|---|---|---|---|---|
| 9 | 主汽阀及调节阀 | 6. 密封线检查 | | W | |
| | | 7. 外观、尺寸及清洁度 | | W | |
| 10 | 隔板 | 1. 化学成分 | R | | |
| | | 2. 力学性能 | R | | |
| | | 3. 无损检测 | R | | |
| | | 4. 热处理 | R | | |
| | | 5. 汽道通流面积（SA） | R | | |
| | | 6. 挠度 | R | | |
| | | 7. 焊接隔板的焊缝外观 | | W | |
| | | 8. 流道粗糙度 | | W | |
| | | 9. 上、下半中分面间隙 | | W | |
| | | 10. 外观、尺寸及清洁度 | | W | |
| 11 | 隔板套（持环） | 1. 化学成分 | R | | |
| | | 2. 力学性能 | R | | |
| | | 3. 无损检测 | R | | |
| | | 4. 消应力处理 | R | | |
| | | 5. 上、下半中分面间隙 | | W | |
| | | 6. 外观、尺寸及清洁度 | | W | |
| 12 | 轴承 | 1. 轴承结构形式 | | W | |
| | | 2. 外观 | | W | |
| | | 3. 轴承合金贴合度无损检测 | R | | |
| | | 4. 试装与轴承箱贴合 | | W | |
| 13 | 轴承座 | 1. 化学成分 | R | | |
| | | 2. 力学性能 | R | | |
| | | 3. 渗漏试验 | | W | |
| | | 4. 轴承座水平中分面间隙 | | W | |
| | | 5. 轴承座与台板接触面积检查 | | W | |
| | | 6. 外观、尺寸及清洁度 | | W | |
| 14 | 调节系统装配及试验 | 1. 调节阀动作试验 | | W | |
| | | 2. 静态联动试验 | | W | |

(续表)

| 序号 | 零部件及工序名称 | 监造内容 | 文件见证点（R） | 现场见证点（W） | 停止点（H） |
|---|---|---|---|---|---|
| 15 | 主蒸汽管 | 1. 化学成分 | R | | |
| | | 2. 力学性能 | R | | |
| | | 3. 热处理 | R | | |
| | | 4. 无损检测 | R | | |
| | | 5. 水压试验 | | | H |
| | | 6. 外观、尺寸及清洁度 | | W | |
| 16 | 联轴器 | 1. 化学成分 | R | | |
| | | 2. 力学性能 | R | | |
| | | 3. 无损检测及硬度 | R | | |
| | | 4. 两半联轴器连接孔配钻及位置度检查 | | W | |
| | | 5. 配合尺寸及形位公差检查 | | W | |
| | | 6. 动平衡试验 | | W | |
| | | 7. 外观及标识检查 | | W | |
| 17 | 高压汽缸中分面螺栓、螺母（M76以上） | 1. 化学成分 | R | | |
| | | 2. 力学性能 | R | | |
| | | 3. 无损检测及硬度 | R | | |
| | | 4. 材料标识 | | W | |
| 18 | 汽缸接管 | 1. 材料确认 | R | | |
| | | 2. 无损检测 | R | | |
| | | 3. 平衡管水压试验 | R | | |
| | | 4. 外观 | | W | |
| | | 5. 组装质量 | | W | |
| 19 | 总装与盘车 | 1. 总装前零部件内部清洁度及外观检查 | | | H |
| | | 2. 静止部分对中 | | W | |
| | | 3. 滑销系统校正 | | W | |
| | | 4. 汽缸上、下半中分面贴合间隙 | | W | |
| | | 5. 轴瓦间隙及推力间隙 | | W | |
| | | 6. 通流部分间隙 | | W | |
| | | 7. 盘车试验 | | | H |
| | | 8. 解体检查 | | | H |

(续表)

| 序号 | 零部件及工序名称 | 监造内容 | 文件见证点（R） | 现场见证点（W） | 停止点（H） |
|---|---|---|---|---|---|
| 20 | 主要外购件外协件 | 1. 型号、原产地及供应商 | R | | |
| | | 2. 外观质量 | | W | |
| 21 | 油系统 | 1. 油系统P&ID图核对 | | W | |
| | | 2. 原材料核对 | R | | |
| | | 3. 清洁度及外观检查 | | W | |
| | | 4. 油过滤器、油冷却器水压试验 | | W | |
| | | 5. 油箱、高位油箱渗漏检查 | | W | |
| | | 6. 油路系统水压试验 | | W | |
| | | 7. 油系统运转试验 | | | H |
| | | 8. 油管酸洗钝化处理 | | W | |
| 22 | 水冷冷凝系统 | 1. 冷凝器主要承压件原材料审查 | R | | |
| | | 2. 冷凝器无损检测报告 | R | | |
| | | 3. 管板尺寸、外观质量检查 | | W | |
| | | 4. 冷凝器管束胀管、焊接焊缝外观质量检查 | | W | |
| | | 5. 冷凝器冷凝器焊缝外观质量检查 | | W | |
| | | 6. 冷凝器管口方位、尺寸检查 | | W | |
| | | 7. 冷凝器水压试验（含热井） | | | H |
| | | 8. 冷凝器内部清洁度、外观质量检查 | | W | |
| | | 9. 冷凝器油漆检查 | | W | |
| | | 10. 疏水膨胀箱材质报告 | R | | |
| | | 11. 疏水膨胀箱焊缝无损检测报告 | R | | |
| | | 12. 疏水膨胀箱焊缝外观质量检查 | | W | |
| | | 13. 疏水膨胀箱尺寸、外观质量检查 | | W | |
| | | 14. 疏水膨胀箱水压试验 | | W | |
| | | 15. 疏水膨胀箱油漆检查 | | W | |
| | | 16. 凝结水泵材质报告 | R | | |
| | | 17. 凝结水泵壳体水压试验报告 | R | | |
| | | 18. 凝结水泵转子动平衡报告 | R | | |
| | | 19. 凝结水泵外观、尺寸检验 | | W | |
| | | 20. 凝结水泵出厂试验 | | W | |
| | | 21. 凝结水泵油漆检查 | | W | |

（续表）

| 序号 | 零部件及工序名称 | 监造内容 | 文件见证点（R） | 现场见证点（W） | 停止点（H） |
|---|---|---|---|---|---|
| 23 | 射汽抽气器、汽封冷却器 | 1. 主要承压件原材料审查 | R | | |
| | | 2. 无损检测 | R | | |
| | | 3. 管口方位及法兰密封面质量检查 | | W | |
| | | 4. 水压试验 | | W | |
| | | 5. 射汽抽气器性能试验 | | W | |
| | | 6. 外观、尺寸及清洁度检查 | | W | |
| 24 | 回（再）热系统（高、低压加热器、除氧器等） | 1. 主要承压件原材料审查 | R | | |
| | | 2. 焊接工艺评定 | R | | |
| | | 3. 特种岗位资质核对 | R | | |
| | | 4. 无损检测 | R | | |
| | | 5. 热处理（如有） | R | | |
| | | 6. 管板、折流板加工尺寸及外观 | | W | |
| | | 7. 胀管质量 | | W | |
| | | 8. 管子与管板焊接质量检查 | | W | |
| | | 9. 压力容器合拢前内部清洁度检查 | | W | |
| | | 10. 外观、接管方位及尺寸 | | W | |
| | | 11. 密封垫片的合格证审查 | | W | |
| | | 12. 水压试验 | | | H |
| | | 13. 防锈处理 | | W | |
| | | 14. 包装质量检查 | | W | |
| 25 | 调节保安及电液控制系统（DEH） | 1. 仪表原产地及型号 | | | |
| | | 2. 柜内接线端子裕量及接线质量 | | W | |
| | | 3. 伺服系统内部清洁度 | | W | |
| | | 4. 伺服系统静态动作试验 | | W | |
| | | 5. 系统模拟信号试验 | | W | |
| 26 | 安全监测保护系统（TSI） | 1. 仪表原产地及型号 | | | |
| | | 2. 轴向位移保护装置动作试验 | | W | |
| | | 3. 系统模拟信号试验 | | W | |
| 27 | 抽汽逆止阀 | 1. 外观质量 | | W | |
| | | 2. 动作及密封性能试验 | | W | |

（续表）

| 序号 | 零部件及工序名称 | 监造内容 | 文件见证点（R） | 现场见证点（W） | 停止点（H） |
|---|---|---|---|---|---|
| 28 | 出厂检验 | 1. 涂装检查 | | W | |
| | | 2. 专用工具检查 | | W | |
| | | 3. 装箱单检查 | | W | |
| | | 4. 包装检查 | | W | |
| | | 5. 文件核对 | R | | |

# 离心式压缩机
# 监造大纲

# 目 录

| | |
|---|---|
| 前　言 | 037 |
| 1　总则 | 038 |
| 2　主机 | 040 |
| 3　辅机 | 044 |
| 4　成撬 | 045 |
| 5　涂装与发运 | 046 |
| 6　离心式压缩机驻厂监造主要质量控制点 | 046 |

# 前　言

《离心式压缩机监造大纲》是按照GB/T 1.1—2009《标准化工作导则　第1部分：标准的结构和编写》给出的规则起草。

本大纲由中国石油化工集团有限公司物资装备部提出。

本大纲2010年7月第一次发布，本次为修订升版。

本大纲起草单位：上海众深科技股份有限公司。

本大纲起草人：贺立新、李科锋、刘鑫、孙亮亮、蔡志伟、吴茂成、付林。

# 离心式压缩机监造大纲

## 1 总则

1.1 内容和适用范围。

1.1.1 本大纲主要规定了采购单位（或使用单位）对石油化工工业用离心式压缩机制造过程监造的基本内容及要求，是委托驻厂监造的主要依据。

1.1.2 本大纲适用于石油化工工业使用的离心式压缩机组制造过程监造，同类设备可参照使用。

1.1.3 本大纲中具体技术要求如与采购技术文件不一致时，原则上应以采购技术文件为准。

1.2 监造工作的基本要求。

1.2.1 监造人员要求。

1.2.1.1 监造人员应与所在监造单位有正式劳动合同关系。

1.2.1.2 监造人员应严格依据监造委托合同，履行监造职责，完成监造任务。

1.2.1.3 监造人员应持有不低于中国设备监理协会颁发的专业设备监理师资格证书，监造人员有二年（或以上）的监造业务经验，在相应专业岗位工作三年以上。

1.2.1.4 监造人员应熟悉监造物资的制造工艺，掌握制造过程中的质量技术要求和检验试验关键控制点。

1.2.1.5 监造人员在监造活动过程中应遵守有关保密约定和规定。

1.2.1.6 监造人员应遵守制造厂 HSSE 或安全生产管理制度的相关规定，严格执行劳保着装和安全防护要求。

1.2.2 监造工作程序。

1.2.2.1 监造人员在开始监造的 10 个工作日内，对制造厂商的人员资质、生产工艺、装备能力和质保体系运行情况进行检查和评估，并向委托方提供质量风险评估报告，明确风险等级（高、中、低、无）。

1.2.2.2 监造单位在收到采购技术文件后，10 个工作日内编制完成《监造大纲》。

1.2.2.3 监造单位在获得设计相关图样、制造工艺、质量控制计划、生产进度计划后，15 日内编制完成《监造实施细则》。

1.2.2.4 监造人员应配备必要的用于平行检查且检定合格的检测器具。

1.2.2.5 监造人员应按委托方的通知或有关要求参加或组织召开预检验会议，与

制造厂商对接确定检验试验计划和质量控制点,并经委托方确认。

1.2.2.6 监造人员应组织制造厂质量、技术、生产及经营(项目管理)等相关部门召开监理周例会,通报监造工作情况,协调解决质量进度问题,结合生产进度计划安排后续监造工作,并形成会议纪要。

1.2.2.7 监造人员在监造实施过程中,如发现质量隐患、质量问题以及可能影响交货期的重大因素时,应及时报委托方,并以书面形式通知制造厂商,要求制造厂商采取有效措施予以整改,若制造厂商延误或拒绝整改时,可责令其停工。

1.2.2.8 对于原材料、外购件以及外协加工、外协检测和外协检验试验等过程,监造人员应重点审查质量证明文件、外协单位资质、人员资质、工艺文件和检验试验报告等。并依据监造实施细则和检验试验计划中设置的监造访问点,实施质量控制。

1.2.2.9 实施监造的物资经现场监造人员确认符合标准规范和订单约定后,按发货批次开具监造放行单,并报委托方。

1.2.2.10 全部监造工作完成后,应于30日内完成监造总结报告交付委托方。

1.3 监造单位应提交的文件资料。

1.3.1 目录(含页码)(必须)。

1.3.2 产品质量监造报告书(必须)。

1.3.3 监造工作总结(必须)。

1.3.4 监造大纲(必须)。

1.3.5 监造实施细则(必须)。

1.3.6 监造周报(必须)。

1.3.7 设计变更通知及往来函件(如有)。

1.3.8 监造工作联系单(如有)。

1.3.9 监造工程师通知单(如有)。

1.3.10 会议纪要(如有)。

1.3.11 监造放行单(必须)。

1.4 主要编制依据。

1.4.1 TSG 21 固定式压力容器安全技术监察规程。

1.4.2 GB/T 150.1~4 压力容器

1.4.3 GB/T 151 热交换器。

1.4.4 GB/T 26429 设备工程监理规范。

1.4.5 GB/T 31184 离心式压缩机制造监理技术要求。

1.4.6 GB/T 51007 石油化工用机泵工程设计规范。

1.4.7 JB/T 3165 离心和轴流式鼓风机和压缩机热力性能试验。

1.4.8 NB/T 47013.1~5 承压设备无损检测。

1.4.9 SH/T 3144 石油化工离心、轴流压缩机工程技术规定。

1.4.10　Q/SHCG 0100—2014（SPTS-RE01-T001）离心压缩机组润滑油站采购技术规定。

1.4.11　Q/SHCG 10016—2018 离心压缩机壳体系列。

1.4.12　Q/SHCG 10017—2018 离心压缩机底座系列。

1.4.13　Q/SHCG 10018—2018 离心压缩机干气密封腔尺寸系列。

1.4.14　Q/SHCG 10019—2018 离心压缩机轴承安装尺寸系列。

1.4.15　Q/SHCG 10020—2018 离心压缩机轴头尺寸系列。

1.4.16　Q/SHCG 10021—2018 离心压缩机辅助管道接口布置及位置尺寸系列。

1.4.17　API 614—2008 石油、化工及气体工业用润滑、轴密封和控制油系统及其辅助设备。

1.4.18　API 617-2014 石油、化工及气体工业用轴流、离心压缩机及膨胀机 – 压缩机。

1.4.19　API 670 机械保护系统。

1.4.20　API 671 石油、化工及气体工业用特殊用途联轴器。

1.4.21　ASME PTC-10 压缩机和排气机动力试验规程。

1.4.22　采购技术文件。

## 2　主机

2.1　技术要求。

2.1.1　依据采购技术文件和SH/T 3144—2012、Q/SHCG 0100—2014（SPTS-RE01-T001）和Q/SHCG 10016～21—2018，核对制造商施工图样的符合性；

2.1.2　应审查下列文件：

2.1.2.1　施工图样及制造工艺文件中的检验和试验项目的满足性；

2.1.2.2　辅机、外配套件、电气、仪表等外购件清单及其分供应商的符合性。

2.2　原材料。

2.2.1　依据采购技术文件核对分供应商，审查原始质保书，并核对材料牌号、规格、热处理状态、化学成分、力学性能、无损检测等内容。

2.2.2　检查材料或毛坯外观质量、标识，并做好记录。

2.2.3　根据采购技术文件及施工图样，核查制造厂对叶轮（轮盘、轮盖、叶片）、主轴、平衡盘、推力盘、机壳等主要零部件材料复验：化学成分、力学性能、无损检测等重要检试验项目及结果。对制冷压缩机机壳、隔板、叶轮、主轴、平衡盘等零部件制造厂必须复验低温冲击值。

2.2.4　需在制造厂内进行性能热处理的材料，必须以最终性能热处理数据为验收结果。

2.3 无损检测。

2.3.1 无损检测按采购技术文件、相关技术标准等有关规定验收。

2.3.2 叶轮。

2.3.2.1 叶轮（轮盘、轮盖）毛坯粗加工后应进行超声检测。

2.3.2.2 叶轮（轮盘、轮盖）精加工后应进行磁粉或渗透检测。

2.3.2.3 叶轮（轮盘、轮盖、叶片）焊接后焊缝应进行渗透检测。

2.3.2.4 叶轮超速试验后焊缝应进行渗透检测。

2.3.3 主轴。

2.3.3.1 主轴毛坯粗加工后应进行超声检测。

2.3.3.2 精加工后应进行磁粉检测。

2.3.4 平衡盘。

2.3.4.1 平衡盘毛坯粗加工后应进行超声检测。

2.3.4.2 平衡盘精加工后应进行磁粉检测。

2.3.5 推力盘。

2.3.5.1 推力盘毛坯粗加工后应进行超声检测。

2.3.5.2 推力盘精加工后应进行磁粉检测。

2.3.6 机壳。

2.3.6.1 锻件机壳（筒体、端盖）毛坯粗加工后应进行超声检测。

2.3.6.2 锻件机壳与支腿焊接的角焊缝应进行超声和渗透检测。

2.3.6.3 锻件端盖"机加工工艺孔"堵头焊缝应进行渗透检测。

2.3.6.4 焊接机壳对接焊缝应进行射线检测，水平剖分面法兰与机壳连接角焊缝应进行超声检测。

2.3.6.5 机壳与接管连接角焊缝应进行着色和超声检测。

2.3.6.6 机壳与接管对接焊缝、接管与带颈法兰对接焊缝应进行射线检测。

2.3.7 隔板。铸钢隔板精加工后，在机加工表面应进行磁粉检测。

2.4 消除应力处理。

2.4.1 压缩机零部件消除应力处理，应按照制造厂消除应力处理工艺规定验收。

2.4.2 轮盘、轮盖、叶片在粗加工后，应进行消除应力处理。

2.4.3 叶轮焊接后应进行消除应力处理。

2.4.4 主轴半精加工后应进行消除应力处理。

2.4.5 锻造机壳（筒体、端盖）在粗加工后，应进行消除应力处理。

2.4.6 机壳部件焊接结束后应进行消除应力处理，对于Cr-Mo钢类材料，焊前必须预热，焊后及时消氢及消除应力处理。

2.4.7 铸钢隔板或焊接隔板半精加工后应进行消除应力处理。

2.4.8 共用底座焊接后应进行消除应力处理。

2.5 几何尺寸。

2.5.1 按制造厂施工图样及工艺文件的要求验收。

2.5.2 叶轮超速试验前后轮毂的内径、叶轮外径、口圈外径尺寸应逐一检查。

2.5.3 主轴与联轴器、推力盘、平衡盘、叶轮配合尺寸应逐一检查。

2.5.4 转子轴向定位尺寸及各转动零件径向、轴向跳动值应逐一检查。

2.5.5 机壳进出口法兰密封尺寸及形位公差应进行检查。

2.5.6 水平剖分式结构的机壳应进行自由贴合面积检查。

2.6 外观。

2.6.1 叶轮(轮盘、轮盖、叶片)、主轴、推力盘、平衡盘、轴套、隔板、机壳(含板材、中分面法兰、端盖)材料应进行标识移植，且应是唯一的。

2.6.2 所有零部件应进行毛刺和清洁度检查，合格后才能转入总装工序。

2.6.3 主要零部件应进行外观检查，特别是铸件的铸造缺陷和裂纹检查。

2.6.4 机体内部油、气通道应进行清洁度检查。

2.7 其它检查。

2.7.1 新型叶轮应进行静态测频检查。

2.7.2 主轴应做退磁处理，转子测定的剩磁≤5高斯(Gs)，转子测振部位电气和机械的径向总跳动量≤5.0μm。

2.8 叶轮超速试验。

2.8.1 超速试验转速应为1.15倍的最大连续转速，且持续时间不小于1min。

2.8.2 超速试验后应测量叶轮轮毂内径、轮盖口圈或叶轮外径尺寸的变化值，按施工图样规定的公差验收。

2.8.3 超速试验后，当叶轮存在裂纹时，应予以报废；如确需进行返修时，必须征得使用单位书面同意，且返修后叶轮超速试验须重新进行。

2.9 转子动平衡试验。

2.9.1 转子低速动平衡试验按采购技术文件或制造厂施工图样及工艺文件要求进行。

2.9.2 转子应进行高速动平衡试验，且试验转速应为离心压缩机最大连续转速，在最大连续转速下的任一转速，其振动速度≤1.0mm/s；并应在跳闸转速下运行至少5mins，其振动速度应≤在最大连续转速下测得的振动速度加0.5mm/s，以便验证任一过盈部件的固定度。

2.10 机壳水压试验。

2.10.1 用于试验奥氏体不锈钢材料的液体中氯离子的含量应不得超过50mg/L。为防止试验液蒸发后氯化物沉淀干枯在奥氏体不锈钢上，试验结束后，全部残留液体应从试验的部件中清除干净。

2.10.2 机壳(含端盖、平衡管、排污管等)水压试验压力为最高许用工作压力的1.5倍，但最低不低于0.14MPa（G），且保压时间≥30mins，无渗漏。

2.10.3 机壳（含端盖）轴端密封腔部位水压试验压力为最大密封气压力的1.5倍，且保压时间≥30min，无渗漏。

2.11 机壳气密性试验。

2.11.1 当输送有毒、有害、易燃、易爆介质时，机壳应进行气密性试验，试验压力应为最高许用工作压力，保压时间≥30min，在规定的时间内无泄漏。

2.11.2 当输送介质的分子量小于12时，机壳应进行氦气气密性试验，试验压力应为最高许用工作压力，保压时间≥30min，无泄漏。

2.12 液体渗漏试验。

2.12.1 铸造或焊接结构的轴承箱精加工结束后，应进行煤油渗漏试验，在规定时间内，应无渗漏。

2.12.2 油站用主油箱、高位油箱应进行煤油渗漏试验，在规定时间内，无渗漏。

2.13 深冷试验。当输送深冷介质时，主轴、叶轮、隔套、机壳、隔板等与深冷介质接触的零部件应按制造厂工艺进行深冷处理，试验温度为压缩机最低入口温度。

2.14 装配检查。

2.14.1 按施工图样及制造厂工艺文件规定验收。

2.14.2 机壳与隔板应进行同轴度检查。

2.14.3 转子与机壳应进行同轴度检查。

2.14.4 转子与静止部件应进行间隙检查。

2.14.5 转子与径向轴承应进行径向间隙检查，转子与推力轴承应进行轴向间隙检查。

2.14.6 叶轮出口与扩压器入口应进行对中检查。

2.14.7 转子轴向应进行窜动量检查。

2.14.8 轴端密封应进行试装检查，干气密封转动环的旋转方向必须与转子的旋转方向一致。

2.15 主要外购外协件。

2.15.1 联轴器、轴端密封、轴承、变速机、驱动机等的品牌、规格型号、原产地及分供应商应与采购技术文件规定一致。

2.15.2 测温、测振、轴位移、防喘振等主要监控仪表的品牌、规格型号、防爆等级、原产地及分供应商应与采购技术文件规定一致。

2.15.3 主要外协件（如主轴锻件毛坯、某一加工工序外协）应按采购技术文件要求，采取过程控制（如关键点访问监造）。

2.15.4 齿轮箱、驱动机等重要外购件应按采购技术文件要求，采取过程控制（如关键点访问监造）。

2.16 机械运转试验。

2.16.1 多缸结构的机械运转试验可采用单缸或多缸串联同时进行；

2.16.2 试验前应进行以下检查：

2.16.2.1 审查制造厂提交的试验大纲；

2.16.2.2 试验装置应满足压缩机机械运转试验的要求；

2.16.2.3 试验润滑油站过滤精度应≤10μm；

2.16.2.4 压缩机轴承应进行进油温度、分支油管路油压检查；

2.16.2.5 试验监测仪表数量要求：测振探头前、后轴径各2个，测温探头前后径向轴承各2个，推力轴承主、副推力面各2个，轴位移探头1个，转速表1个。

2.16.3 运转试验：

2.16.3.1 升速速率为10%的最大连续转速；

2.16.3.2 最大连续转速稳定运行至少4h；

2.16.3.3 转子未滤波的双振幅≤25.4μm，轴承温度≤85℃，回油温升≤30℃；

2.16.3.4 噪声测量应在离主机1m远处，噪声值按采购技术文件规定验收；

2.16.3.5 试验后应记录压缩机惰走时间和验证临界转速；

2.16.3.6 试验后应进行压缩机解体检查，转子与静止部件不允许有损伤；

2.16.3.7 由电机驱动的离心式压缩机建议采取整机联动试车试验方案：采用合同电机、齿轮箱、液力偶合器等驱动及变转速方式与压缩机一同参与试验，以验证机组轴系的可靠性。

2.17 气动热力性能运转试验。

2.17.1 按采购技术文件规定进行气动热力性能试验。

2.17.2 多缸结构的压缩机，气动热力性能试验可逐缸进行。

2.17.3 试验介质可采用空气或相似气体，宜采用真实气体。

2.17.4 在额定转速下，其额定点流量、额定点压力（或能量头）不允许有负偏差、额定点功率偏差应不大于采购技术文件规定的104%。

# 3 辅机

3.1 润滑油系统。

3.1.1 油系统验收依据采购技术文件、API 614标准规定执行。

3.1.2 核对油系统P&ID图。

3.1.3 主油箱、高位油箱、油管道、油管道法兰、阀门材料应与采购技术文件规定一致。

3.1.4 主、辅油泵型号、原产地及分供应商应与采购技术文件规定一致；阀门型式、原产地及分供应商应与采购技术文件规定一致；双联油过滤器的过滤精度、材料、原产地及分供应商应与采购技术文件规定一致；双联油冷却器材料、原产地及分供应商应与采购技术文件规定一致。

3.1.5 油管路系统焊接应采用对接焊形式,且焊缝必须采用氩弧焊打底,焊缝无损检测应按施工图样或采购技术文件规定执行。

3.1.6 不锈钢油管路系统应进行酸洗钝化处理。

3.1.7 主油箱、高位油箱、油管路系统应进行外观及清洁度检查。

3.1.8 润滑油站运转试验。

3.1.8.1 审查制造厂提交的润滑油站试验大纲。

3.1.8.2 油站主、辅油泵(如为电机驱动)启动及运转应正常。

3.1.8.3 油站双联油过滤器,双联油冷却器手动切换时系统油压变化应符合相关标准规定要求。

3.1.8.4 油站运转试验1h后,用100目滤网进行检查,手感无硬质颗粒为合格;

3.1.8.5 按照API 614标准规定,油站闭式循环运转试验不得少于4h;在运转过程中,测得润滑油总管油压、流量必须满足试验大纲要求。

3.2 压力容器。

3.2.1 压力容器的供应商、主要承压件材料应与采购技术文件规定一致,材料复验按采购技术文件规定执行。

3.2.2 A、B类焊接接头应进行射线检测,检测比例及验收级别按施工图样或采购技术文件规定;焊缝的表面检测按施工图样或采购技术文件规定。

3.2.3 产品焊接试板、热处理按GB/T 150规定。

3.2.4 段间冷却器如采用列管式换热器结构,应审查WPS/PQR和焊工资格,且管子与管板焊接前,管板孔径、内表面粗糙度、坡口尺寸、管头尺寸及表面质量应检查;焊后应抽查焊缝高度及外观质量。

3.2.5 无人孔的压力容器合拢前应进行内部清洁度及焊缝外观检查,接管焊缝及壳体合拢环缝应采用氩弧焊打底、单面焊双面成型的焊接方式。

3.2.6 水压试验、气密试验应按采购技术文件及施工图样规定。

# 4 成撬

4.1 压缩机与驱动机在共用底座上应进行冷态预对中,压缩机与驱动机转子的中心线偏差应符合施工图样或相关工艺文件的规定。

4.2 共用底座上的机组配管应进行检查,油管路焊接应采用对接焊形式,应采用氩弧焊打底焊接;回油管应沿回油方向水平倾斜。

4.3 压缩机底座范围内的供货界面按采购技术文件中的P&ID图要求进行核对。

4.4 底座范围内机旁润滑油管路及气管路的焊缝应按采购技术文件要求进行无损检测,管路应进行水压试验,试验压力及保压时间可按施工图样要求进行。

4.5 底座范围内的机旁润滑油管路及气管路的焊缝外观及内部清洁度应进行检查。

4.6 底座范围内的管线布置及支撑外观质量应进行检查。

4.7 联轴器护罩安装质量检查。

## 5 涂装与发运

5.1 防锈涂装按采购技术文件规定，其中主机涂装质量应确保12个月，备用转子及其它备件涂装质量应确保18个月。

5.2 共用接口必须用金属盲板封口，且盲板厚度应为3mm以上，且应带橡胶垫片和至少4个螺栓。

5.3 底座起吊位置及离心式压缩机重心位置应醒目标识。

5.4 压缩机转向标识、铭牌应固定在压缩机壳体醒目位置。

5.5 压缩机机旁油、气管路解体包装发运时，管段各接口应用盲板封口；宜在各管段醒目位置粘贴管段标识（包括管路名称、图号等信息）。

5.6 装箱及出厂文件检查。

## 6 离心式压缩机驻厂监造主要质量控制点

6.1 文件见证点（R）：由监造人员对设备材料制造过程有关文件、记录或报告进行见证而预先设定的监造质量控制点。

6.2 现场见证点（W）：由监造人员对设备材料制造过程、工序、节点或结果进行现场见证而预先设定的监造质量控制点，且应包括相关文件见证点（R）质量控制内容。

6.3 停止点（H）：由监造人员见证并签认后才可转入下一个过程、工序或节点而预先设定的监造质量控制点，应包括相关现场见证点（W）和文件见证点（R）质量控制内容。

| 序号 | 零部件及工序名称 | 监造内容 | 文件见证点（R） | 现场见证点（W） | 停止点（H） |
|---|---|---|---|---|---|
| 1 | 叶轮 | 1. 化学成分 | R | | |
| | | 2. 力学性能 | R | | |
| | | 3. 消除应力处理 | R | | |
| | | 4. 无损检测（UT、MT、PT） | | W | |
| | | 5. 精加工后尺寸检查 | | W | |
| | | 6. 超速试验 | | | H |
| | | 7. 超速试验后PT及尺寸检查 | | W | |

（续表）

| 序号 | 零部件及工序名称 | 监造内容 | 文件见证点（R） | 现场见证点（W） | 停止点（H） |
|---|---|---|---|---|---|
| 1 | 叶轮 | 8. 深冷试验（输送深冷介质时） |  | W |  |
|  |  | 9. 外观检查 |  | W |  |
| 2 | 主轴 | 1. 化学成分 | R |  |  |
|  |  | 2. 力学性能 | R |  |  |
|  |  | 3. 消除应力处理 | R |  |  |
|  |  | 4. 无损检测（UT、MT） |  | W |  |
|  |  | 5. 尺寸检查 |  | W |  |
|  |  | 6. 消磁处理 | R |  |  |
|  |  | 7. 深冷试验（输送深冷介质时） |  | W |  |
|  |  | 8. 外观检查 |  | W |  |
| 3 | 推力盘 | 1. 化学成分 | R |  |  |
|  |  | 2. 力学性能 | R |  |  |
|  |  | 3. 无损检测（UT、MT） | R |  |  |
|  |  | 4. 尺寸及外观检查 |  | W |  |
| 4 | 平衡盘隔套 | 1. 化学成分 | R |  |  |
|  |  | 2. 力学性能 | R |  |  |
|  |  | 3. 无损检测（UT、MT） | R |  |  |
|  |  | 4. 深冷试验（输送深冷介质时） |  | W |  |
|  |  | 5. 尺寸及外观检查 |  | W |  |
| 5 | 转子 | 1. 转子跳动及定位尺寸检查 |  | W |  |
|  |  | 2. 如有深冷试验，则试验后转子跳动复测 |  | W |  |
|  |  | 3. 低速动平衡试验 |  | W |  |
|  |  | 4. 高速动平衡试验（转子不平衡响应试验按采购技术文件要求执行） |  |  | H |
|  |  | 5. 超速试验检查 |  |  | H |
|  |  | 6. 外观及尺寸检查 |  | W |  |
|  |  | 7. 剩磁及电跳量检查 |  | W |  |
| 6 | 隔板 | 1. 化学成分 | R |  |  |
|  |  | 2. 力学性能 | R |  |  |
|  |  | 3. 无损检测（铸钢为MT） |  | W |  |
|  |  | 4. 尺寸及外观检查 |  | W |  |

(续表)

| 序号 | 零部件及工序名称 | 监造内容 | 文件见证点（R） | 现场见证点（W） | 停止点（H） |
|---|---|---|---|---|---|
| 7 | 机壳（包括端盖等） | 1. 材料检验报告（含平衡管） | R | | |
| | | 2. 无损检测（RT、UT、MT、PT） | R | | |
| | | 3. 端盖机加工工艺孔焊接工艺审查 | R | | |
| | | 4. 端盖工艺孔焊接堵头质量检查（焊后PT） | | W | |
| | | 5. 机壳水压试验（含平衡管、排渣管、平衡气管等） | | | H |
| | | 6. 机壳气密性试验 | | | H |
| | | 7. 尺寸、外观及油气通道清洁度检查 | | W | |
| 8 | 共用底座 | 1. 材料确认 | R | | |
| | | 2. 组焊后消应力 | R | | |
| | | 3. 安装尺寸及外观检查 | | W | |
| 9 | 轴承 | 1. 结构型式及供应商检查 | | W | |
| | | 2. 尺寸及外观检查 | | W | |
| 10 | 主机装配 | 1. 零部件标识、外观检查 | | W | |
| | | 2. 动静部件找正检查 | | W | |
| | | 3. 轴承间隙检查 | | W | |
| | | 4. 密封间隙检查 | | W | |
| | | 5. 转子轴向窜动量检查 | | W | |
| | | 6. 隔板束安装水平度检查 | | | H |
| | | 7. 干气密封试装检查 | | | H |
| | | 8. 干气密封试装后主机静态气密性试验（如有规定） | | | H |
| | | 9. 机旁管路配制检查 | | W | |
| | | 10. 轴承盖过盈量检查 | | W | |
| | | 11. 叶轮出口与导叶入口宽度对中检查 | | W | |
| | | 12. 压缩机本体内P&ID图核对检查 | | W | |
| 11 | 机械运转试验 | 1. 试验前配管、监控仪表、吹扫、试验大纲检查 | | | H |
| | | 2. 润滑油支管油压、油温检查 | | | H |
| | | 3. 升速检查 | | | H |
| | | 4. 超速试验 | | | H |
| | | 5. 稳定运行 a. 轴承温度 | | | H |
| | | 5. 稳定运行 b. 振动 | | | H |
| | | 5. 稳定运行 c. 轴位移 | | | H |
| | | 5. 稳定运行 d. 噪声 | | | H |

（续表）

| 序号 | 零部件及工序名称 | 监造内容 | | 文件见证点（R） | 现场见证点（W） | 停止点（H） |
|---|---|---|---|---|---|---|
| 12 | 热力气动性能运转试验（如有规定） | 1. 试验前配管、监控仪表、吹扫、试验大纲检查 | | | W | |
| | | 2. 润滑油支管油压、油温检查 | | | W | |
| | | 3. 热力性能试验 | a. 进口流量检查 | | | H |
| | | | b. 进出口温度检查 | | | H |
| | | | c. 进出口压力检查 | | | H |
| | | | d. 转子转速检查 | | | H |
| | | 4. 试验测量数据相似性换算结果检查 | | R | | |
| 13 | 运转试验后后解体检查 | 1. 迷宫密封部位 | | | | H |
| | | 2. 轴瓦、轴颈部位检查 | | | | H |
| 14 | 油系统 | 1. 油系统用零部件材质检查 | | | W | |
| | | 2. 清洁度及外观检查 | | | W | |
| | | 3. 油过滤器、油冷却器水压试验 | | | W | |
| | | 4. 油箱、高位油箱渗漏检查 | | | W | |
| | | 5. 油路系统水压试验 | | | W | |
| | | 6. 油管酸洗处理 | | | W | |
| | | 7. 油系统运转试验 | | | | H |
| | | 8. 运转试验后外观质量及清洁度检查 | | | W | |
| | | 9. P&ID图与实物核对检查 | | | | H |
| 15 | 主要外购件 | 1. 联轴器、轴端密封、轴承、齿轮箱、驱动机等交工资料检查 | | | W | |
| | | 2. 监控仪表的合格证检查 | | | W | |
| 16 | 压力容器 | 1. 主要承压件材料确认 | | R | | |
| | | 2. 无损检测 | | | W | |
| | | 3. 产品焊接试板 | | R | | |
| | | 4. 热处理 | | R | | |
| | | 5. 压力容器合拢前内部清洁度检查 | | | W | |
| | | 6. 管子与管板焊接质量检查 | | | W | |
| | | 7. 管口方位及法兰密封面质量检查 | | | W | |
| | | 8. 密封垫片的合格证书检查 | | | W | |
| | | 9. 水压试验 | | | | H |
| | | 10. 气密试验 | | | | H |

(续表)

| 序号 | 零部件及工序名称 | 监造内容 | 文件见证点（R） | 现场见证点（W） | 停止点（H） |
|---|---|---|---|---|---|
| 17 | 机组成撬 | 1. 底座范围内的管路、管件、阀门材料检查、厂家核对 | R | | |
| | | 2. 机组对中检查 | | W | |
| | | 3. 联轴器护罩试装质量检查 | | W | |
| | | 4. 底座范围内的管路焊接质量检查 | | W | |
| | | 5. 底座范围内的管线焊接质量检测（无损检测） | R | | |
| | | 6. 底座范围内的管线压力试验 | | W | |
| | | 7. P&ID图核对 | | W | |
| | | 8. 底座范围内的管线安装外观质量及其支承件外观质量检查 | | W | |
| 18 | 涂装与发运 | 1. 涂装检查 | | W | |
| | | 2. 共用接口封闭检查 | | W | |
| | | 3. 转向标识及铭牌检查 | | W | |
| | | 4. 专用工具检查 | | W | |
| | | 5. 出厂文件检查 | R | | |

# 往复式压缩机监造大纲

# 目 录

| | |
|---|---|
| 前　言 | 053 |
| 1　总则 | 054 |
| 2　主机 | 056 |
| 3　辅机 | 059 |
| 4　成撬 | 060 |
| 5　涂装与发运 | 061 |
| 6　往复压缩机驻厂监造主要质量控制点 | 061 |

# 前 言

《往复式压缩机监造大纲》是参照GB/T 1.1—2009《标准化工作导则 第1部分：标准的结构和编写》给出的规则起草。

本大纲由中国石油化工集团有限公司物资装备部提出。

本大纲2010年9月第一次发布，本次为修订升版。

本大纲起草单位：上海众深科技股份有限公司。

本大纲起草人：贺立新、李科锋、刘鑫、孙亮亮、蔡志伟、付林、吴茂成。

# 往复式压缩机监造大纲

## 1 总则

1.1 内容和适用范围。

1.1.1 本大纲主要规定了采购单位（或使用单位）对石油化工工业装置用往复式压缩机制造过程监造的基本内容及要求，是委托驻厂监造的主要依据。

1.1.2 本大纲适用于石油化工工业使用的往复式压缩机组制造过程监造，同类设备可参照使用。

1.1.3 本大纲中具体技术要求如与采购技术文件不一致时，原则上应以采购技术文件为准。

1.1.4 本大纲不适用于往复迷宫式压缩机。

1.2 监造工作的基本要求。

1.2.1 监造人员要求。

1.2.2 监造人员应与所在监造单位有正式劳动合同关系。

1.2.3 监造人员应严格依据监造委托合同，履行监造职责，完成监造任务。

1.2.4 监造人员应持有不低于中国设备监理协会颁发的专业设备监理师资格证书，监造人员有二年（或以上）的监造业务经验，在相应专业岗位工作三年以上。

1.2.5 监造人员应熟悉监造物资的制造工艺，掌握制造过程中的质量技术要求和检验试验关键控制点。

1.2.6 监造人员在监造活动过程中应遵守有关保密约定和规定。

1.2.7 监造人员应遵守制造厂HSSE或安全生产管理制度的相关规定，严格执行劳保着装和安全防护要求。

1.2.8 监造工作程序。

1.2.9 监造人员在开始监造的10个工作日内，对制造厂商的人员资质、生产工艺、装备能力和质保体系运行情况进行检查和评估，并向委托方提供质量风险评估报告，明确风险等级（高、中、低、无）。

1.2.10 监造单位在收到采购技术文件后，10个工作日内编制完成《监造大纲》。

1.2.11 监造单位在获得设计相关图样、制造工艺、质量控制计划、生产进度计划后，15日内编制完成《监造实施细则》。

1.2.12 监造人员应配备必要的用于平行检查且检定合格的检测器具。

1.2.13 监造人员应按委托方的通知或有关要求参加或组织召开预检验会议，与制造厂商对接确定检验试验计划和质量控制点，并经委托方确认。

1.2.14 监造人员应组织制造厂质量、技术、生产及经营（项目管理）等相关部门召开监理周例会，通报监造工作情况，协调解决质量进度问题，结合生产进度计划安排后续监造工作，并形成会议纪要。

1.2.15 监造人员在监造实施过程中，如发现质量隐患、质量问题以及可能影响交货期的重大因素时，应及时报委托方，并以书面形式通知制造厂商，要求制造厂商采取有效措施予以整改，若制造厂商延误或拒绝整改时，可责令其停工。

1.2.16 对于原材料、外购件以及外协加工、外协检测和外协检验试验等过程，监造人员应重点审查质量证明文件、外协单位资质、人员资质、工艺文件和检验试验报告等。并依据监造实施细则和检验试验计划中设置的监造访问点，实施质量控制。

1.2.17 实施监造的物资经现场监造人员确认符合标准规范和订单约定后，按发货批次开具监造放行单，并报委托方。

1.2.18 全部监造工作完成后，应于30日内完成监造总结报告交付委托方。

1.3 监造单位应提交的文件资料。

1.3.1 目录（含页码）（必须）。

1.3.2 产品质量监造报告书（必须）。

1.3.3 监造工作总结（必须）。

1.3.4 监造大纲（必须）。

1.3.5 监造实施细则（必须）。

1.3.6 监造周报（必须）。

1.3.7 设计变更通知及往来函件（如有）。

1.3.8 监造工作联系单（如有）。

1.3.9 监造工程师通知单（如有）。

1.3.10 会议纪要（如有）。

1.3.11 监造放行单（必须）。

1.4 主要编制依据。

1.4.1 TSG 21 固定式压力容器安全技术监察规程。

1.4.2 GB/T 150.1~4 压力容器。

1.4.3 GB/T 151 热交换器。

1.4.4 GB/T 7777 容积式压缩机机械振动测量及评价。

1.4.5 GB/T 26429 设备工程监理规范。

1.4.6 NB/T 47013.1~5,7 承压设备无损检测。

1.4.7 JB/T 9105 大型往复活塞压缩机技术条件。

1.4.8 SH/T 3143 石油化工往复压缩机工程技术规定。

1.4.9　Q/SHCG 0100—2014（SPTS-RE02-T002）往复压缩机气缸尺寸系列。

1.4.10　Q/SHCG 0100—2014（SPTS-RE02-T003）往复压缩机气阀规格尺寸系列。

1.4.11　Q/SHCG 0100—2014（SPTS-RE02-T004）往复压缩机活塞环、支撑环规格尺寸系列。

1.4.12　Q/SHCG 0100—2014（SPTS-RE02-T005）往复压缩机填料规格尺寸系列。

1.4.13　Q/SHCG 0100—2014（SPTS-RE02-T006）往复压缩机活塞杆尺寸系列。

1.4.14　Q/SHCG 0100—2014（SPTS-RE02-T007）往复压缩机基础件系列。

1.4.15　API 618—2007 石油、化工及气体工业用往复压缩机。

1.4.16　API 614—2008 石油、化工及气体工业用润滑、轴密封和控制油系统及其辅助设备。

1.4.17　采购技术文件。

## 2　主机

2.1　技术要求。

2.1.1　据采购技术文件和SH/T 3143和Q/SHCG 0100—2014（SPTS-RE02-T002～007），核对制造商施工图样的符合性。

2.1.2　应审查下列文件：

2.1.2.1　施工图样及制造工艺文件中的检验和试验项目。

2.1.2.2　辅机压力容器、润滑油站、冷却水站、主要外配套件、电气、仪表等外购件清单及其分供应商的符合性。

2.2　原材料。

2.2.1　依据采购技术文件核对分供应商，审查原始质保书，并核对材料牌号、规格、热处理状态、化学成分、力学性能、无损检测等内容。

2.2.2　检查材料或毛坯外观质量、标识，并做好记录。

2.2.3　根据采购技术文件及施工图样，核查制造厂对曲轴、十字头、十字头销、连杆及连杆螺栓、活塞杆、气缸等主要零件的化学成分、力学性能、无损检测等重要检试验项目及结果。对制冷压缩机气缸（含缸盖、缸座）、缸套、活塞杆等通流零部件制造厂必须复验低温冲击值。

2.2.4　需在制造商厂内进行性能热处理的材料，必须以最终性能热处理数据为验收结果。

2.3　无损检测。

2.3.1　无损检测按采购技术文件、相关技术标准等有关规定进行执行。

2.3.2　曲轴。

2.3.2.1　毛坯粗加工后应进行超声检测。

2.3.2.2　精加工后应进行磁粉检测。

2.3.3 锻件活塞粗加工后应进行超声检测。
2.3.4 活塞杆。
2.3.4.1 毛坯粗加工后应进行超声检测。
2.3.4.2 精加工后应进行磁粉检测。
2.3.5 连杆。
2.3.5.1 毛坯粗加工后应进行超声检测。
2.3.5.2 精加工后应进行磁粉检测。
2.3.6 连杆螺栓及螺母精加工后应进行磁粉检测。
2.3.7 十字头销。
2.3.7.1 毛坯粗加工后应进行超声检测。
2.3.7.2 精加工后应进行磁粉检测。
2.3.8 锻件气缸毛坯粗加工后应进行超声检测。
2.3.9 活塞杆锁紧螺母精加工后应进行磁粉检测。
2.4 消除应力处理。
2.4.1 消除应力处理按采购技术文件和制造商工艺规定执行。
2.4.2 机身、中体、接筒、气缸及缸套、活塞、十字头体等铸件清砂后应进行消除应力处理。
2.4.3 钢板卷制的焊接活塞体，在焊后进行消除应力处理。
2.4.4 曲轴、连杆等锻件粗加工后应进行消除应力处理。
2.4.5 活塞杆、十字头销、合金缸套等半精加工后应进行消除应力处理。
2.4.6 撬装压缩机的公用底座，在焊后应进行消除应力处理。
2.5 几何尺寸。
2.5.1 按制造商施工图样及工艺文件的规定验收。
2.5.2 活塞及活塞杆配合部位尺寸应逐一检查。
2.5.3 曲轴与联轴器、主轴承、连杆大头瓦配合尺寸应逐一检查。
2.5.4 机身主轴承孔尺寸及同轴度应逐一检查。
2.5.5 中体端面配合尺寸、滑道尺寸应逐一检查。
2.5.6 接筒端面配合尺寸应逐一检查。
2.5.7 气缸的配合尺寸应逐一检查，气缸套配合尺寸应逐一检查。
2.5.8 气缸套压入气缸体后绗磨面应进行表面粗糙度检查。
2.5.9 连杆配合尺寸应逐一检查。
2.5.10 连杆螺栓配合尺寸应逐一检查。
2.5.11 撬装压缩机的公用底座，安装尺寸应进行检查。
2.6 外观。
2.6.1 活塞、活塞杆、曲轴、连杆、连杆螺栓、十字头、十字头销、气缸及缸盖、机身、中体、接筒等材料标识检查。

2.6.2 所有零部件应进行铁屑、毛刺和清洁度检查，深油孔口应光滑过渡，合格后才能转入总装工序。

2.6.3 铸件应进行表面裂纹目视检查。

2.7 机身煤油渗漏试验。

机身油池部位应进行煤油渗漏试验。

2.8 气缸部件压力试验。

2.8.1 用于试验奥氏体不锈钢材料的液体中氯离子的含量应不得超过50μg/g。为防止试验液蒸发后氯化物沉淀干枯在奥氏体不锈钢上，试验结束后，全部残留液体应从试验的部件中清除干净。

2.8.2 冷却水腔与气腔应单独进行水压试验，冷却水腔试验压力为0.8MPa，气腔试验压力为最高许用工作压力的1.5倍，保压时间≥30min，无渗漏。

2.8.3 具有冷却水腔的气缸盖和填料函应进行水压试验，试验压力为0.8MPa，保压时间≥30min，无渗漏。

2.8.4 带有油冷却结构的活塞杆，应对冷却油道进行压力试验，可用油压或水压，试验压力按制造厂工艺规定。

2.8.5 活塞内腔、气缸套应进行水压试验，试验压力按制造商工艺规定。

2.9 气缸部件气密性试验。

2.9.1 气缸气腔应进行气密性试验，试验压力为最高许用工作压力，保压时间≥30min，无渗漏。

2.9.2 输送介质的分子量小于12或含0.1%（摩尔）$H_2S$时，气缸气腔应进行氦气气密性试验，试验压力为最高许用工作压力，保压时间≥30min，无泄漏。泄漏检测可使用氦气质谱仪或把气缸浸没水中。

2.10 装配检查。

2.10.1 按施工图样及制造商工艺文件规定验收。

2.10.2 机身与中体、接筒、气缸同轴度应进行检查。

2.10.3 曲轴与机身轴承座孔同轴度应进行检查。

2.10.4 运动部件与静止部件间隙应进行检查。

2.10.5 曲轴与主轴承径向间隙应进行检查。

2.10.6 活塞杆盘车状态下水平及垂直方向跳动检查，按API 618标准验收。

2.11 主要外购外协件。

2.11.1 联轴器、盘车装置、机封、气阀、注油器、驱动电机等的品牌、规格型号、防爆（隔爆）等级、产地及供应商应与采购技术文件的规定一致。

2.11.2 主要监控仪表检查：测温、测振等主要监控仪表的品牌、规格型号、防爆（隔爆）等级、产地及供应商应与采购技术文件的规定一致。

2.11.3 主要外协件（如曲轴锻件毛坯、某一加工工序外协）应按采购技术文件要求，采取过程控制（如关键点访问监造）。

2.11.4 驱动机等重要外购件应按采购技术文件要求，采取过程控制（如关键点访问监造）。

2.12 机械运转试验。

2.12.1 机械运转试验前应进行以下检查。

2.12.1.1 审查制造商提交的试车大纲。

2.12.1.2 试验装置应满足压缩机机械运转试验的要求。

2.12.1.3 试验润滑油站过滤精度应≤20μm。

2.12.1.4 压缩机轴承应进行进油温度、分支油管路油压检查。

2.12.2 运转试验。

2.12.2.1 在额定转速下应稳定运行≥4h。

2.12.2.2 压缩机在稳定运行全过程中，轴承温度应≤85℃，回油温升应≤28℃，机身振动满足GB/T 7777规定。

2.12.2.3 解体检查：试验后应进行解体检查，转动部件与静止部件不允许有损伤。

## 3 辅机

3.1 润滑油系统。

3.1.1 润滑油系统验收依据采购技术文件的规定执行。

3.1.2 润滑油系统P&ID图与实物核对。

3.1.3 油箱、油管道及其法兰、阀门材料应与采购技术文件规定一致。

3.1.4 主、辅油泵型号、原产地及供应商应与采购技术文件的规定一致；阀门型式、原产地及供应商应与采购技术文件的规定一致；双联过滤器过滤精度、材料、原产地及供应商应与采购技术文件的规定一致；双联油冷却器材料、原产地及供应商应与采购技术文件的规定一致。

3.1.5 油系统管路焊接应采用对接焊形式，且焊缝必须采用氩弧焊打底，焊缝无损检测应按施工图样或采购技术文件的规定执行。

3.1.6 不锈钢油管路应进行酸洗钝化处理。

3.1.7 主油箱、油管路应进行外观及清洁度检查。

3.1.8 润滑油站运转试验。

3.1.8.1 审查制造商提交的润滑油站试验大纲。

3.1.8.2 油站电机驱动的主、辅油泵启动及运转应正常。

3.1.8.3 油站双联油过滤器，双联油冷却器手动切换时系统油压变化应符合相关标准规定要求。

3.1.8.4 油站运转试验1h后，用100目滤网进行检查，润滑油中手感无硬质颗粒为合格。

3.1.8.5 按照API 614标准规定，油系统循环运转试验不得少于4h；在运转过程中，测得润滑油总管油压、流量必须满足试验大纲要求。

3.2 压力容器。

3.2.1 压力容器供货范围按采购技术文件执行。

3.2.2 按采购技术文件对缓冲器的长径比，缓冲器、级间冷却器、气液分离器等的腐蚀余量等的选取应进行核对。

3.2.3 压力容器的供应商、主要承压件材料应与技术文件的规定一致，材料复验按TSG 21—2016《固定式压力容器安全技术监察规程》有关规定执行。

3.2.4 A、B类焊缝应进行射线检测，检测比例及验收级别按施工图样或采购技术文件规定；C、D类焊缝的表面探伤按施工图样或采购技术文件的规定。

3.2.5 产品焊接试板、热处理按GB/T 150规定。

3.2.6 无人孔的压力容器合拢前应进行内部清洁度及焊缝外观检查，接管焊缝及壳体合拢环缝应采用氩弧焊打底、单面焊双面成型的焊接方式。

3.2.7 水压试验、气密试验应按技术文件及有效施工图样规定。

3.2.8 进出口缓冲罐制造结束应与往复式压缩机主机气缸进行试装，以确保安装位置的准确性。

3.3 闭式循环冷却水系统。

3.3.1 闭式循环冷却水系统验收依据采购技术文件的规定执行。

3.3.2 闭式循环水系统P&ID图与实物核对。

3.3.3 水箱、水管道及法兰、阀门材料及型号应与采购技术文件的规定一致。

3.3.4 主、辅水泵及其配套电机、联轴器、机械密封、双联水冷却器等型号及供应商应与采购技术文件的规定一致；双联过滤器材料、过滤精度及供应商应与采购技术文件的规定一致。

3.3.5 过滤器之后的冷却水管道及法兰焊接必须采用氩弧焊打底。

3.3.6 闭式循环冷却水系统运转试验。

3.3.6.1 冷却水站主、辅水泵启动及运转应正常。

3.3.6.2 双联过滤器、双联水冷却器手动切换时，系统水压变化应符合规定要求。

## 4 成撬

4.1 撬装压缩机底座范围内的供货界面按采购技术文件中的P&ID图要求进行核对确认。

4.2 底座范围内的工艺气管路、冷却水管路及润滑油管路的焊缝应按采购技术文件的要求进行无损检测；管路应进行水压试验，试验压力及保压时间可按施工图样技术要求进行。

4.3 底座范围内的管路的焊缝外观应进行检查。

4.4 底座范围内管路用各类管件，必须使用标准管件，必要时应检查其TS标识。

4.5 底座范围内的管路布置及支撑外观质量应进行检查。

4.6 底座范围内与用户对接管路法兰、接口尺寸应进行检查。

4.7 底座范围内的涂漆，应检查颜色、干膜厚度、色标。

4.8 底座范围内的就地仪表、管路流程、设备布置等实物与P&ID图逐一核对检查。

## 5 涂装与发运

5.1 防锈涂装按采购技术文件的规定，其中主机涂装质量应确保12个月，其它备件涂装质量应确保18个月。

5.2 共用接口必须用金属盲板封口，且盲板厚度应为3mm以上。

5.3 往复压缩机转向标识、铭牌应固定在压缩机机身醒目位置。

5.4 装箱及出厂文件检查。

## 6 往复压缩机驻厂监造主要质量控制点

6.1 文件见证点（R）：由监造人员对设备材料制造过程有关文件、记录或报告进行见证而预先设定的监造质量控制点。

6.2 现场见证点（W）：由监造人员对设备材料制造过程、工序、节点或结果进行现场见证而预先设定的监造质量控制点，且应包括相关文件见证点（R）质量控制内容。

6.3 停止点（H）：由监造人员见证并签认后才可转入下一个过程、工序或节点而预先设定的监造质量控制点，应包括相关现场见证点（W）和文件见证点（R）质量控制内容。

| 序号 | 零部件及工序名称 | 监造内容 | 文件见证点（R） | 现场见证点（W） | 停止点（H） |
|---|---|---|---|---|---|
| 1 | 机身 | 1. 力学性能 | R | | |
| | | 2. 消除应力处理 | R | | |
| | | 3. 机身油池部位煤油渗漏试验 | | W | |
| | | 4. 外观及尺寸检查 | | W | |
| 2 | 中间接筒 | 1. 力学性能 | R | | |
| | | 2. 消除应力处理 | R | | |
| | | 3. 外观及尺寸检查 | | W | |
| 3 | 中体 | 1. 力学性能 | R | | |
| | | 2. 消除应力处理 | R | | |
| | | 3. 外观及尺寸检查 | | W | |

(续表)

| 序号 | 零部件及工序名称 | 监造内容 | 文件见证点（R） | 现场见证点（W） | 停止点（H） |
|---|---|---|---|---|---|
| 4 | 缸体<br>缸盖<br>缸套<br>填料函 | 1. 化学成分（铸铁材料除外） | R | | |
| | | 2. 力学性能 | R | | |
| | | 3. 热处理 | R | | |
| | | 4. 锻件缸体无损检测 | R | | |
| | | 5. 外观及尺寸检查 | | W | |
| | | 6. 缸套压入气缸珩磨后表面质量检查 | | W | |
| | | 7. 水压试验 | | | H |
| | | 8. 气密性试验 | | | H |
| 5 | 曲轴 | 1. 化学成分 | R | | |
| | | 2. 力学性能 | R | | |
| | | 3. 金相检验 | R | | |
| | | 4. 热处理 | R | | |
| | | 5. 无损检测 | R | | |
| | | 6. 外观及尺寸检查 | | W | |
| 6 | 轴承 | 1. 外观及尺寸检查 | | W | |
| | | 2. 原产地及合格证检查 | R | | |
| 7 | 连杆及连杆螺栓 | 1. 化学成分 | R | | |
| | | 2. 力学性能 | R | | |
| | | 3. 热处理 | R | | |
| | | 4. 无损检测 | R | | |
| | | 5. 外观及尺寸检查 | | W | |
| 8 | 活塞 | 1. 化学成分（铸铁材料除外） | R | | |
| | | 2. 力学性能 | R | | |
| | | 3. 消除应力处理 | R | | |
| | | 4. 活塞腔体水压试验（如有） | | W | |
| | | 5. 外观及尺寸检查 | | W | |
| 9 | 活塞杆 | 1. 化学成分 | R | | |
| | | 2. 力学性能 | R | | |
| | | 3. 热处理 | R | | |
| | | 4. 无损检测 | R | | |
| | | 5. 金相检验 | R | | |

(续表)

| 序号 | 零部件及工序名称 | 监造内容 | 文件见证点（R） | 现场见证点（W） | 停止点（H） |
|---|---|---|---|---|---|
| 9 | 活塞杆 | 6. 表面硬度 | R | | |
| | | 7. 滚制螺纹表面质量检查 | | W | |
| | | 8. 外观及尺寸检查 | | W | |
| 10 | 十字头体 | 1. 化学成分 | R | | |
| | | 2. 力学性能 | R | | |
| | | 3. 无损检测 | R | | |
| | | 4. 外观及尺寸检查 | | W | |
| 11 | 十字头销 | 1. 化学成分 | R | | |
| | | 2. 力学性能 | R | | |
| | | 3. 无损检测 | R | | |
| | | 4. 外观及尺寸检查 | | W | |
| 12 | 润滑油系统 | 1. 油箱渗漏检查（如有） | | W | |
| | | 2. 油冷却器管束材质检查 | R | | |
| | | 3. 外观检查 | | W | |
| | | 4. 油管路酸洗质量检查 | | W | |
| | | 5. 油冷却器、油过滤器、油路系统水压试验 | | W | |
| | | 6. 油系统运转试验 | | | H |
| 13 | 压力容器 | 1. 主要承压件材料确认 | R | | |
| | | 2. 无损检测 | | W | |
| | | 3. 产品焊接试板检查 | R | | |
| | | 4. 热处理检查（如有） | R | | |
| | | 5. 压力容器合拢前内部清洁度检查 | | W | |
| | | 6. 冷却器管束焊接质量检查 | | W | |
| | | 7. 管口方位及法兰密封面质量检查 | | W | |
| | | 8. 密封垫片的合格证书检查 | | W | |
| | | 9. 水压试验 | | | H |
| | | 10. 气密试验（按施工图样要求） | | | H |
| 14 | 闭式循环冷却水系统 | 1. 管道系统材质检查 | | W | |
| | | 2. 焊缝外观检查 | | W | |
| | | 3. 主要外购件型号及原产地检查 | | W | |

（续表）

| 序号 | 零部件及工序名称 | 监造内容 | 文件见证点（R） | 现场见证点（W） | 停止点（H） |
|---|---|---|---|---|---|
| 14 | 闭式循环冷却水系统 | 4. 系统清洁度检查 |  | W |  |
|  |  | 5. 主、辅水泵运转试验 |  | W |  |
| 15 | 活塞环支承环 | 1. 原产地及合格证检查 | R |  |  |
|  |  | 2. 外观及尺寸检查 |  | W |  |
| 16 | 主要外购件 | 1. 供应商及型号核对 |  | W |  |
|  |  | 2. 交工资料审查 | R |  |  |
| 17 | 主机装配 | 1. 机身、中体、接筒、气缸对中找正检查 |  |  | H |
|  |  | 2. 主轴颈与主轴承的同轴度及间隙测量 |  |  | H |
|  |  | 3. 连杆大小头瓦间隙测量 |  |  | H |
|  |  | 4. 十字头滑履与机身滑道间隙测量 |  |  | H |
|  |  | 5. 活塞环、支撑环与活塞配合间隙测量 |  |  | H |
|  |  | 6. 活塞内、外止点间隙测量及活塞杆跳动检查 |  |  | H |
|  |  | 7. 气阀及主要监控仪表试装检查 |  | W |  |
|  |  | 8. 气管路、仪表引压管路检查 |  | W |  |
| 18 | 主机运转试验 | 1. 油系统检查 |  |  | H |
|  |  | 2. 盘车检查 |  |  | H |
|  |  | 3. 连续稳定4h运转检查：<br>a. 主轴承温度<br>b. 机组振动<br>c. 机组噪声<br>d. 刮油环处漏油检查 |  |  | H |
| 19 | 运转后解体检查 | 1. 活塞环与气缸套表面磨损情况检查 |  |  | H |
|  |  | 2. 十字头滑履与机身滑道磨损检查 |  |  | H |
|  |  | 3. 主轴瓦与主轴颈接触检查 |  |  | H |
|  |  | 4. 小头瓦与十字头销接触检查 |  |  | H |
|  |  | 5. 连杆大头瓦与曲柄销磨损检查 |  |  | H |
|  |  | 6. 部件回装检查 |  |  | H |
| 20 | 机组成撬（撬装机组） | 1. 以及P&ID图核对供货界面 |  | W |  |
|  |  | 2. 管路系统材料确认 | R |  |  |
|  |  | 3. 管路焊缝质量外观检查 |  | W |  |
|  |  | 4. 管道系统焊缝无损检测 | R |  |  |
|  |  | 5. 气、水、油管道压力试验 |  | W |  |

（续表）

| 序号 | 零部件及工序名称 | 监造内容 | 文件见证点（R） | 现场见证点（W） | 停止点（H） |
|---|---|---|---|---|---|
| 20 | 机组成撬（撬装机组） | 6. 管路布置及支撑件外观质量检查 | | W | |
| | | 7. 共用接口法兰尺寸及位置度检查 | | W | |
| | | 8. 机组涂漆检查（色标、颜色、干膜厚度等） | | W | |
| | | 9. 撬装压缩机组实物与P&ID图逐一核对检查 | | W | |
| 21 | 涂装与发运 | 1. 涂装检查 | | W | |
| | | 2. 共用接口封闭检查 | | W | |
| | | 3. 转向标识及铭牌检查 | | W | |
| | | 4. 专用工具检查 | | W | |
| | | 5. 出厂文件检查 | R | | |

# 轴流式压缩机监造大纲

# 目 录

| | |
|---|---|
| 前　言 | 069 |
| 1　总则 | 070 |
| 2　主机 | 072 |
| 3　辅机 | 075 |
| 4　成撬 | 075 |
| 5　涂装与发运 | 076 |
| 6　轴流式压缩机驻厂监造主要质量控制点 | 076 |

# 前 言

《轴流式压缩机监造大纲》是参照GB/T 1.1—2009《标准化工作导则 第1部分：标准的结构和编写》给出的规则起草。

本大纲由中国石油化工集团有限公司物资装备部提出。

本大纲2010年7月第一次发布，本次为修订升版。

本大纲起草单位：上海众深科技股份有限公司。

本大纲起草人：贺立新、刘鑫、李科锋、孙亮亮、吴茂成、蔡志伟、付林。

# 轴流式压缩机监造大纲

## 1 总则

1.1 内容和适用范围。

1.1.1 本大纲主要规定了采购单位（或使用单位）对石油化工工业用轴流式压缩机制造过程监造的基本内容及要求，是委托驻厂监造的主要依据。

1.1.2 本大纲适用于石油化工工业使用的轴流式压缩机制造过程监造，同类设备可参照使用。

1.1.3 本大纲中具体技术要求如与采购技术文件不一致时，原则上应以采购技术文件为准。

1.2 监造工作的基本要求。

1.2.1 监造人员要求。监造人员应与所在监造单位有正式劳动合同关系。

1.2.2 监造人员应严格依据监造委托合同，履行监造职责，完成监造任务。

1.2.3 监造人员应持有不低于中国设备监理协会颁发的专业设备监理师资格证书，监造人员有二年（或以上）的监造业务经验，在相应专业岗位工作三年以上。

1.2.4 监造人员应熟悉监造物资的制造工艺，掌握制造过程中的质量技术要求和检验试验关键控制点。

1.2.5 监造人员在监造活动过程中应遵守有关保密约定和规定。

1.2.6 监造人员应遵守制造厂商HSSE或安全生产管理制度的相关规定，严格执行劳保着装和安全防护要求。

1.2.7 监造工作程序。

1.2.7.1 监造人员在开始监造的10个工作日内，对制造厂商的人员资质、生产工艺、装备能力和质保体系运行情况进行检查和评估，并向委托方提供质量风险评估报告，明确风险等级（高、中、低、无）。

1.2.7.2 监造单位在收到采购技术文件后，10个工作日内编制完成《监造大纲》。

1.2.7.3 监造单位在获得设计相关图样、制造工艺、质量控制计划、生产进度计划后，15日内编制完成《监造实施细则》。

1.2.7.4 监造人员应配备必要的用于平行检查且检定合格的检测器具。

1.2.7.5 监造人员应按委托方的通知或有关要求参加或组织召开预检验会议，与制造厂对接确定检验试验计划和质量控制点，并经委托方确认。

1.2.7.6 监造人员应组织制造厂商质量、技术、生产及经营（项目管理）等相关部门召开监理周例会，通报监造工作情况，协调解决质量进度问题，结合生产进度计划安排后续监造工作，并形成会议纪要。

1.2.7.7 监造人员在监造实施过程中，如发现质量隐患、质量问题以及可能影响交货期的重大因素时，应及时报委托方，并以书面形式通知制造厂商，要求制造厂商采取有效措施予以整改，若制造厂延误或拒绝整改时，可责令其停工。

1.2.7.8 对于原材料、外购件以及外协加工、外协检测和外协检验试验等过程，监造人员应重点审查质量证明文件、外协单位资质、人员资质、工艺文件和检验试验报告等。并依据监造实施细则和检验试验计划中设置的监造访问点，实施质量控制。

1.2.7.9 实施监造的物资经现场监造人员确认符合标准规范和订单约定后，按发货批次开具监造放行单，并报委托方。

1.2.7.10 全部监造工作完成后，应于30日内完成监造总结报告交付委托方。

1.3 监造单位应提交的文件资料。

1.3.1 目录（含页码）（必须）。

1.3.2 产品质量监造报告书（必须）。

1.3.3 监造工作总结（必须）。

1.3.4 监造大纲（必须）。

1.3.5 监造实施细则（必须）。

1.3.6 监造周报（必须）。

1.3.7 设计变更通知及往来函件（如有）。

1.3.8 监造工作联系单（如有）。

1.3.9 监造工程师通知单（如有）。

1.3.10 会议纪要（如有）。

1.3.11 监造放行单（必须）。

1.4 主要编制依据。

1.4.1 GB/T 150.1~4 压力容器

1.4.2 GB/T 151 热交换器。

1.4.3 GB/T 26429 设备监理工程规范。

1.4.4 GB/T 51007 石油化工用机泵工程设计规范。

1.4.5 JB/T 9021 汽轮机主轴和转子锻件的热稳定性试验方法。

1.4.6 NB/T 47013 1~5,7 承压设备无损检测。

1.4.7 SH/T 3144 石油化工离心、轴流压缩机工程技术规定。

1.4.8 Q/SHCG 0100—2014（SPTS-RE001-T001）离心压缩机组润滑油站。

1.4.9 API 614—2008 石油、化工及气体工业用润滑、轴密封和控制油系统及其

辅助设备。

1.4.10　API 617—2014 石油、化工及气体工业用轴流、离心压缩机及膨胀机。

1.4.11　API 670 机械保护系统。

1.4.12　API 671 石油、化工及气体工业用特殊用途联轴器。

1.4.13　ASME PTC-10 压缩机和排气机动力试验规程。

1.4.14　采购技术文件。

## 2　主机

2.1　技术要求。

2.1.1　依据采购技术文件、SH/T 3144标准及Q/SHCG标准，核对制造商施工图样的符合性。

2.1.2　应审查下列文件。

2.1.2.1　施工图样及工艺文件中的检验和试验项目。

2.1.2.2　辅机、电气、仪表等外购件清单及分供应商清单。

2.2　原材料。

2.2.1　依据采购技术文件核对供应商及原产地，审查原始质保书，并核对材料牌号、规格、热处理状态、化学成分、力学性能、无损检测等内容。

2.2.2　检查材料或毛坯外观质量、标识，并做好记录。

2.2.3　根据采购技术文件及施工图样，核查制造厂对叶片、主轴、机壳、静叶承缸（或隔板）等主要零件的化学成分、力学性能、金相分析、无损检测的复验结果。

2.2.4　需在制造商厂内进行性能热处理的材料，必须以最终性能热处理数据为验收结果。

2.3　无损检测。

2.3.1　无损检测验收按采购技术文件、相关技术标准等有关规定执行。

2.3.2　叶片。

2.3.2.1　动叶片粗加工后应进行超声检测。

2.3.2.2　动、静叶片精加工后应进行磁粉检测。

2.3.3　主轴。

2.3.3.1　主轴毛坯粗加工后应进行超声检测。

2.3.3.2　主轴精加工后应进行磁粉检测。

2.3.4　机壳。

2.3.4.1　铸造机壳毛坯粗加工后应对中分面进行渗透检测。

2.3.4.2　机壳应力集中处应进行磁粉检测。

2.3.4.3　机壳上平衡管对接焊缝应进行射线检测。

2.3.5　静叶承缸（隔板）。静叶承缸（隔板）应力集中处应进行磁粉或渗透检测。

2.4 消除应力处理。

2.4.1 验收按制造商工艺规定。

2.4.2 主轴半精加工后应进行消除应力处理，并进行残余应力检查。主轴如需热稳定性试验，应按 JB/T 9021 进行。

2.4.3 焊接隔板焊接结束后应进行消除应力处理，对于 Cr-Mo 钢类材料，焊前应进行预热，焊后应及时消氢和消除应力处理。

2.4.4 机壳、静叶承缸粗加工后应进行消除应力处理。

2.4.5 铸造轴承座清砂后应进行消除应力处理。

2.4.6 公用底座焊后应进行消除应力处理。

2.5 几何尺寸。

2.5.1 按制造商施工图样及工艺要求验收。

2.5.2 叶根尺寸应逐一进行检查。

2.5.3 主轴与联轴器、轴承配合尺寸应进行检查。

2.5.4 转子轴向定位尺寸及跳动应进行检查。

2.5.5 机壳、静叶承缸（隔板）水平中分面自由贴合间隙应进行检查。

2.6 外观检查。

2.6.1 叶片、主轴、静叶承缸（隔板）、机壳等应进行有效标识。

2.6.2 所有零部件应进行毛刺和清洁度检查，合格后才能转入总装工序。

2.7 其它检查。

2.7.1 转子残磁≤5高斯，机械电跳量≤6.4μm。

2.7.2 动叶片应进行测频，其避开裕度不得小于10%。

2.7.3 轴承座应进行煤油渗漏检查。

2.7.4 如采购技术文件规定：低压级叶片需喷涂处理，则应检查叶片喷涂外观质量。

2.8 转子超速试验。

2.8.1 超速试验转速应不低于最大连续转速的1.05倍，且持续时间不小于1min。

2.8.2 超速试验后应检查叶片外圆直径的变化，且应符合施工图样要求。

2.9 转子动平衡试验。

2.9.1 低速动平衡试验按制造厂施工图样及工艺要求进行。

2.9.2 高速动平衡试验应在超速试验后进行，高速动平衡试验转速应为轴流压缩机的最大连续转速，在最大连续转速下的任一转速，其振动速度≤1.0mm/s。

2.10 壳水压试验。

机壳水压试验可根据压力不同分腔进行，试验压力应为最高许用工作压力的1.5倍，但最低不低于0.14MPa（G），保压时间≥30min，且应无渗漏。

2.11 装配检查。

2.11.1 按施工图样及制造商工艺规定。

2.11.2 进入装配的所有零部件应进行清洁度检查。

2.11.3 机壳与静叶承缸（隔板）应进行同心度检查。

2.11.4 转子与机壳应进行同心度检查。

2.11.5 转子与静止部件应进行间隙检查。

2.11.6 转子与径向轴承应进行径向间隙检查，转子与推力轴承应进行轴向间隙检查；转子轴向应进行窜动量检查。

2.11.7 导向块应进行装配间隙检查。

2.11.8 静叶调节系统静态模拟试验检查。

2.12 其它外购外协件。

2.12.1 联轴器、轴承、液力偶合器、静叶调节伺服机构等型号、原产地及供应商应与采购技术文件的规定一致。

2.12.2 测温、测振、转速探头等主要监控仪表型号及原产地应与采购技术文件的规定一致。

2.12.3 主要外协件（如主轴锻件毛坯、某一加工工序外协）应按采购技术文件要求，采取过程控制（如关键点访问监造）。

2.12.4 齿轮箱、伺服马达等重要外购件应按采购技术文件要求，采取过程控制（如关键点访问监造）。

2.13 机械运转试验。

2.13.1 试验前应进行以下检查。

2.13.1.1 试验润滑油系统过滤精度应≤10μm。

2.13.1.2 压缩机轴承应进行进油温度检查。

2.13.1.3 试验监测仪表数量要求：测振探头前、后轴径各2个，测温探头前后径向轴承各2个，推力轴承主、副推力面各2个，轴位移探头1个，转速表1个。

2.13.2 运转试验。

2.13.2.1 升速速率为10%的最大连续转速。

2.13.2.2 最大连续转速稳定运行至少4h。

2.13.2.3 转子未滤波的双振幅≤25.4μm，轴承温度≤85℃，回油温升≤28℃。

2.13.3 试验后应记录压缩机惰走时间和临界转速。

2.13.4 试验后应进行压缩机解体检查，转子与轴承、静止部件不允许有异常磨损及擦碰。

2.14 气动热力性能试验。

2.14.1 按采购技术文件的规定进行气动热力性能试验。

2.14.2 试验介质采用空气。

2.14.3 在额定转速下，其额定点流量、额定点压力（或能量头）不允许有负偏差、额定点功率偏差应不大于额定功率的104%。

## 3 辅机

3.1 润滑油及动力油系统。

3.1.1 核对油系统PI&D图。

3.1.2 油箱、高位油箱、油管道、油管道法兰、阀门等主要部件和构件材料应与采购技术文件的规定一致。

3.1.3 主辅油泵、双联过滤器、油冷却器、调节阀及监控仪表等主要外购件供应商、原产地、技术规格应与采购技术文件的规定一致。

3.1.4 油管路焊接应采用对接焊形式，且必须采用氩弧焊打底。

3.1.5 油箱、高位油箱、油管路应进行酸洗钝化处理；并进行外观及清洁度检查。

3.1.6 动力油站管路应进行压力试验：试验压力为最高许用压力的1.5倍，保压时间≥15min。

3.2 油系统运转试验。

3.2.1 试验用油清洁度应符合相关规定。

3.2.2 主、辅油泵（如为电机驱动）启动及运转应正常。

3.2.3 双联油过滤器、油冷却器手动切换时油压变化应符合规定要求。

3.2.4 运转试验1h，用100目滤网进行检查，手感无硬质颗粒为合格。

3.3 入口过滤器、消音器、导流栅。

3.3.1 核对供应商、主要材料、结构型式、技术参数、安装尺寸应与采购技术文件及施工图样规定一致。

3.3.2 承压部件无损检测比例及验收级别按施工图样或采购技术文件的规定。

3.3.3 承压部件水压试验按GB/T 150或施工图样要求执行。

3.3.4 内部清洁度应进行检查。

3.3.5 安装、连接尺寸应检查，尤其是法兰连接尺寸及厚度应检查。

## 4 成撬

4.1 压缩机与驱动机在公用底座上应进行冷态预对中，压缩机与驱动机转子的中心线偏差应符合施工图样或工艺规定；底座范围内的供货界面按采购技术文件中的P&ID图要求进行核对。

4.2 公用底座上的机组配管应进行检查，油管路焊接应采用对接焊形式，且必须采用氩弧焊打底焊接；回油总管应沿回油方向水平倾斜。

4.3 底座范围内的润滑油管路的焊缝应按采购技术文件及施工图样要求进行无损检测；静叶调节系统用管路焊缝应100%无损检测，并应进行水压试验，试验压力及保压时间可按施工图样要求进行。

4.4 底座范围内的油管路内部清洁度应检查。

4.5 底座范围内的管路布置及支撑件外观质量应进行检查。

4.6 联轴器护罩安装质量应检查。

## 5 涂装与发运

5.1 防锈涂装按采购技术文件的规定,其中主机涂装质量应确保12个月,备用转子及其它备件涂装质量应确保18个月。

5.2 共用接口必须用金属盲板封口,且盲板厚度应为3mm以上,且应带橡胶垫片和至少4个螺栓。

5.3 底座起吊位置及轴流式压缩机重心位置应醒目标识。

5.4 轴流式压缩机转向标识、铭牌应固定在压缩机机体醒目位置。

5.5 装箱及出厂文件检查。

## 6 轴流式压缩机驻厂监造主要质量控制点

6.1 文件见证点(R):由监造人员对设备材料制造过程有关文件、记录或报告进行见证而预先设定的监造质量控制点。

6.2 现场见证点(W):由监造人员对设备材料制造过程、工序、节点或结果进行现场见证而预先设定的监造质量控制点,且应包括相关文件见证点(R)质量控制内容。

6.3 停止点(H):由监造人员见证并签认后才可转入下一个过程、工序或节点而预先设定的监造质量控制点,应包括相关现场见证点(W)和文件见证点(R)质量控制内容。

| 序号 | 零部件及工序名称 | 监造内容 | 文件见证点(R) | 现场见证点(W) | 停止点(H) |
|---|---|---|---|---|---|
| 1 | 主轴 | 1.化学成分 | R | | |
| | | 2.力学性能 | R | | |
| | | 3.无损检测 | | W | |
| | | 4.热处理 | R | | |
| | | 5.热稳定性试验 | R | | |
| | | 6.残余应力测定 | R | | |
| | | 7.尺寸及外观检查 | | W | |
| 2 | 动叶片 | 1.化学成分 | R | | |

（续表）

| 序号 | 零部件及工序名称 | 监造内容 | 文件见证点（R） | 现场见证点（W） | 停止点（H） |
|---|---|---|---|---|---|
| 2 | 动叶片 | 2. 力学性能 | R | | |
| | | 3. 金相检验 | R | | |
| | | 4. 无损检测 | | W | |
| | | 5. 尺寸及外观检查 | | W | |
| | | 6. 测频 | R | | |
| | | 7. 低压级喷涂质量检查 | | W | |
| 3 | 转子 | 1. 叶片、锁块等外观质量检测 | | W | |
| | | 2. 叶片安装质量检查 | | W | |
| | | 3. 半联轴器安装检查 | | W | |
| | | 4. 机械电跳量检查 | | W | |
| | | 5. 跳动检查 | | W | |
| | | 6. 超速试验 | | | H |
| | | 7. 高速动平衡试验 | | | H |
| 4 | 静叶承缸 | 1. 化学成分 | R | | |
| | | 2. 力学性能 | R | | |
| | | 3. 水平中分面间隙，螺栓孔对中检查 | | W | |
| | | 4. 外观、尺寸及清洁度检查 | | W | |
| 5 | 调节缸 | 1. 化学成分 | R | | |
| | | 2. 力学性能 | R | | |
| | | 3. 焊接质量检查 | | W | |
| | | 4. 外观、尺寸及清洁度检查 | | W | |
| 6 | 进口圈、扩压器 | 1. 化学成分 | R | | |
| | | 2. 力学性能 | R | | |
| | | 3. 水平中分面间隙 | | W | |
| | | 4. 外观、尺寸及清洁度检查 | | W | |
| 7 | 静叶片 | 1. 化学成分 | R | | |
| | | 2. 力学性能 | R | | |
| | | 3. 金相检验 | R | | |
| | | 4. 无损检测 | R | | |
| | | 5. 尺寸及外观检查 | | W | |
| | | 6. 低压级喷涂质量检查 | | W | |

（续表）

| 序号 | 零部件及工序名称 | 监造内容 | 文件见证点（R） | 现场见证点（W） | 停止点（H） |
|---|---|---|---|---|---|
| 8 | 机壳 | 1. 化学成分 | R | | |
| | | 2. 力学性能 | R | | |
| | | 3. 水平中分面间隙，螺栓孔对中 | | W | |
| | | 4. 无损检测 | R | | |
| | | 5. 水压试验 | | | H |
| | | 6. 外观、尺寸及清洁度检查 | | W | |
| 9 | 公用底座 | 1. 焊后消除应力 | R | | |
| | | 2. 安装尺寸及外观检查 | | W | |
| 10 | 总装 | 1. 静叶与静叶承缸安装质量检查 | | W | |
| | | 2. 静叶转动角度试验检查 | | W | |
| | | 3. 伺服机构动作试验（含行程与静叶片转角对应关系） | | W | |
| | | 4. 动、静部件找同心，校水平检查 | | W | |
| | | 5. 轴瓦间隙检查 | | W | |
| | | 6. 动叶叶顶间隙检查 | | W | |
| | | 7. 静叶叶顶间隙检查 | | W | |
| | | 8. 通流部分间隙测量 | | W | |
| 11 | 机械运转试验 | 1. 升速 | | | H |
| | | 2. 超速试验 | | | H |
| | | 3. 稳定运行 a. 轴承温度 | | | H |
| | | b. 振动 | | | H |
| | | c. 轴位移 | | | H |
| | | d. 噪声 | | | H |
| 12 | 机械运转后拆检 | 1. 迷宫密封部位检查 | | | H |
| | | 2. 轴承部位检查 | | | H |
| 13 | 入口过滤器、消音器、导流栅 | 1. 供应商核对、结构型式、技术参数核对 | R | | |
| | | 2. 主要部件材料核对 | R | | |
| | | 3. 焊缝无损检测 | R | | |
| | | 4. 水压试验 | | W | |
| | | 5. 安装尺寸检查 | | W | |
| | | 6. 内部清洁度检查 | | W | |

(续表)

| 序号 | 零部件及工序名称 | 监造内容 | 文件见证点（R） | 现场见证点（W） | 停止点（H） |
|---|---|---|---|---|---|
| 14 | 油系统 | 1. 油冷却器管束材质、过滤器壳体材料、油管道等材料检查 | | W | |
| | | 2. 清洁度及外观检查 | | W | |
| | | 3. 油过滤器、油冷却器水压试验 | | W | |
| | | 4. 油箱、高位油箱渗漏检查 | | W | |
| | | 5. 油路系统水压试验 | | W | |
| | | 6. 油管酸洗处理 | | W | |
| | | 7. 油系统运转试验 | | | H |
| 15 | 其它外购件 | 1. 联轴器、轴承、齿轮箱、电机等型号、原产地、质保书检查 | | W | |
| | | 2. 监控仪表的合格证检查 | | W | |
| 16 | 成撬 | 1. 底座范围内的管路、管件、阀门材料检查、厂家核对 | R | | |
| | | 2. 机组对中检查 | | W | |
| | | 3. 联轴器护罩试装质量检查 | | W | |
| | | 4. 底座范围内的管路焊接质量检查 | | W | |
| | | 5. 底座范围内的管路焊接质量检测（无损检测） | R | | |
| | | 6. 底座范围内的管路压力试验 | | W | |
| | | 7. P&ID图核对 | | W | |
| | | 8. 底座范围内的管路安装外观质量及其支承件外观质量检查 | | W | |
| 17 | 涂装与发运 | 1. 涂装检查 | | W | |
| | | 2. 共用接口封闭检查 | | W | |
| | | 3. 转向标识及铭牌检查 | | W | |
| | | 4. 起吊标识检查 | | W | |
| | | 5. 专用工具检查 | | W | |
| | | 6. 装箱及出厂文件检查 | | W | |

# 管道压缩机监造大纲

# 目 录

| | |
|---|---|
| 前　言 | 083 |
| 1　总则 | 084 |
| 2　主机 | 086 |
| 3　辅机 | 090 |
| 4　成撬 | 090 |
| 5　涂装与发运 | 091 |
| 6　管道压缩机驻厂监造主要质量控制点 | 091 |

# 前　言

《管道压缩机监造大纲》是参照GB/T 1.1—2009《标准化工作导则　第1部分：标准的结构和编写》给出的规则起草。

本大纲由中国石油化工集团有限公司物资装备部提出。

本大纲为第一次发布。

本大纲起草单位：上海众深科技股份有限公司。

本大纲起草人：李科锋、贺立新、刘鑫、付林、孙亮亮、吴茂成、蔡志伟。

# 管道压缩机监造大纲

## 1 总则

1.1 内容和适用范围。

1.1.1 本大纲主要规定了采购单位（或使用单位）对长输管道输送用离心式压缩机制造过程监造的基本内容及要求，是委托驻厂监造的主要依据。

1.1.2 本大纲适用于石油化工工业长输管道用离心式压缩机制造过程监造，同类设备可参照使用。

1.1.3 本大纲中具体技术要求如与采购技术文件不一致时，原则上应以采购技术文件为准。

1.2 监造工作的基本要求。

1.2.1 监造人员要求。

1.2.1.1 监造人员应与所在监造单位有正式劳动合同关系。

1.2.1.2 监造人员应严格依据监造委托合同，履行监造职责，完成监造任务。

1.2.1.3 监造人员应持有不低于中国设备监理协会颁发的专业设备监理师资格证书，监造人员有二年（或以上）的监造业务经验，在相应专业岗位工作三年以上。

1.2.1.4 监造人员应熟悉监造物资的制造工艺，掌握制造过程中的质量技术要求和检验试验关键控制点。

1.2.1.5 监造人员在监造活动过程中应遵守有关保密约定和规定。

1.2.1.6 监造人员应遵守制造厂HSSE或安全生产管理制度的相关规定，严格执行劳保着装和安全防护要求。

1.2.2 监造工作程序。

1.2.2.1 监造人员在开始监造的10个工作日内，对制造厂的人员资质、生产工艺、装备能力和质保体系运行情况进行检查和评估，并向委托方提供质量风险评估报告，明确风险等级（高、中、低、无）。

1.2.2.2 监造单位在收到采购技术文件后，10个工作日内编制完成《监造大纲》。

1.2.2.3 监造单位在获得设计相关图纸、制造工艺、质量控制计划、生产进度计划后，15日内编制完成《监造实施细则》。

1.2.2.4 监造人员应配备必要的用于平行检查且检定合格的检测器具。

1.2.2.5 监造人员应按委托方的通知或有关要求参加或组织召开预检验会议，与

制造厂对接确定检验试验计划和质量控制点，并经委托方确认。

1.2.2.6 监造人员应组织制造厂质量、技术、生产及经营（项目管理）等相关部门召开监理周例会，通报监造工作情况，协调解决质量进度问题，结合生产进度计划安排后续监造工作，并形成会议纪要。

1.2.2.7 监造人员在监造实施过程中，如发现质量隐患、质量问题以及可能影响交货期的重大因素时，应及时报委托方，并以书面形式通知制造厂，要求制造厂采取有效措施予以整改，若制造厂延误或拒绝整改时，可责令其停工。

1.2.2.8 对于原材料、外购件以及外协加工、外协检测和外协检验试验等过程，监造人员应重点审查质量证明文件、外协单位资质、人员资质、工艺文件和检验试验报告等。并依据监造实施细则和检验试验计划中设置的监造访问点，实施质量控制。

1.2.2.9 实施监造的物资经现场监造人员确认符合标准规范和订单约定后，按发货批次开具监造放行单，并报委托方。

1.2.2.10 全部监造工作完成后，应于30日内完成监造总结报告交付委托方。

1.3 监造单位应提交的文件资料。

1.3.1 目录（含页码）（必须）。

1.3.2 产品质量监造报告书（必须）。

1.3.3 监造工作总结（必须）。

1.3.4 监造大纲（必须）。

1.3.5 监造实施细则（必须）。

1.3.6 监造周报（必须）。

1.3.7 设计变更通知及往来函件（如有）。

1.3.8 监造工作联系单（如有）。

1.3.9 监造工程师通知单（如有）。

1.3.10 会议纪要（如有）。

1.3.11 监造放行单（必须）。

1.4 主要编制依据。

1.4.1 GB/T 150.1~4 压力容器。

1.4.2 GB/T 151 热交换器。

1.4.3 GB/T 755 旋转电机 定额和性能。

1.4.4 GB/T 26429 设备工程监理规范。

1.4.5 GB/T 31184 离心式压缩机制造监理技术要求。

1.4.6 GB/T 51007 石油化工用机泵工程设计规范。

1.4.7 NB/T 47013.1~5 承压设备无损检测。

1.4.8 SH/T 3144 石油化工离心、轴流压缩机工程技术规定。

1.4.9　Q/SHCG 0100—2014（SPTS-RE01-T001）离心压缩机组润滑油站采购技术规定。

1.4.10　API 613 用于石油、化工及气体工业的专用齿轮装置。

1.4.11　API 614—2008 石油、化工及气体工业用润滑、轴密封和控制油系统及其辅助设备。

1.4.12　API 617—2014 石油、化学和气体工业用轴流、离心压缩机及膨胀机-压缩机。

1.4.13　API 670 机械保护系统。

1.4.14　API 671 石油、化工及气体工业用特殊用途联轴器。

1.4.15　ASME PTC-10 压缩机和排气机动力试验规程。

1.4.16　采购技术文件。

## 2　主机

2.1　技术要求。

2.1.1　依据采购技术文件和SH/T 3144和Q/SHCG 0100—2014（SPTS-RE01-T001）等标准，核对制造商施工图样的符合性。

2.1.2　应审查下列文件。

2.1.2.1　施工图样及制造工艺文件中的检验和试验项目的满足性。

2.1.2.2　辅机、外配套件、电气、仪表等外购件清单及分供应商的符合性。

2.2　原材料。

2.2.1　依据采购技术文件核对分供应商的符合性，审查原始质保书，并核对材料牌号、规格、热处理状态、化学成分、力学性能、无损检测等内容。

2.2.2　检查材料或毛坯外观质量、标识，并做好记录。

2.2.3　根据采购技术文件及有效的施工图样，检查制造厂对机壳（含进出口接管及法兰）、端盖、卡环、切变环、主轴、叶轮、平衡盘、推力盘等主要零件的化学成分、力学性能、无损检测的复验报告；检查铸造厂提供的隔板、内机壳的化学成分、力学性能的检验报告。

2.2.4　需在制造厂内进行性能热处理的材料，必须以最终性能热处理数据为验收文件。

2.3　无损检测。

2.3.1　无损检测按采购技术文件、相关技术标准等规定验收。

2.3.2　叶轮（轮盘、轮盖）毛坯粗加工后应进行超声检测。

2.3.3　叶轮（轮盘、轮盖）精加工后应进行磁粉或渗透检测。

2.3.4　叶轮（轮盘、轮盖、叶片）焊接后焊缝应进行渗透检测。

2.3.5　叶轮超速试验后焊缝应进行磁粉或渗透检测。

2.3.6　主轴毛坯粗加工后应进行超声检测。

2.3.7 主轴精加工后应进行磁粉检测。
2.3.8 平衡盘粗加工后应进行超声检测。
2.3.9 平衡盘精加工后应进行磁粉检测。
2.3.10 推力盘粗加工后应进行超声检测。
2.3.11 推力盘精加工后应进行超声检测。
2.3.12 锻件机壳毛坯粗加工后应进行超声检测。
2.3.13 机壳筒体与进出口接管法兰焊缝应进行超声和磁粉或渗透检测。
2.3.14 机壳进出口管法兰与取压口用圆台焊缝应进行渗透检测。
2.3.15 机壳与支座焊缝应进行渗透检测。
2.3.16 端盖"工艺孔"填塞焊缝应进行渗透检测。
2.3.17 铸钢材料隔板精加工后应进行磁粉或渗透检测。

2.4 消除应力处理。

2.4.1 按制造厂工艺规定验收。
2.4.2 叶轮焊接后应进行消除应力处理。
2.4.3 主轴半精加工后应进行消除应力处理。
2.4.4 机壳部件焊接结束后应进行消除应力处理，对于Cr-Mo钢类材料，焊前必须预热，焊后及时消氢及消除应力处理。
2.4.5 铸钢内机壳、隔板半精加工后应进行消除应力处理。
2.4.6 共用底座焊后应进行消除应力处理。

2.5 几何尺寸。

2.5.1 按制造厂图纸及工艺要求验收。
2.5.2 叶轮超速试验前后的内径、外径、迷宫密封部位外径尺寸应逐一检查。
2.5.3 主轴与半联轴器、推力盘、平衡盘、叶轮配合尺寸应逐一检查。
2.5.4 转子轴向定位尺寸、转子各部位跳动值应逐一检查。
2.5.5 机壳进出口接管水平度、进出口管法兰垂直度等形位公差应进行检查。

2.6 外观。

2.6.1 叶轮（轮盘、轮盖）、主轴、推力盘、平衡盘、轴套、内机壳、隔板、机壳（含端盖）、卡环、切变环材料应进行标识，应是唯一且具有可追溯性。
2.6.2 所有零部件应进行毛刺和清洁度检查，合格后才能转入总装工序。
2.6.3 主要零部件应进行外观检查，特别是铸件的铸造缺陷和裂纹检查。
2.6.4 端盖内部油、气通道应进行清洁度检查。
2.6.5 "O"形圈与端盖安装前，对"O"形圈进行外观质量检查及其原产地品牌检查（品牌如有规定）。
2.6.6 压缩机平衡气管路安装阀门后的外观质量检查（如碳钢螺栓、螺母应镀锌处理）。

2.7 其它检查。

2.7.1 新型叶轮应进行静态测频试验。

2.7.2 转子残磁≤5高斯（Gs），测振部位的机械电跳量≤5.0μm。

2.8 叶轮超速试验。

2.8.1 超速试验转速应为1.15倍的最大连续转速，且持续时间不小于1min。

2.8.2 超速试验前后应测量内径、外径、迷宫密封部位外径尺寸的变化值，按施工图样允许的公差验收。

2.8.3 超速试验后，当叶轮存在裂纹时，应予以报废；如确需进行返修时，必须征得使用单位书面同意，且返修后叶轮超速试验须重新进行。

2.9 转子动平衡试验。

2.9.1 低速动平衡试验按采购技术文件或施工图样或工艺要求进行。

2.9.2 转子应进行高速动平衡试验，且试验转速应为管道压缩机最大连续转速，在最大连续转速下的任一转速，振动速度≤1.0mm/s。

2.10 机壳水压试验。

2.10.1 用于试验奥氏体不锈钢材料的液体中氯离子的含量应不得超过50mg/L。为防止试验液蒸发后氯化物沉淀干枯在奥氏体不锈钢上，试验结束后，全部残留液体应从试验的部件中清除干净。

2.10.2 机壳（含端盖）水压试验压力为最高许用工作压力的1.5倍，且保压时间≥30min，在规定的时间内无渗漏。

2.10.3 端盖密封腔部位水压试验压力为最大密封气压力的1.5倍，且保压时间≥30min，在规定的时间内无渗漏。

2.11 机壳气密性试验。机壳应进行气密性试验，试验压力应为最高许用工作压力，保压时间≥30min，在规定时间内无泄漏。

2.12 装配检查。

2.12.1 按图纸及制造厂工艺规定验收。

2.12.2 总装前零部件清洁度及外观质量应进行检查。

2.12.3 机壳与隔板同心度应进行检查。

2.12.4 转子与机壳同心度应进行检查。

2.12.5 转子与静止部件间隙应进行检查。

2.12.6 内机壳与隔板装配间隙及接触面积检查。

2.12.7 转子与径向轴承径向间隙、转子与推力轴承轴向间隙应进行检查。

2.12.8 转子轴向应进行窜动量检查。

2.12.9 轴承座与端盖装配后的外观质量检查。

2.12.10 切变环的最终厚度应测量。

2.12.11 干气密封应进行试装检查，干气密封动环必须与转子的旋转方向一致。

2.13 主要外购外协件。

2.13.1 联轴器、干气密封、轴承、齿轮箱、电机、变频器等品牌、型号、规格、原产地及分供应商应与采购技术文件规定一致。

2.13.2 测温、测振、防喘振等主要监控仪表品牌、型号、规格、防爆（隔爆）等级及原产地应与采购技术文件规定一致。

2.13.3 主要外协件（如主轴锻件毛坯、某一加工工序外协）应按采购技术文件要求，采取过程控制（如关键点访问监造）。

2.13.4 齿轮箱、驱动机等重要外购件应按采购技术文件要求，采取过程控制（如关键点访问监造）。

2.14 机械运转试验。

2.14.1 试验前应进行以下检查。

2.14.1.1 审查制造厂提交的试验大纲。

2.14.1.2 试验装置应满足管道压缩机机械运转试验的要求。

2.14.1.3 油系统过滤精度应≤10μm。

2.14.1.4 轴承进油温度。

2.14.1.5 试验用监测仪表数量最低要求：测振探头前、后轴颈各2个，测温探头前后径向轴承各2个，推力轴承主、副推力面各2个，轴位移探头1个。

2.14.2 运转试验。

2.14.2.1 升速速率为10%的最大连续转速。

2.14.2.2 升速到最大连续转速后，连续稳定运行4h。

2.14.2.3 转子未滤波的双振幅≤25.4μm，轴承温度≤85℃，回油温升≤30℃。

2.14.2.4 试验后应记录压缩机惰走时间和临界转速。

2.14.2.5 试验后应进行压缩机解体检查，转子与静止部件不允许有划伤或损伤等缺陷。

2.14.2.6 噪声测量应在离主机1m远处，噪声值按采购技术文件规定验收。

2.15 气动热力性能试验。

2.15.1 按采购技术文件规定进行气动热力性能试验。

2.15.2 试验介质可采用空气或相似气体。

2.15.3 在额定转速下，其额定点流量、额定点压力（或能量头）不允许有负偏差，额定点功率偏差应不大于采购技术文件规定的104%；额定转速和设计点流量下的多变能量头偏差在应不大于采购技术文件规定的105%。

2.16 机组整体性能试验。

2.16.1 如采购技术文件或采购合同有规定：性能试验（含机械运转、气动性能）须用合同电机、齿轮箱，以验证机组整体性能及轴系可靠性。则合同驱动机、齿轮箱应参与机械运转试验、气动热力性能试验。

2.16.2　机组机械运转试验按本大纲2.14章节执行，管道压缩机验收指标按本大纲2.14章节规定，合同电机验收指标按采购技术文件和GB/T 755规定，齿轮箱验收指标按采购技术文件和API 613的规定。

2.16.3　机组气动性能试验按本大纲2.15章节执行，管道压缩机验收指标按本大纲2.15章节规定，合同电机效率验收指标按采购技术文件和GB/T 755规定，齿轮箱传动效率验收指标按采购技术文件和API 613的规定。

## 3　辅机

3.1　油系统验收依据采购技术文件、API 614标准规定执行。

3.2　核对油系统P&ID图。

3.3　主油箱、高位油箱、油管道及法兰、阀门材料应与采购技术文件规定一致。

3.4　主、辅油泵型号、原产地及供应商应与采购技术文件规定一致；阀门型式、原产地及供应商应与采购技术文件规定一致；双联油过滤器的过滤精度、材料、原产地及供应商应与采购技术文件规定一致；双联油冷却器的材料、原产地及供应商应与采购技术文件规定一致。

3.5　油管路焊缝应采用氩弧焊打底，宜采用对接焊形式，焊缝无损检测应按施工图样或采购技术文件规定执行。

3.6　不锈钢油管路应进行酸洗钝化处理。

3.7　主油箱、高位油箱、油管路系统应进行外观及清洁度检查。

3.8　油系统运转试验。

3.8.1　审查制造厂提供的润滑油站试验大纲。

3.8.2　主、辅油泵（如为电机驱动）启动及运转应正常。

3.8.3　双联油过滤器、油冷却器手动切换时，系统油压变化应符合相关标准规定要求。

3.8.4　稳定运转试验1h后，用100目滤网进行检查，手感无硬质颗粒为合格。

3.8.5　运转试验时间不得少于4h；在运转过程中，润滑油总管油压、流量必须符合要求。

## 4　成橇

4.1　压缩机与电机、齿轮箱在共用底座上应进行冷态预对中，压缩机与齿轮箱、齿轮箱与电机的转子的中心线偏差应符合施工图样或工艺规定。

4.2　共用底座上的机组配管应进行检查，油管路焊接应采用对接焊形式，应采用氩弧焊打底焊接；回油管应沿回油方向水平倾斜。

4.3　压缩机底座范围内的供货界面按采购技术文件中的P&ID图要求进行核对。

4.4　底座范围内机旁润滑油管路及气管路的焊缝应按采购技术文件或施工图样要

求进行无损检测；管路应进行水压试验，试验压力及保压时间可按施工图样要求进行。

4.5 底座范围内的机旁润滑油管路及气管路的焊缝外观及内部清洁度应进行检查。

4.6 底座范围内的管线布置及支撑外观质量应进行检查。

4.7 联轴器护罩安装质量检查。

## 5 涂装与发运

5.1 防锈涂装按采购技术文件规定，其中主机涂装质量应确保12个月，备用转子及其它备件涂装质量应确保18个月。

5.2 共用接口必须用金属盲板封口，且盲板厚度应为3mm以上。

5.3 压缩机转向标识、铭牌应固定在压缩机醒目位置。

5.4 底座起吊位置及压缩机重心位置应醒目标识。

5.5 压缩机机旁油、气管路解体包装发运时，管段各接口应用盲板封口；宜在各管段醒目位置粘贴管段标识（包括管路名称、图号等信息）。

5.6 装箱及出厂文件检查。

## 6 管道压缩机驻厂监造主要质量控制点

6.1 文件见证点（R）：由监造人员对设备材料制造过程有关文件、记录或报告进行见证而预先设定的监造质量控制点。

6.2 现场见证点（W）：由监造人员对设备材料制造过程、工序、节点或结果进行现场见证而预先设定的监造质量控制点，且应包括相关文件见证点（R）质量控制内容。

6.3 停止点（H）：由监造人员见证并签认后才可转入下一个过程、工序或节点而预先设定的监造质量控制点，应包括相关现场见证点（W）和文件见证点（R）质量控制内容。

| 序号 | 零部件及工序名称 | 监造内容 | 文件见证点（R） | 现场见证点（W） | 停止点（H） |
| --- | --- | --- | --- | --- | --- |
| 1 | 叶轮 | 1. 化学成分 | R | | |
| | | 2. 力学性能 | R | | |
| | | 3. 热处理 | R | | |
| | | 4. 无损检测（UT、MT、PT） | | W | |
| | | 5. 精加工后尺寸检查 | | W | |
| | | 6. 超速试验 | | | H |
| | | 7. 超速试验后PT或MT及尺寸检查 | | W | |
| | | 8. 外观检查 | | W | |

（续表）

| 序号 | 零部件及工序名称 | 监造内容 | 文件见证点（R） | 现场见证点（W） | 停止点（H） |
|---|---|---|---|---|---|
| 2 | 主轴 | 1. 化学成分 | R | | |
| | | 2. 力学性能 | R | | |
| | | 3. 热处理 | R | | |
| | | 4. 无损检测（UT、MT） | | W | |
| | | 5. 尺寸检查 | | W | |
| | | 6. 消磁处理 | R | | |
| | | 7. 外观检查 | | W | |
| 3 | 轴套、隔套 | 1. 化学成分 | R | | |
| | | 2. 力学性能 | R | | |
| | | 3. 尺寸检查及外观检查 | | W | |
| 4 | 推力盘 | 1. 化学成分 | R | | |
| | | 2. 力学性能 | R | | |
| | | 3. 无损检测 | R | | |
| | | 4. 尺寸检查及外观检查 | | W | |
| 5 | 平衡盘 | 1. 化学成分 | R | | |
| | | 2. 力学性能 | R | | |
| | | 3. 无损检测 | R | | |
| | | 4. 尺寸检查及外观检查 | | W | |
| 6 | 转子装配 | 1. 转子跳动检验及定位尺寸检查 | | W | |
| | | 2. 低速动平衡试验 | | W | |
| | | 3. 高速动平衡试验（转子不平衡响应试验按采购技术文件要求执行） | | | H |
| | | 4. 超速试验检查 | | | H |
| | | 5. 外观检查及尺寸检查 | | W | |
| 7 | 内机壳隔板 | 1. 化学成分 | R | | |
| | | 2. 力学性能 | R | | |
| | | 3. 尺寸及外观检查 | | W | |
| 8 | 机壳/端盖 | 1. 材料检验报告 | R | | |
| | | 2. 筒体、端盖无损检测（UT、MT） | R | | |
| | | 3. 筒体与进出口管法兰焊缝无损检测 | R | | |
| | | 4. 机壳进出口管法兰与取压口圆台焊缝无损检测 | R | | |

(续表)

| 序号 | 零部件及工序名称 | 监造内容 | 文件见证点（R） | 现场见证点（W） | 停止点（H） |
|---|---|---|---|---|---|
| 8 | 机壳/端盖 | 5. 机壳与支座焊缝的无损检测 | R | | |
| | | 6. 端盖工艺孔焊接工艺审查 | R | | |
| | | 7. 端盖工艺孔焊接质量检查（填塞焊后PT） | | W | |
| | | 8. 水压试验（包括平衡管、排渣管） | | | H |
| | | 9. 气密性试验（包括平衡管、排渣管、密封气管等机壳接管） | | | H |
| | | 10. 尺寸检查（包括机壳进出口接管水平度、进出口管法兰垂直度） | | W | |
| | | 11. 外观检查 | | W | |
| 9 | 卡环/切变环 | 1. 化学成分 | R | | |
| | | 2. 力学性能 | R | | |
| | | 3. 无损检测 | R | | |
| | | 4. 尺寸检查、外观检查（尤其是配对标记） | | W | |
| 10 | 支座 | 1. 化学成分 | R | | |
| | | 2. 力学性能 | R | | |
| | | 3. 安装尺寸检查、外观检查 | | W | |
| 11 | 销钉 | 1. 化学成分 | R | | |
| | | 2. 力学性能 | R | | |
| | | 3. 尺寸检查、外观检查（如碳钢销钉应镀锌处理） | | W | |
| 12 | 轴承 | 1. 力学性能 | R | | |
| | | 2. 结构形式确认 | | W | |
| | | 3. 无损检测报告（UT）审查 | R | | |
| | | 4. 轴承合金贴合度文件检查 | R | | |
| | | 5. 尺寸及外观检查 | | W | |
| 13 | 共用底座 | 1. 材料 | R | | |
| | | 2. 组焊后消除应力 | R | | |
| | | 3. 安装尺寸及外观检查 | | W | |
| 14 | 主要外购件 | 1. 外购件为原产地及型号核对 | | W | |
| | | 2. 合格证、技术文件、检验资料确认 | R | | |
| 15 | 总装配 | 1. 零部件外观质量检查 | | W | |
| | | 2. 动静部件找正检查 | | W | |

(续表)

| 序号 | 零部件及工序名称 | 监造内容 | | 文件见证点（R） | 现场见证点（W） | 停止点（H） |
|---|---|---|---|---|---|---|
| 15 | 总装配 | 3. 轴承座与端盖装配质量检查 | | | W | |
| | | 4. 轴承压盖过盈量检查 | | | W | |
| | | 5. 轴瓦间隙检查 | | | W | |
| | | 6. 迷宫密封间隙检查 | | | | H |
| | | 7. 转子轴向串动量检查 | | | W | |
| | | 8. 隔板束安装水平度质量检查 | | | | H |
| | | 9. 内机壳与隔板装配间隙及接触面积检查 | | | | H |
| | | 10. 干气密封试装检查 | | | W | |
| | | 11. 干气密封试装后静态气密性试验（如有规定） | | | W | |
| | | 12. 机旁管路配制检查 | | | W | |
| | | 13. 机组撬体内PID核对检查 | | | W | |
| 16 | 机械运转试车 | 1. 升速检查 | | | | H |
| | | 2. 稳定运行 | a. 瓦温检查 | | | H |
| | | | b. 振动检查 | | | H |
| | | | c. 噪声检查 | | | H |
| | | | d. 轴位移检查 | | | H |
| 17 | 热力气动性能运转试验（如有规定） | 1. 试验前配管、监控仪表、吹扫、试车大纲检查 | | | W | |
| | | 2. 热力性能试验 | a. 进口流量检查 | | | H |
| | | | b. 进出口温度检查 | | | H |
| | | | c. 进出口压力检查 | | | H |
| | | | d. 转子转速检查 | | | H |
| | | 3. 试验测量数据相似换算结果检查 | | R | | |
| 18 | 机械运转试验后解体检查 | 1. 迷宫密封部分检查 | | | | H |
| | | 2. 轴瓦、轴颈部分检查 | | | | H |
| 19 | 润滑油系统 | 1. 主要零部件材料确认 | | R | | |
| | | 2. 主油箱渗漏试验 | | | W | |
| | | 3. 高位油箱煤油渗漏检查 | | | W | |
| | | 4. 油冷却器壳体、管板及管束材质检查 | | | W | |
| | | 5. 油冷却器水压试验检查 | | | | H |
| | | 6. 油过滤器材质检查 | | R | | |
| | | 7. 油过滤器水压试验检查 | | | | H |

(续表)

| 序号 | 零部件及工序名称 | 监造内容 | 文件见证点（R） | 现场见证点（W） | 停止点（H） |
|---|---|---|---|---|---|
| 19 | 润滑油系统 | 8. 油系统管路外观检查 | | W | |
| | | 9. 油管路酸洗钝化检查 | | W | |
| | | 10. 油路系统水压试验 | | | H |
| | | 11. 油系统运转试验 | | | H |
| | | 12. 外观质量及内部清洁度检查 | | W | |
| | | 13. P&ID核对检查 | | W | |
| | | 14. 管路支撑检查 | | W | |
| 20 | 电气、仪表元件 | 电气、仪表元件原产地及合格证检查 | R | | |
| 21 | 机组整体性能试验 | 1. 电机、齿轮箱等外观检查，交工文件审查 | | W | |
| | | 2. 机组找正检查 | | W | |
| | | 3. 机组机械运转试验 | | | H |
| | | 4. 机组气动性能试验 | | | H |
| 22 | 成撬 | 1. 底座范围内的管线、管件、阀门材料、厂家核对 | R | | |
| | | 2. 机组对中检查 | | W | |
| | | 3. 联轴器护罩试装质量检查 | | W | |
| | | 4. 底座范围内的管线焊接外观质量检查 | | W | |
| | | 5. 底座范围内的管线焊接质量检测（无损检测） | R | | |
| | | 6. 底座范围内的管线压力试验 | | W | |
| | | 7. P&ID图核对 | | W | |
| | | 8. 底座范围内的管线安装外观质量及支撑件外观质量检查 | | W | |
| | | 9. 平衡气管路与阀门安装质量检查（如碳钢螺栓、螺母应镀锌处理） | | W | |
| 23 | 包装及出厂 | 1. 涂装检查 | | W | |
| | | 2. 共用接口封闭检查 | | W | |
| | | 3. 转向标识及铭牌检查 | | W | |
| | | 4. 专用工具检查 | | W | |
| | | 5. 出厂文件检查 | R | | |

# 螺杆压缩机
# 监造大纲

# 目 录

| | |
|---|---|
| 前 言 | 099 |
| 1 总则 | 100 |
| 2 主机 | 102 |
| 3 辅机 | 104 |
| 4 成撬 | 105 |
| 5 涂装与发运 | 106 |
| 6 螺杆压缩机驻厂监造主要质量控制点 | 106 |

# 前 言

《螺杆压缩机监造大纲》是参照GB/T 1.1—2009《标准化工作导则　第1部分：标准的结构和编写》给出的规则起草。

本大纲由中国石油化工集团有限公司物资装备部提出。

本大纲2010年7月第一次发布，本次为修订升版。

本大纲起草单位：上海众深科技股份有限公司。

本大纲起草人：贺立新、刘鑫、李科锋、孙亮亮、吴茂成、付林、蔡志伟。

# 螺杆压缩机监造大纲

## 1 总则

1.1 内容和适用范围。

1.1.1 本大纲主要规定了采购单位（或使用单位）对石油化工工业用螺杆压缩机制造过程监造的基本内容及要求，是委托驻厂监造的主要依据。

1.1.2 本大纲适用于石油化工工业使用的螺杆压缩机制造过程监造，同类设备可参照使用。

1.1.3 本大纲中具体技术要求如与采购技术文件不一致时，原则上应以采购技术文件为准。

1.2 监造工作的基本要求。

1.2.1 监造人员要求。

1.2.1.1 监造人员应与所在监造单位有正式劳动合同关系。

1.2.1.2 监造人员应严格依据监造委托合同，履行监造职责，完成监造任务。

1.2.1.3 监造人员应持有不低于中国设备监理协会颁发的专业设备监理师资格证书，监造人员有二年（或以上）的监造业务经验，在相应专业岗位工作三年以上。

1.2.1.4 监造人员应熟悉监造物资的制造工艺，掌握制造过程中的质量技术要求和检验试验关键控制点。

1.2.1.5 监造人员在监造活动过程中应遵守有关保密约定和规定。

1.2.1.6 监造人员应遵守制造厂HSSE或安全生产管理制度的相关规定，严格执行劳保着装和安全防护要求。

1.2.2 监造工作程序。

1.2.2.1 监造人员在开始监造的10个工作日内，对制造厂商的人员资质、生产工艺、装备能力和质保体系运行情况进行检查和评估，并向委托方提供质量风险评估报告，明确风险等级（高、中、低、无）。

1.2.2.2 监造单位在收到采购技术文件后，10个工作日内编制完成《监造大纲》。

1.2.2.3 监造单位在获得设计相关图样、制造工艺、质量控制计划、生产进度计划后，15日内编制完成《监造实施细则》。

1.2.2.4 监造人员应配备必要的用于平行检查且检定合格的检测器具。

1.2.2.5 监造人员应按委托方的通知或有关要求参加或组织召开预检验会议，与

制造厂对接确定检验试验计划和质量控制点,并经委托方确认。

1.2.2.6 监造人员应组织制造厂质量、技术、生产及经营(项目管理)等相关部门召开监理周例会,通报监造工作情况,协调解决质量进度问题,结合生产进度计划安排后续监造工作,并形成会议纪要。

1.2.2.7 监造人员在监造实施过程中,如发现质量隐患、质量问题以及可能影响交货期的重大因素时,应及时报委托方,并以书面形式通知制造厂商,要求制造厂商采取有效措施予以整改,若制造厂商延误或拒绝整改时,可责令其停工。

1.2.2.8 对于原材料、外购件以及外协加工、外协检测和外协检验试验等过程,监造人员应重点审查质量证明文件、外协单位资质、人员资质、工艺文件和检验试验报告等。并依据监造实施细则和检验试验计划中设置的监造访问点,实施质量控制。

1.2.2.9 实施监造的物资经现场监造人员确认符合标准规范和订单约定后,按发货批次开具监造放行单,并报委托方。

1.2.2.10 全部监造工作完成后,应于30日内完成监造总结报告交付委托方。

1.3 监造单位应提交的文件资料。

1.3.1 目录(含页码)(必须)。

1.3.2 产品质量监造报告书(必须)。

1.3.3 监造工作总结(必须)。

1.3.4 监造大纲(必须)。

1.3.5 监造实施细则(必须)。

1.3.6 监造周报(必须)。

1.3.7 设计变更通知及往来函件(如有)。

1.3.8 监造工作联系单(如有)。

1.3.9 监造工程师通知单(如有)。

1.3.10 会议纪要(如有)。

1.3.11 监造放行单(必须)。

1.4 主要编制依据。

1.4.1 TSG 21 固定式压力容器安全技术监察规程。

1.4.2 GB/T 150.1~4 压力容器。

1.4.3 GB/T 151 热交换器。

1.4.4 GB/T 7777 容积式压缩机机械振动测量与评价。

1.4.5 GB/T 26429 设备工程监理规范。

1.4.6 SH/T 3157 石油化工回转式压缩机工程技术规范。

1.4.7 Q/SHCG 100—2014(SPTS-RE03-T001)工艺螺杆压缩机转子尺寸系列。

1.4.8 Q/SHCG 100—2014(SPTS-RE03-T002)工艺螺杆压缩机轴封型式及安装尺寸。

1.4.9　Q/SHCG 100—2014（SPTS-RE03-T003）工艺螺杆压缩机轴承型式及安装尺寸。

1.4.10　Q/SHCG 100—2014（SPTS-RE03-T004）工艺螺杆压缩机气缸系列。

1.4.11　API 614—2008 石油、化工和气体工业用润滑、轴密封和控制油系统及辅助设备。

1.4.12　API 619—2010 石油、化工和天然气工业用旋转式容积式压缩机。

1.4.13　采购技术文件。

## 2　主机

2.1　技术要求。

2.1.1　依据采购技术文件和Q/SHCG 100—2014（SPTS-RE03-T001～004）标准，核对制造商施工图样的符合性。

2.1.2　应审查下列文件。

2.1.2.1　施工图样及工艺文件中的检验和试验项目。

2.1.2.2　辅机、电气、仪表等外购件清单及分供应商清单。

2.2　原材料。

2.2.1　依据采购技术文件核对供应商，并审查原始质保书、核对材料牌号、规格、热处理状态、化学成分、力学性能、无损检测等内容。

2.2.2　检查材料或毛坯外观质量、标识，并做好记录。

2.2.3　根据采购技术文件和施工图样审查阴、阳转子、齿轮、气缸体、进气座、排气座、端盖等主要零件的化学成分、力学性能、无损检测等复验报告。

2.2.4　需在制造商厂内进行性能热处理的材料，必须以最终性能热处理数据为验收结果。

2.3　无损检测。

2.3.1　无损检测验收应按采购技术文件有关规定执行。

2.3.2　阴、阳转子毛坯粗加工后应进行超声检测。

2.3.3　阴、阳转子精加工后应进行磁粉检测。

2.3.4　齿轮毛坯粗加工后应进行超声检测。

2.3.5　齿轮精加工后应进行磁粉检测。

2.4　消除应力。

2.4.1　按制造商工艺规定验收。

2.4.2　气缸体、进气座、排气座、端盖等铸件应进行消除应力处理。

2.4.3　焊接公用底座焊后应进行消除应力处理。

2.5　几何尺寸。

2.5.1　按制造商施工图样及工艺规定验收。

2.5.2 阳转子与联轴器、轴承、轴封、齿轮配合尺寸应逐一检查，阴转子与轴承、轴封、齿轮配合尺寸应逐一检查。

2.5.3 气缸体与转子配合尺寸及同心度应逐一检查。

2.5.4 进气座、气缸体、排气座配合尺寸应逐一检查。

2.5.5 公用底座安装尺寸应逐一检查。

2.6 外观。

2.6.1 阴、阳转子、齿轮、气缸体、进气座、排气座及缸盖等应进行标识检查。

2.6.2 所有零部件应进行铁屑、毛刺和清洁度检查，深油孔口应光滑过渡，合格后才能转入总装工序。

2.7 气缸体部件压力试验。

气缸体部件水压试验压力为最大许用工作压力的1.5倍，保压时间≥30min，无渗漏。

2.8 气缸体部件气密性试验。

2.8.1 根据采购技术文件规定进行气密性试验，试验压力为最大许用工作压力，保压时间≥30min，无渗漏。

2.8.2 输送介质的平均分子质量小于12或含0.1%（摩尔）$H_2S$时，气缸体部件应进行氦气气密性试验，试验压力为最大许用工作压力，保压时间≥30min，无渗漏。

2.9 其它检查。

如采购技术文件规定采用测振探头，则转子应进行机械电跳量检查，机械电跳量≤6.5μm。

2.10 转子动平衡试验。

2.10.1 阴、阳转子动平衡试验按采购技术文件规定执行。

2.10.2 如阴、阳转子进行低速动平衡试验，转子经单独动平衡后再和装配在转子上的所有零件一起进行动平衡，平衡精度等级应不低于G2.5。

2.11 装配。

2.11.1 按施工图样及制造商工艺规定。

2.11.2 气缸体与进气座、排气座同心度应进行检查。

2.11.3 运动部件与静止部件间隙应进行检查。

2.11.4 阴、阳转子啮合间隙应进行检查。

2.11.5 阴、阳转子与轴瓦间隙应进行检查。

2.11.6 齿轮的啮合间隙应进行检查。

2.11.7 轴封应进行试装检查。

2.12 其它外购外协件。

2.12.1 联轴器、轴承、轴封、驱动机等的型号、产地及供应商应与采购技术文件规定一致。

2.12.2 测温、测振等主要监控仪表型号、产地及供应商应与采购技术文件规定一致。

2.12.3 撬装机组用变送器、压力开关等主要仪表型号、产地及供应商应与采购技术文件规定一致。

2.12.4 主要外协件（如阴、阳转子锻件毛坯、某一加工工序外协）应按采购技术文件要求，采取过程控制（如关键点访问监造）。

2.12.5 同步齿轮、驱动机等重要外购件应按采购技术文件要求，采取过程控制（如关键点访问监造）。

2.13 机械运转试验。

2.13.1 试验前应进行以下检查。

2.13.1.1 审查制造商提交的试验大纲。

2.13.1.2 试验装置应满足螺杆压缩机机械运转试验的要求。

2.13.1.3 试验润滑油站过滤精度应≤10μm。

2.13.1.4 进油温度应检查。

2.13.1.5 确认合同轴承和轴封参与试验（干气密封可不参与试验）。

2.13.2 运转试验。

2.13.2.1 在额定转速下应稳定运行≥4h，轴承温度≤85℃。

2.13.2.2 汽轮机驱动的螺杆压缩机应进行110%的跳闸转速试验；

2.13.2.3 振动按采购技术文件要求执行，如协议无要求，机壳振动可按GB/T 7777规定，或按API 619表3、表4的规定。

2.13.2.4 整个运转试验期间，轴封及油封等的泄漏检查，应无泄漏。

# 3 辅机

3.1 润滑油系统。

3.1.1 核对油系统P&ID图。

3.1.2 油箱、高位油箱、油管道、油管道法兰、阀门等主要部（构）件用原材料应与采购技术文件规定一致。

3.1.3 主辅油泵、双联过滤器、油冷却器、调节阀及监控仪表等主要外购件供应商、原产地、技术规格应与采购技术文件规定一致。

3.1.4 油管路焊接应采用对接焊形式，且必须采用氩弧焊打底；焊缝无损检测应按施工图样或采购技术文件的规定。

3.1.5 油箱、高位油箱、油管路应进行酸洗钝化处理；并进行外观及清洁度检查。

3.1.6 油管路应进行压力试验：试验压力为允许最高工作压力的1.5倍，保压时间≥15min。

3.1.7 运转试验。

3.1.7.1 试验用油清洁度应符合相关规定。

3.1.7.2 主、辅油泵启动及运转正常。

3.1.7.3 双联油过滤器、双联油冷却器手动切换时系统油压变化应符合相关规定。

3.1.7.4 运转试验1h后，用100目滤网进行检查，手感无硬质颗粒为合格。

3.2 压力容器。

3.2.1 压力容器的供应商、主要承压件用原材料应与采购技术文件的规定一致，材料复验按TSG 21《固定式压力容器安全技术监察规程》有关规定执行。

3.2.2 A、B类焊缝应进行射线检测，检测比例及验收级别按采购技术文件或施工图样规定；C、D类焊缝的表面检测按采购技术文件或施工图样规定。

3.2.3 产品焊接试板、热处理按GB/T 150规定。

3.2.4 无人孔的压力容器合拢前应进行内部清洁度及焊缝外观检查，接管焊缝及壳体合拢环缝应采用氩弧焊打底、单面焊双面成型的焊接方式。

3.2.5 水压试验、气密试验应按采购技术文件及施工图样规定。

3.3 喷液冷却系统（适用于湿式螺杆）。

3.3.1 核对喷液系统P&ID图。

3.3.2 储罐、分离器、换热器、管道及法兰、阀门的材料及型号应与采购技术文件规定一致。

3.3.3 过滤器材料、过滤精度及供应商应与采购技术文件的规定一致。

3.3.4 过滤器之后的管道及法兰焊接必须采用氩弧焊打底。

3.3.5 储罐内部清洁度应进行检查。

## 4 成橇

4.1 螺杆压缩机组一般为单独底座，底座范围内的供货界面应与采购技术文件中的P&ID图规定一致。

4.2 底座范围内的冷却管路及润滑油管路的焊接应采用对接焊结构并采用氩弧焊打底的焊接方式，焊缝应按采购技术文件的规定进行无损检测，管路应进行水压试验，试验压力及保压时间应按施工图样规定。

4.3 底座范围内的密封气管路的焊缝外观应进行检查。

4.4 喷液系统用管路共用接口位置与方位应进行检查；轴封用冲洗或密封气系统用管路共用接口位置与方位应进行检查。

4.5 底座范围内的管路布置及支撑外观质量应进行检查。

4.6 驱动机与螺杆压缩机冷态对中应检查。

4.7 联轴器护罩安装质量应检查。

## 5 涂装与发运

5.1 防锈、涂装应按采购技术文件的规定,其中主机涂装质量应确保12个月,其它备件涂装质量应确保18个月。

5.2 共用接口必须用金属盲板封口,且盲板厚度应≥3mm。

5.3 底座起吊位置及螺杆压缩机重心位置应醒目标识。

5.4 螺杆压缩机转向标识、铭牌应固定在压缩机机壳醒目位置。

5.5 装箱及出厂文件检查。

## 6 螺杆压缩机驻厂监造主要质量控制点

6.1 文件见证点(R):由监造人员对设备材料制造过程有关文件、记录或报告进行见证而预先设定的监造质量控制点。

6.2 现场见证点(W):由监造人员对设备材料制造过程、工序、节点或结果进行现场见证而预先设定的监造质量控制点,且应包括相关文件见证点(R)质量控制内容。

6.3 停止点(H):由监造人员见证并签认后才可转入下一个过程、工序或节点而预先设定的监造质量控制点,应包括相关现场见证点(W)和文件见证点(R)质量控制内容。

| 序号 | 零部件及工序名称 | 监造内容 | 文件见证点(R) | 现场见证点(W) | 停止点(H) |
|---|---|---|---|---|---|
| 1 | 气缸体<br>进气座<br>排气座 | 1.化学成分 | R | | |
| | | 2.力学性能 | R | | |
| | | 3.消应力处理 | R | | |
| | | 4.无损检测(含壳体接管) | R | | |
| | | 5.水压试验 | | | H |
| | | 6.气密试验 | | | H |
| | | 7.外观及尺寸检查 | | W | |
| 2 | 端盖(适用水平剖分结构) | 1.化学成分 | R | | |
| | | 2.力学性能 | R | | |
| | | 3.消除应力处理 | R | | |
| | | 4.水压试验(与气缸体同时进行) | | | H |
| | | 5.气密试验(与气缸体同时进行) | | | H |
| | | 6.外观及尺寸检查 | | W | |

（续表）

| 序号 | 零部件及工序名称 | 监造内容 | 文件见证点（R） | 现场见证点（W） | 停止点（H） |
|---|---|---|---|---|---|
| 3 | 转子 | 1. 化学成分 | R | | |
| | | 2. 力学性能 | R | | |
| | | 3. 金相检验 | R | | |
| | | 4. 热处理 | R | | |
| | | 5. 无损检测 | R | | |
| | | 6. 动平衡试验 | | | H |
| | | 7. 机械电跳量检查（如采用测振探头） | | W | |
| | | 8. 外观及尺寸检查 | | W | |
| 4 | 齿轮 | 1. 化学成分 | R | | |
| | | 2. 力学性能 | R | | |
| | | 3. 热处理 | R | | |
| | | 4. 无损检测 | R | | |
| | | 5. 外观及尺寸检查 | | W | |
| 5 | 轴承 | 1. 外观及尺寸检查 | | W | |
| | | 2. 合格证检查 | R | | |
| 6 | 轴封 | 1. 外观及尺寸检查 | | W | |
| | | 2. 合格证检查 | R | | |
| 7 | 公用底座 | 1. 焊接用材料产地及材料确认 | | W | |
| | | 2. 焊接外观质量检查 | | W | |
| | | 3. 消除应力处理 | R | | |
| | | 4. 安装尺寸检查 | | W | |
| 8 | 油系统 | 1. 油箱渗漏检查 | | W | |
| | | 2. 油冷却器管束、过滤器壳体、油管道等原材料检查 | R | | |
| | | 3. 外观检查 | | W | |
| | | 4. 油管路酸洗钝化处理 | | W | |
| | | 5. 油冷却器、油过滤器、油路系统水压试验 | | W | |
| | | 6. 油系统运转试验 | | W | |
| 9 | 压力容器 | 1. 主要承压件原材料审查 | R | | |
| | | 2. 无损检测 | R | | |
| | | 3. 产品焊接试板检查 | R | | |
| | | 4. 热处理 | R | | |

(续表)

| 序号 | 零部件及工序名称 | 监造内容 | 文件见证点（R） | 现场见证点（W） | 停止点（H） |
|---|---|---|---|---|---|
| 9 | 压力容器 | 5.压力容器合拢前内部清洁度检查 | | W | |
| | | 6.管子与管板焊接质量检查 | | W | |
| | | 7.管口方位及法兰密封面质量检查 | | W | |
| | | 8.密封垫片的合格证审查 | R | | |
| | | 9.水压试验 | | W | |
| | | 10.气密试验 | | W | |
| 10 | 喷液冷却系统 | 1.管路系统原材料审查 | R | | |
| | | 2.焊缝外观质量检查 | | W | |
| | | 3.主要外购件型号检查 | | W | |
| | | 4.清洁度检查 | | W | |
| 11 | 其它外购件 | 1.联轴器、驱动机、监控仪表等供应商及型号核对 | | W | |
| | | 2.合格证审查 | R | | |
| 12 | 主机装配 | 1.进气座、气缸体、排气座同心度检查 | | W | |
| | | 2.阴、阳转子啮合间隙检查 | | W | |
| | | 3.转子与轴瓦间隙检查 | | W | |
| | | 4.转子与齿轮配合间隙检查 | | W | |
| | | 5.转子与轴封安装径向间隙检查 | | W | |
| | | 6.转子与气缸体间隙检查 | | W | |
| | | 7.齿轮的啮合间隙检查 | | W | |
| | | 8.主要监控仪表安装检查 | | W | |
| | | 9.机械密封（干气密封）试装检查 | | W | |
| | | 10.气管路、仪表管路安装检查 | | W | |
| 13 | 机械运转试验 | 1.油系统检查 | | | H |
| | | 2.盘车检查 | | | H |
| | | 3.汽轮机驱动时以最大连续转速的110%作超速跳闸试验，持续15min | | | H |
| | | 4.连续4h稳定运转检查：<br>a.轴承温度<br>b.机组振动<br>c.机组噪声 | | | H |
| 14 | 成撬 | 1.底座范围内的管线、管件、阀门材料核对 | R | | |
| | | 2.喷液管、冲洗管、密封气管管口方位检查 | | W | |

（续表）

| 序号 | 零部件及工序名称 | 监造内容 | 文件见证点（R） | 现场见证点（W） | 停止点（H） |
|---|---|---|---|---|---|
| 14 | 成撬 | 3. 底座范围内的管路焊接质量检查 | | W | |
| | | 4. 底座范围内的管路压力试验 | | W | |
| | | 5. P&ID图核对 | | W | |
| | | 6. 底座范围内的管路安装外观质量及支撑件外观质量检查 | | W | |
| | | 7. 与驱动机冷态对中检查 | | W | |
| | | 8. 联轴器护罩安装质量检查 | | W | |
| 15 | 涂装与发运 | 1. 防锈及涂装检查 | | W | |
| | | 2. 共用接口封闭检查 | | W | |
| | | 3. 起吊位置与重心位置标识检查 | | W | |
| | | 4. 转向标识及铭牌检查 | | W | |
| | | 5. 装箱及出厂文件检查 | | W | |

# （高压聚乙烯、EVA）一次压缩机监造大纲

# 目 录

| | |
|---|---|
| 前　言 | 113 |
| 1　总则 | 114 |
| 2　主机 | 116 |
| 3　辅机 | 118 |
| 4　成撬 | 120 |
| 5　涂装与发运 | 120 |
| 6　一次压缩机驻厂监造主要质量控制点 | 120 |

# 前　言

《（高压聚乙烯、EVA）一次压缩机监造大纲》是参照 GB/T 1.1—2009《标准化工作导则　第1部分：标准的结构和编写》给出的规则起草。

本大纲由中国石油化工集团有限公司物资装备部提出。

本大纲为首次发布。

本大纲起草单位：上海众深科技股份有限公司。

本大纲起草人：刘鑫、贺立新、李科锋、蔡志伟、付林、吴茂成。

# （高压聚乙烯、EVA）一次压缩机监造大纲

## 1 总则

1.1 内容和适用范围。

1.1.1 本大纲主要规定了采购单位（或使用单位）对石油化工工业高压聚乙烯、EVA装置用一次压缩机制造过程监造的基本内容及要求，是委托驻厂监造的主要依据。

1.1.2 本大纲适用于高压聚乙烯、EVA装置用一次压缩机制造过程监造，同类设备可参照使用。

1.1.3 本大纲中具体技术要求如与采购技术文件不一致时，原则上应以采购技术文件为准。

1.2 监造工作的基本要求。

1.2.1 监造人员要求。

1.2.1.1 监造人员应与所在监造单位有正式劳动合同关系。

1.2.1.2 监造人员应严格依据监造委托合同，履行监造职责，完成监造任务。

1.2.1.3 监造人员应持有不低于中国设备监理协会颁发的专业设备监理师资格证书，监造人员有二年（或以上）的监造业务经验，在相应专业岗位工作三年以上。

1.2.1.4 监造人员应熟悉监造物资的制造工艺，掌握制造过程中的质量技术要求和检验试验关键控制点。

1.2.1.5 监造人员在监造活动过程中应遵守有关保密约定和规定。

1.2.1.6 监造人员应遵守制造商HSSE或安全生产管理制度的相关规定，严格执行劳保着装和安全防护要求。

1.2.2 监造工作程序。

1.2.2.1 监造人员在开始监造的10个工作日内，对制造商的人员资质、生产工艺、装备能力和质保体系运行情况进行检查和评估，并向委托方提供质量风险评估报告，明确风险等级（高、中、低、无）。

1.2.2.2 监造单位在收到采购技术文件后，10个工作日内编制完成《监造大纲》。

1.2.2.3 监造单位在获得设计相关图样、制造工艺、质量控制计划、生产进度计划后，15日内编制完成《监造实施细则》。

1.2.2.4 监造人员应配备必要的用于平行检查且检定合格的检测器具。

1.2.2.5 监造人员应按委托方的通知或有关要求参加或组织召开预检验会议，与

制造商对接确定检验试验计划和质量控制点,并经委托方确认。

1.2.2.6　监造人员应组织制造质量、技术、生产及经营(项目管理)等相关部门召开监理周例会,通报监造工作情况,协调解决质量进度问题,结合生产进度计划安排后续监造工作,并形成会议纪要。

1.2.2.7　监造人员在监造实施过程中,如发现质量隐患、质量问题以及可能影响交货期的重大因素时,应及时报委托方,并以书面形式通知制造商,要求制造商采取有效措施予以整改,若制造商延误或拒绝整改时,可责令其停工。

1.2.2.8　对于原材料、外购件以及外协加工、外协检测和外协检验试验等过程,监造人员应重点审查质量证明文件、外协单位资质、人员资质、工艺文件和检验试验报告等。并依据监造实施细则和检验试验计划中设置的监造访问点,实施质量控制。

1.2.2.9　实施监造的物资经现场监造人员确认符合标准规范和订单约定后,按发货批次开具监造放行单,并报委托方。

1.2.2.10　全部监造工作完成后,应于30日内完成监造总结报告交付委托方。

1.3　监造单位应提交的文件资料。

1.3.1　目录(含页码)(必须)。

1.3.2　产品质量监造报告书(必须)。

1.3.3　监造工作总结(必须)。

1.3.4　监造大纲(必须)。

1.3.5　监造实施细则(必须)。

1.3.6　监造周报(必须)。

1.3.7　设计变更通知及往来函件(如有)。

1.3.8　监造工作联系单(如有)。

1.3.9　监造工程师通知单(如有)。

1.3.10　会议纪要(如有)。

1.3.11　监造放行单(必须)。

1.4　主要编制依据。

1.4.1　GB/T 26429 设备工程监理规范。

1.4.2　API 618—2007 石油、化工及气体工业用往复压缩机。

1.4.3　API 614—2008 石油、化工及气体工业用润滑、轴密封和控制油系统及其辅助设备。

1.4.4　EN、DIN以及ASME相关材料及无损检测等标准。

1.4.5　采购技术文件。

## 2 主机

2.1 技术要求。

2.1.1 依据采购技术文件核对制造商机组配置以及施工图样的符合性。

2.1.2 应审查下列文件。

2.1.2.1 施工图样及制造工艺文件中的检验和试验项目的满足性。

2.1.2.2 辅机、外配套件、电气、仪表等外购件清单及分供应商的符合性。

2.2 原材料。

2.2.1 依据采购技术文件核对分供应商的符合性，审查原始质保书，并核对材料牌号、规格、热处理状态、化学成分、力学性能、无损检测等内容。

2.2.2 检查材料或毛坯外观质量、标识，并做好记录。

2.2.3 根据采购技术文件及施工图样，核查制造商对曲轴、十字头、十字头销、连杆及连杆螺栓、活塞杆、气缸等主要零件的化学成分、力学性能、无损检测等重要检试验项目及结果。

2.2.4 需在制造厂内进行性能热处理的材料，必须以最终性能热处理数据为验收结果。

2.3 无损检测。

2.3.1 无损检测按采购技术文件及相关材料标准的无损检测有关规定验收。

2.3.2 曲轴粗加工后应进行超声检测，精加工后应进行磁粉检测。

2.3.3 锻件活塞粗加工后应进行超声检测。

2.3.4 活塞杆粗加工后应进行超声检测，精加工后应进行磁粉检测。

2.3.5 连杆粗加工后应进行超声检测，精加工后应进行磁粉检测。

2.3.6 连杆螺栓及螺母精加工后应进行磁粉检测。

2.3.7 十字头销粗加工后应进行超声检测，精加工后应进行磁粉检测。

2.3.8 锻件气缸毛坯粗加工后应进行超声检测。

2.3.9 活塞杆锁紧螺母精加工后应进行磁粉检测。

2.4 消除应力处理。

2.4.1 消除应力处理按采购技术文件和制造商工艺规定执行。

2.4.2 机身、中体、接筒、气缸及缸套、十字头体等铸件清砂后应进行消除应力处理。

2.4.3 曲轴、连杆等锻件粗加工后应进行消除应力处理。

2.4.4 活塞杆、十字头销、合金缸套等半精加工后应进行消除应力处理。

2.4.5 撬装压缩机的公用底座，在焊后应进行消除应力处理。

2.5 几何尺寸。

2.5.1 按制造商施工图样及工艺文件要求验收。

2.5.2 活塞及活塞杆配合部位尺寸应进行检查。

2.5.3 曲轴与联轴器、主轴承、连杆大头瓦配合尺寸应进行检查。

2.5.4 机身主轴承孔尺寸及同轴度应进行检查。

2.5.5 中体端面配合尺寸、滑道尺寸应进行检查。

2.5.6 接筒端面配合尺寸应进行检查。

2.5.7 气缸的配合尺寸应进行检查，气缸套配合尺寸应进行检查。

2.5.8 气缸套压入气缸体后珩磨面应进行表面粗糙度检查。

2.5.9 连杆配合尺寸应进行检查。

2.5.10 连杆螺栓配合尺寸应进行检查。

2.5.11 撬装压缩机的公用底座安装尺寸应进行检查。

2.6 外观。

2.6.1 活塞、活塞杆、曲轴、连杆、连杆螺栓、十字头、十字头销、气缸及缸盖、机身、中体、接筒应进行有效标识。

2.6.2 所有零部件应进行毛刺和清洁度检查，合格后才能转入总装工序。

2.7 其它检查。

机身油池部位应进行煤油渗漏试验。

2.8 气缸部件压力试验。

2.8.1 用于试验奥氏体不锈钢材料的液体中氯离子的含量应不得超过 $50\mu g/g$。为防止试验液蒸发后氯化物沉淀干枯在奥氏体不锈钢上，试验结束后，全部残留液体应从试验的部件中清除干净。

2.8.2 冷却水腔与气腔应单独进行水压试验，冷却水腔试验压力至少为 0.8MPa，气腔试验压力为最高许用工作压力的 1.5 倍，保压时间 ≥30min，无渗漏。

2.8.3 具有冷却水腔的气缸盖和填料函应进行水压试验，试验压力至少为 0.8MPa，保压时间 ≥30min，无渗漏。

2.8.4 带有油冷却结构的活塞杆，应对冷却油道进行压力试验，可用油压或水压，试验压力按制造商工艺规定。

2.8.5 活塞内腔、气缸套应进行水压试验，试验压力按制造商工艺规定。

2.9 气缸部件气密性试验。

2.9.1 高气缸气腔应进行气密性试验，试验压力为最高许用工作压力，保压时间 ≥30min，无渗漏。

2.9.2 气缸气腔应进行气密性试验，试验压力为最高许用工作压力，保压时间 ≥30min，无泄漏。泄漏检测可使用质谱仪或把气缸浸没水中。

2.10 装配检查。

2.10.1 按施工图样及制造商工艺规定验收。

2.10.2 机身与中体、接筒、气缸同轴度应进行检查。

2.10.3 曲轴与机身轴承座孔同轴度应进行检查。

2.10.4 运动部件与静止部件间隙应进行检查。

2.10.5 曲轴与主轴承径向间隙应进行检查。

2.10.6 活塞杆盘车状态下水平及垂直方向跳动检查，按API 618标准验收。

2.11 主要外购外协件。

2.11.1 联轴器、盘车装置、机封、气阀、注油器、驱动电机等的品牌、规格型号、防爆（隔爆）等级、产地及供应商应与采购技术文件规定一致。

2.11.2 主要监控仪表检查：测温、测振等主要监控仪表的品牌、规格型号、防爆（隔爆）等级、产地及供应商应与采购技术文件规定一致。

2.11.3 主电机应按采购技术文件要求，采取过程控制（如关键点访问或驻厂监造）。

2.11.4 主要外协件（如曲轴、活塞杆锻件等原材料、某一加工工序外协）应按采购技术文件要求，采取过程控制（如关键点访问监造）。

2.12 机械运转试验。

2.12.1 按采购技术文件规定执行。

2.12.2 机械运转试验前应进行以下检查。

2.12.2.1 审查制造商提交的试验大纲。

2.12.2.2 试验装置应满足一次压缩机机组进行机械运转试验的要求。

2.12.2.3 试验润滑油站过滤精度应≤20μm。

2.12.3 机械运转试验。

2.12.3.1 在额定转速下应稳定运行≥4h。

2.12.3.2 压缩机在稳定运行全过程中，轴承温度应≤85℃，回油温升应≤28℃，机身振动应满足采购技术文件的规定。

2.12.3.3 解体检查：试验后应进行解体检查，转动部件与静止部件不允许有损伤。

## 3 辅机

3.1 润滑油系统。

3.1.1 润滑油系统验收依据采购技术文件规定执行。

3.1.2 核对润滑油系统P&ID图。

3.1.3 油箱、油管道及其法兰、阀门材料应与采购技术文件规定一致。

3.1.4 主、辅油泵型号、原产地及供应商应与采购技术文件规定一致；阀门型式、原产地及供应商应与采购技术文件规定一致；双联过滤器过滤精度、材料、原产地及供应商应与采购技术文件规定一致；双联油冷却器材料、原产地及供应商应与采购技术文件规定一致。

3.1.5 油系统管路焊接应采用对接焊形式，且焊缝必须采用氩弧焊打底，焊缝无损检测应按施工图样或采购技术文件规定执行。

3.1.6 不锈钢油管路应进行酸洗钝化处理。

3.1.7 主油箱、油管路应进行外观及清洁度检查。

3.1.8 润滑油站运转试验。

3.1.8.1 审查制造商提交的润滑油站试验大纲。

3.1.8.2 油站电机驱动的主、辅油泵启动及运转应正常。

3.1.8.3 油站双联油过滤器，双联油冷却器手动切换时系统油压变化应符合相关标准规定要求。

3.1.8.4 油站运转试验1h后，用100目滤网进行检查，润滑油中手感无硬质颗粒为合格。

3.1.8.5 按照API 614标准规定，油站闭式循环运转试验不得少于4h；在运转过程中，测得润滑油总管油压、流量必须满足试验大纲要求。

3.2 压力容器。

3.2.1 压力容器供货范围按采购技术文件执行。

3.2.2 按采购技术文件对缓冲器的长径比，缓冲器、级间冷却器、气液分离器等的腐蚀余量等的选取应进行核对。

3.2.3 压力容器的供应商、主要承压件材料应与《技术协议》规定一致，材料检验应按采购技术文件有关规定执行。

3.2.4 A、B类焊缝应进行射线探伤，探伤比例及验收级别按施工图样或采购技术文件规定；C、D类焊缝的表面探伤按施工图样或采购技术文件规定。

3.2.5 无人孔的压力容器合拢前应进行内部清洁度及焊缝外观检查，接管焊缝及壳体合拢环缝应采用氩弧焊打底、单面焊双面成型的焊接方式。

3.2.6 水压试验、气密试验应按《技术协议》及有效施工图样规定。

3.2.7 进出口缓冲罐制造结束应与往复式压缩机主机气缸进行试装，以确保安装位置的准确性。

3.3 闭式循环冷却水系统。

3.3.1 闭式循环冷却水系统验收依据采购技术文件规定执行。

3.3.2 闭式循环水系统P&ID图与实物核对。

3.3.3 水箱、水管道及法兰、阀门材料及型号应与《技术协议》规定一致。

3.3.4 主、辅水泵及其配套电机、联轴器、机械密封、双联水冷却器等型号及供应商应与《技术协议》规定一致；双联过滤器材料、过滤精度及供应商应与《技术协议》规定一致。

3.3.5 过滤器之后的冷却水管道及法兰焊接必须采用氩弧焊打底。

3.3.6 闭式循环冷却水系统运转试验。

3.3.6.1 冷却水站主、辅水泵启动及运转应正常。

3.3.6.2 双联过滤器、双联水冷却器手动切换时，系统水压变化应符合规定要求；

## 4 成撬

4.1 撬装压缩机底座范围内的供货界面按采购技术文件中的P&ID图要求进行核对确认。

4.2 底座范围内的工艺气管线、冷却水管线及润滑油管线的焊缝应按采购技术文件要求进行无损检测；管线应进行水压试验，试验压力及保压时间可按施工图样技术要求进行。

4.3 底座范围内的管线的焊缝外观应进行检查。

4.4 底座范围内管道用各类管件，必须使用标准管件，应检查其TS标识。

4.5 底座范围内的管线布置及支撑外观质量应进行检查。

4.6 底座范围内与用户对接管路法兰、接口尺寸应进行检查。

4.7 底座范围内的涂漆，应检查颜色、干膜厚度、色标。

4.8 底座范围内的就地仪表、管路流程、设备布置等实物与P&ID图逐一核对检查。

## 5 涂装与发运

5.1 防锈涂装按采购技术文件规定，其中主机涂装质量应确保12个月，其它备件涂装质量应确保18个月。

5.2 共用接口必须用金属盲板封口，且盲板厚度应为3mm以上。

5.3 往复压缩机转向标识、铭牌应固定在压缩机机身醒目位置。

5.4 装箱及出厂文件检查。

## 6 一次压缩机驻厂监造主要质量控制点

6.1 文件见证点（R）：由监造人员对设备材料制造过程有关文件、记录或报告进行见证而预先设定的监造质量控制点。

6.2 现场见证点（W）：由监造人员对设备材料制造过程、工序、节点或结果进行现场见证而预先设定的监造质量控制点，且应包括相关文件见证点（R）质量控制内容。

6.3 停止点（H）：由监造人员见证并签认后才可转入下一个过程、工序或节点而预先设定的监造质量控制点，应包括相关现场见证点（W）和文件见证点（R）质量控制内容。

| 序号 | 零部件及工序名称 | 监造内容 | 文件见证点（R） | 现场见证点（W） | 停止点（H） |
|---|---|---|---|---|---|
| 1 | 机身 | 1. 力学性能 | R | | |
| | | 2. 消除应力处理 | R | | |
| | | 3. 机身油池部位煤油渗漏试验 | R | | |
| | | 4. 外观及尺寸检查 | | W | |
| 2 | 中间接筒 | 1. 力学性能 | R | | |
| | | 2. 消除应力处理 | R | | |
| | | 3. 外观及尺寸检查 | | W | |
| 3 | 中体 | 1. 力学性能 | R | | |
| | | 2. 消除应力处理 | R | | |
| | | 3. 外观及尺寸检查 | | W | |
| 4 | 缸体 缸盖 缸套 填料函 | 1. 化学成分（铸铁材料除外） | R | | |
| | | 2. 力学性能 | R | | |
| | | 3. 热处理 | R | | |
| | | 4. 锻件缸体无损检测 | R | | |
| | | 5. 外观及尺寸检查 | | W | |
| | | 6. 缸套压入气缸纤磨后表面质量检查 | | W | |
| | | 7. 水压试验 | | | H |
| | | 8. 气密性试验 | | | H |
| 5 | 曲轴 | 1. 化学成分 | R | | |
| | | 2. 力学性能 | R | | |
| | | 3. 金相检验 | R | | |
| | | 4. 热处理 | R | | |
| | | 5. 无损检测 | R | | |
| | | 6. 外观及尺寸检查 | | W | |
| 6 | 轴承 | 1. 外观及尺寸检查 | | W | |
| | | 2. 原产地及合格证检查 | R | | |
| 7 | 连杆及连杆螺栓 | 1. 化学成分 | R | | |
| | | 2. 力学性能 | R | | |
| | | 3. 热处理 | R | | |
| | | 4. 无损检测 | R | | |
| | | 5. 外观及尺寸检查 | | W | |

（续表）

| 序号 | 零部件及工序名称 | 监造内容 | 文件见证点（R） | 现场见证点（W） | 停止点（H） |
|---|---|---|---|---|---|
| 8 | 活塞 | 1. 化学成分（铸铁材料除外） | R | | |
| | | 2. 力学性能 | R | | |
| | | 3. 消除应力处理 | R | | |
| | | 4. 活塞腔体水压试验（如有） | | W | |
| | | 5. 外观及尺寸检查 | | W | |
| 9 | 活塞杆 | 1. 化学成分 | R | | |
| | | 2. 力学性能 | R | | |
| | | 3. 热处理 | R | | |
| | | 4. 无损检测 | R | | |
| | | 5. 金相检验 | R | | |
| | | 6. 表面硬度 | R | | |
| | | 7. 滚制螺纹表面质量检查 | | W | |
| | | 8. 外观及尺寸检查 | | W | |
| 10 | 十字头体 | 1. 化学成分 | R | | |
| | | 2. 力学性能 | R | | |
| | | 3. 无损检测 | R | | |
| | | 4. 外观及尺寸检查 | | W | |
| 11 | 十字头销 | 1. 化学成分 | R | | |
| | | 2. 力学性能 | R | | |
| | | 3. 无损检测 | R | | |
| | | 4. 外观及尺寸检查 | | W | |
| 12 | 润滑油系统 | 1. 油箱渗漏检查（如有） | | W | |
| | | 2. 油冷却器管束材质检查 | R | | |
| | | 3. 外观检查 | | W | |
| | | 4. 油管路酸洗质量检查 | | W | |
| | | 5. 油冷却器、油过滤器、油路系统水压试验 | | W | |
| | | 6. 油系统运转试验 | | | H |
| 13 | 压力容器 | 1. 主要承压件材料确认 | R | | |
| | | 2. 无损检测 | R | | |
| | | 3. 产品焊接试板 | R | | |
| | | 4. 热处理检查（如有） | R | | |

（续表）

| 序号 | 零部件及工序名称 | 监造内容 | 文件见证点（R） | 现场见证点（W） | 停止点（H） |
|---|---|---|---|---|---|
| 13 | 压力容器 | 5. 压力容器合拢前内部清洁度检查 | | W | |
| | | 6. 冷却器管束焊接质量检查 | | W | |
| | | 7. 管口方位及法兰密封面质量检查 | | W | |
| | | 8. 密封垫片的合格证书检查 | | W | |
| | | 9. 水压试验 | | | H |
| | | 10. 气密试验（按施工图样要求） | | | H |
| 14 | 闭式循环冷却水系统 | 1. 管道系统材质检查 | | W | |
| | | 2. 焊缝外观检查 | | W | |
| | | 3. 主要外购件型号及原产地检查 | | W | |
| | | 4. 系统清洁度检查 | | W | |
| | | 5. 主、辅水泵运转试验 | | W | |
| 15 | 活塞环支承环 | 1. 原产地及合格证检查 | R | | |
| | | 2. 外观及尺寸检查 | | W | |
| 16 | 主要外购件 | 1. 供应商及型号核对 | | W | |
| | | 2. 交工资料审查 | R | | |
| 17 | 主机装配 | 1. 机身、中体、接筒、气缸对中找正检查 | | | H |
| | | 2. 主轴颈与主轴承的同轴度及间隙测量 | | | H |
| | | 3. 连杆大小头瓦间隙测量 | | | H |
| | | 4. 十字头滑履与机身滑道间隙测量 | | | H |
| | | 5. 活塞环、支撑环与活塞配合间隙测量 | | | H |
| | | 6. 活塞内、外止点间隙测量及活塞杆跳动检查 | | | H |
| | | 7. 气阀及主要监控仪表试装检查 | | W | |
| | | 8. 气管路、仪表引压管路检查 | | W | |
| 18 | 主机运转试验 | 1. 油系统检查 | | | H |
| | | 2. 盘车检查 | | | H |
| | | 3. 连续稳定4h运转检查：<br>a. 主轴承温度<br>b. 机组振动<br>c. 机组噪声<br>d. 刮油环处漏油检查 | | | H |
| 19 | 运转后解体检查 | 1. 活塞环与气缸套表面磨损情况检查 | | | H |
| | | 2. 十字头滑履与机身滑道磨损检查 | | | H |

(续表)

| 序号 | 零部件及工序名称 | 监造内容 | 文件见证点（R） | 现场见证点（W） | 停止点（H） |
|---|---|---|---|---|---|
| 19 | 运转后解体检查 | 3. 主轴瓦与主轴颈接触检查 | | | H |
| | | 4. 小头瓦与十字头销接触检查 | | | H |
| | | 5. 连杆大头瓦与曲柄销磨损检查 | | | H |
| | | 6. 部件回装检查 | | | H |
| 20 | 机组成撬（撬装机组） | 1. 以及P&ID图核对供货界面 | | W | |
| | | 2. 管路系统材料确认 | R | | |
| | | 3. 管路焊缝质量外观检查 | | W | |
| | | 4. 管道系统无损探伤 | R | | |
| | | 5. 气、水、油管道压力试验 | | W | |
| | | 6. 管线布置及支撑件外观质量检查 | | W | |
| | | 7. 共用接口法兰尺寸及位置度检查 | | W | |
| | | 8. 机组涂漆检查（色标、颜色、干膜厚度等） | | W | |
| | | 9. 撬装压缩机组实物与P&ID图逐一核对检查 | | W | |
| 21 | 涂装与发运 | 1. 涂装检查 | | W | |
| | | 2. 共用接口封闭检查 | | W | |
| | | 3. 转向标识及铭牌检查 | | W | |
| | | 4. 专用工具检查 | | W | |
| | | 5. 出厂文件检查 | R | | |

# （高压聚乙烯、EVA）二次压缩机监造大纲

# 目 录

前　言 ································································································· 127
1　总则 ······························································································ 128
2　主机 ······························································································ 130
3　辅机 ······························································································ 133
4　成撬 ······························································································ 134
5　涂装与发运 ···················································································· 135
6　二次压缩机驻厂监造主要质量控制点 ················································ 135

# 前　言

《（高压聚乙烯、EVA）二次压缩机监造大纲》是参照 GB/T 1.1—2009《标准化工作导则　第 1 部分：标准的结构和编写》给出的规则起草。

本大纲由中国石油化工集团有限公司物资装备部提出。

本大纲为首次发布。

本大纲起草单位：上海众深科技股份有限公司。

本大纲起草人：贺立新、刘鑫、李科锋、孙亮亮、蔡志伟、付林。

# （高压聚乙烯、EVA）二次压缩机监造大纲

## 1 总则

1.1 内容和适用范围。

1.1.1 本大纲主要规定了采购单位（或使用单位）对高压聚乙烯、EVA装置用二次压缩机制造过程监造的基本内容及要求，是委托驻厂监造的主要依据。

1.1.2 本大纲适用于高压聚乙烯、EVA二次压缩机组制造过程监造，同类设备可参照使用。

1.1.3 本大纲中具体技术要求如与采购技术文件不一致时，原则上应以采购技术文件为准。

1.2 监造工作的基本要求。

1.2.1 监造人员要求。

1.2.1.1 监造人员应与所在监造单位有正式劳动合同关系。

1.2.1.2 监造人员应严格依据监造委托合同，履行监造职责，完成监造任务。

1.2.1.3 监造人员应持有不低于中国设备监理协会颁发的专业设备监理师资格证书，监造人员有二年（或以上）的监造业务经验，在相应专业岗位工作三年以上。

1.2.1.4 监造人员应熟悉监造物资的制造工艺，掌握制造过程中的质量技术要求和检验试验关键控制点。

1.2.1.5 监造人员在监造活动过程中应遵守有关保密约定和规定。

1.2.1.6 监造人员应遵守制造商HSSE或安全生产管理制度的相关规定，严格执行劳保着装和安全防护要求。

1.2.2 监造工作程序。

1.2.2.1 监造人员在开始监造的10个工作日内，对制造商的人员资质、生产工艺、装备能力和质保体系运行情况进行检查和评估，并向委托方提供质量风险评估报告，明确风险等级（高、中、低、无）。

1.2.2.2 监造单位在收到采购技术文件后，10个工作日内编制完成《监造大纲》。

1.2.2.3 监造单位在获得设计相关图样、制造工艺、质量控制计划、生产进度计划后，15日内编制完成《监造实施细则》。

1.2.2.4 监造人员应配备必要的用于平行检查且检定合格的检测器具。

1.2.2.5 监造人员应按委托方的通知或有关要求参加或组织召开预检验会议，与

制造商对接确定检验试验计划和质量控制点,并经委托方确认。

1.2.2.6 监造人员应组织制造厂质量、技术、生产及经营(项目管理)等相关部门召开监理周例会,通报监造工作情况,协调解决质量进度问题,结合生产进度计划安排后续监造工作,并形成会议纪要。

1.2.2.7 监造人员在监造实施过程中,如发现质量隐患、质量问题以及可能影响交货期的重大因素时,应及时报委托方,并以书面形式通知制造商,要求制造商采取有效措施予以整改,若制造商延误或拒绝整改时,可责令其停工。

1.2.2.8 对于原材料、外购件以及外协加工、外协检测和外协检验试验等过程,监造人员应重点审查质量证明文件、外协单位资质、人员资质、工艺文件和检验试验报告等。并依据监造实施细则和检验试验计划中设置的监造访问点,实施质量控制。

1.2.2.9 实施监造的物资经现场监造人员确认符合标准规范和订单约定后按发货批次开具监造放行单,并报委托方。

1.2.2.10 全部监造工作完成后,应于30日内完成监造总结报告交付委托方。

1.3 监造单位应提交的文件资料。

1.3.1 目录(含页码)(必须)。

1.3.2 产品质量监造报告书(必须)。

1.3.3 监造工作总结(必须)。

1.3.4 监造大纲(必须)。

1.3.5 监造实施细则(必须)。

1.3.6 监造周报(必须)。

1.3.7 设计变更通知及往来函件(如有)。

1.3.8 监造工作联系单(如有)。

1.3.9 监造工程师通知单(如有)。

1.3.10 会议纪要(如有)。

1.3.11 监造放行单(必须)。

1.4 主要编制依据。

1.4.1 GB/T 26429 设备工程监理规范。

1.4.2 API 618—2007 石油、化工及气体工业用往复压缩机。

1.4.3 API 614—2008 石油、化工及气体工业用润滑、轴密封和控制油系统及其辅助设备。

1.4.4 EN、DIN以及ASME相关材料及无损检测标准等。

1.4.5 采购技术文件。

## 2 主机

2.1 技术要求。

2.1.1 依据采购技术协议核对制造商施工图样的符合性;

2.1.2 应审查下列文件:

2.1.2.1 施工图样及制造工艺文件中的检验和试验项目;

2.1.2.2 润滑油系统、冷却/冲洗油系统、主要外配套件、电气、仪表等外购件清单及其分供应商的符合性。

2.2 原材料。

2.2.1 依据采购技术文件核对分供应商的符合性,审查原始质保书,并核对材料牌号、规格、热处理状态、化学成分、力学性能、无损检测等内容。

2.2.2 检查材料或毛坯外观质量、标识,并做好记录。

2.2.3 根据采购技术协议及施工图样,核查制造商对曲轴、十字头、连杆及连杆螺栓、辅助导杆、活塞联轴器、活塞、气缸等主要零件的化学成分、力学性能、无损检测等重要检试验项目及结果。

2.2.4 需在制造商厂内进行性能热处理的材料,必须以最终性能热处理数据为验收结果。

2.3 无损检测。

2.3.1 无损检测按采购技术文件、相关技术标准等有关规定进行。

2.3.2 曲轴。

2.3.2.1 毛坯粗加工后应进行超声检测。

2.3.2.2 精加工后应进行磁粉检测。

2.3.3 活塞粗加工后应进行超声检测。

2.3.4 辅助导杆。

2.3.4.1 毛坯粗加工后应进行超声检测。

2.3.4.2 精加工后应进行磁粉检测。

2.3.5 连杆。

2.3.5.1 毛坯粗加工后应进行超声检测。

2.3.5.2 精加工后应进行磁粉检测。

2.3.6 连杆螺栓及螺母精加工后应进行磁粉检测。

2.3.7 十字头销。

2.3.7.1 毛坯粗加工后应进行超声检测。

2.3.7.2 精加工后应进行磁粉检测。

2.3.8 锻件气缸毛坯粗加工后应进行超声检测。

2.3.9 活塞杆锁紧螺母精加工后应进行磁粉检测。

2.4 消除应力处理。
2.4.1 消除应力处理应按采购技术文件和制造商工艺规定执行。
2.4.2 机身、中体、十字头体等铸件清砂后，或焊接件焊后均应进行消除应力处理。
2.4.3 曲轴、辅助导杆、气缸、柱塞、柱塞联轴器、中心阀等锻件粗加工后应进行消除应力处理或稳定化处理。
2.4.4 气体进出口管、气缸连接螺栓等锻件粗加工后应进行消应力处理或稳定化处理。
2.5 几何尺寸。
2.5.1 按制造商施工图样及工艺文件的规定验收。
2.5.2 柱塞与气缸配合部位尺寸应逐一检查。
2.5.3 曲轴与联轴器、主轴承、连杆大头瓦配合尺寸应逐一检查。
2.5.4 机身主轴承孔尺寸及同轴度应逐一检查。
2.5.5 中体端面配合尺寸、辅助导杆与滑道配合尺寸应逐一检查。
2.5.6 气缸的配合尺寸应逐一检查。
2.5.7 高、低压填料部件与气缸、中体安装尺寸应逐一检查。
2.5.8 气缸或气体进出口管密封面尺寸及表面粗糙度应逐一检查。
2.6 外观。
2.6.1 柱塞、曲轴、辅助导杆、辅助导杆联轴器、气缸连接螺栓、十字头、气缸及缸盖、机身、中体、接筒等材料标识及件号永久标识应检查。
2.6.2 所有零部件应进行铁屑、毛刺和清洁度检查，深油孔口应光滑过渡，检查合格后才能转入总装工序。
2.6.3 铸件应进行表面裂纹目视检查。
2.7 机身煤油渗漏试验。机身油池部位应进行煤油渗漏试验。
2.8 气缸部件压力试验。
2.8.1 用于试验奥氏体不锈钢材料的液体中氯离子的含量应不得超过50mg/L。为防止试验液蒸发后氯化物沉淀干枯在奥氏体不锈钢上，试验结束后，全部残留液体应从试验的部件中清除干净。
2.8.2 气缸部件应全部装配后才能进入压力试验，冷却腔与气腔应单独进行水压试验，冷却腔试验压力为0.8MPa，气腔试验压力为最高许用工作压力的1.5倍，保压时间≥30min，无渗漏。
2.8.3 具有冷却腔的气缸盖和填料函应进行水压试验，试验压力为0.8MPa，保压时间≥30min，无渗漏。
2.8.4 具有中心阀结构的气缸，应对阀气道进行压力试验，可用油压或水压，试验压力按制造商工艺规定。

2.9 气缸部件气密性试验。

2.9.1 气缸气腔应进行气密性试验,试验压力为最高许用工作压力,保压时间≥30min,无渗漏。

2.9.2 气缸气腔应进行气密性试验,试验压力为最高许用工作压力,保压时间≥30min,无泄漏。泄漏检测可使用氦气质谱仪或把气缸浸没水中。

2.10 装配检查。

2.10.1 按施工图样及制造商工艺文件规定验收。

2.10.2 机身与中体、气缸同轴度应进行检查。

2.10.3 曲轴与机身轴承座孔同轴度应进行检查。

2.10.4 运动部件与静止部件间隙应进行检查。

2.10.5 曲轴与主轴承径向间隙应进行检查。

2.10.6 柱塞盘车状态下水平及垂直方向跳动检查,按制造商工艺验收。

2.11 主要外购外协件。

2.11.1 联轴器、盘车装置、注油器、驱动电机等的品牌、规格型号、防爆(隔爆)等级、产地及供应商应与采购技术协议规定一致。

2.11.2 主要监控仪表检查:测温、测振等主要监控仪表的品牌、规格型号、防爆(隔爆)等级、产地及供应商应与采购技术协议规定一致。

2.11.3 主电机应按采购技术文件要求,采取过程控制(如关键点访问或驻厂监造)。

2.11.4 主要外协件(如气缸锻件、曲轴锻件等原材料、某一加工工序外协)应按采购技术文件要求,采取过程控制(如关键点访问监造)。

2.12 机械运转试验。

2.12.1 如采购技术文件规定进行制造商厂内机械运转试验,则应按以下要求进行:

2.12.2 机械运转试验前应进行以下检查。

2.12.2.1 审查制造商提交的试验大纲。

2.12.2.2 试验装置应满足压缩机机械运转试验的要求。

2.12.2.3 试验用润滑油系统过滤精度应≤20μm。

2.12.2.4 压缩机轴承应进行进油温度、分支油管路油压检查。

2.12.3 运转试验。

2.12.3.1 在额定转速下应稳定运行≥4h。

2.12.3.2 压缩机在稳定运行全过程中,轴承温度应≤85℃、回油温升应≤28℃、机身振动满足采购技术文件的规定。

2.12.4 解体检查。

2.12.4.1 试验后应进行解体检查,转动部件与静止部件不允许有损伤。

2.12.4.2 回装前应进行清洁度、外观检查，并应作防锈涂装检查。

## 3 辅机

3.1 润滑油系统。

3.1.1 润滑油系统验收依据采购技术文件规定执行。

3.1.2 润滑油系统P&ID图与实物核对。

3.1.3 油箱、油管道及其法兰、阀门材料应与采购技术文件规定一致。

3.1.4 主、辅油泵型号、原产地、结构及供应商应与采购技术文件规定一致；阀门型式、原产地及供应商应与采购技术文件规定一致；双联过滤器过滤精度、材料、原产地及供应商应与采购技术文件规定一致；双联油冷却器材料、原产地及供应商应与采购技术文件规定一致。

3.1.5 油系统管路焊接应采用对接焊形式，且焊缝必须采用氩弧焊打底，焊缝无损检测应按施工图样或采购技术文件规定执行。

3.1.6 不锈钢油管路应进行酸洗钝化处理。

3.1.7 主油箱焊后应进行渗漏试验。

3.1.8 主油箱、油管路应进行外观及内部清洁度检查。

3.1.9 润滑油系统运转试验。

3.1.9.1 审查制造商提交的润滑油系统试验大纲。

3.1.9.2 油站电机驱动的主、辅油泵启动及运转应正常。

3.1.9.3 油站双联油过滤器，双联油冷却器手动切换时系统油压变化应符合相关标准规定要求。

3.1.9.4 油系统运转试验1h后，用100目滤网进行检查，润滑油中手感无硬质颗粒为合格。

3.1.9.5 按照API 614标准规定，油系统闭式循环运转试验不得少于4h；在运转过程中，测得润滑油总管油压、流量必须满足试验大纲要求。

3.2 冷却/冲洗油系统。

3.2.1 冷却/冲洗油系统验收依据采购技术文件规定执行。

3.2.2 冷却/冲洗油系统P&ID图与实物核对。

3.2.3 油箱、油管道及其法兰、阀门材料应与采购技术文件规定一致。

3.2.4 主、辅油泵型号、原产地、结构及供应商应与采购技术文件规定一致；阀门型式、原产地及供应商应与采购技术文件规定一致；双联过滤器过滤精度、材料、原产地及供应商应与采购技术文件规定一致；双联油冷却器材料、原产地及供应商应与采购技术文件规定一致。

3.2.5 油系统管路焊接宜采用对接焊形式，焊缝宜采用氩弧焊打底，焊缝无损检测应按施工图样或采购技术文件规定执行。

3.2.6　不锈钢油管路应进行酸洗钝化处理。

3.2.7　主油箱焊后应进行渗漏试验。

3.2.8　主油箱、油管路应进行外观及内部清洁度检查。

3.2.9　冷却/冲洗油系统运转试验（此试验可与主机装配后进行）。

3.2.9.1　审查制造商提交的冷却/冲洗油系统试验大纲。

3.2.9.2　油站电机驱动的主、辅油泵启动及运转应正常。

3.2.9.3　油站双联油过滤器，双联油冷却器手动切换时系统油压/油流量变化应符合相关标准规定要求。

3.2.9.4　油站运转试验1h后，用100目滤网进行检查，油中手感无硬质颗粒为合格。

3.2.9.5　油系统闭式循环运转试验时间可按制造商标准实施；在运转过程中，测得冷却/冲洗油系统总管油压、流量必须满足试验大纲要求，从回油视镜中应可观察到油的流动状态。

3.3　高压气缸润滑系统。

3.3.1　高压气缸润滑系统验收依据采购技术文件规定执行。

3.3.2　高压气缸润滑系统P&ID图与实物核对。

3.3.3　油箱、油管道及法兰、阀门材料及型号应与采购技术文件规定一致。

3.3.4　注油泵及其配套电机、联轴器、机械密封等型号及供应商应与采购技术文件规定一致。

3.3.5　油管道预制应采用弯管机进行，高压管接头连接。

3.3.6　高压气缸润滑系统运转试验（此试验可与主机装配后进行）。

3.3.6.1　注油泵启动及运转应正常。

3.3.6.2　系统油压变化应符合规定要求。

## 4　成撬

4.1　成撬供应的压缩机范围内的供货界面按采购技术文件中的P&ID图要求进行核对确认。

4.2　供货范围内的工艺气管线、冷却/冲洗油管线及润滑油管线的焊缝应按采购技术文件要求进行无损检测；管线应进行压力试验，试验压力及保压时间可按施工图样技术要求进行。

4.3　供货范围内的管线的焊缝外观应进行检查。

4.4　供货范围内管道用各类管件，必须使用标准管件，必要时应检查其TS标识或进口许可标识。

4.5　供货范围内的管线布置及支撑外观质量应进行检查。

4.6　供货范围内与用户对接管路法兰、接口尺寸应进行检查。

4.7 供货范围内的涂漆,应检查颜色、干膜厚度、色标。

4.8 供货范围内的就地仪表、管路流程、设备布置等实物与P&ID图逐一核对检查。

## 5 涂装与发运

5.1 防锈涂装按采购技术文件规定,其中主机涂装质量应确保12个月,其它备件涂装质量应确保18个月。

5.2 共用接口必须用金属盲板封口,且盲板厚度应为3mm以上。

5.3 压缩机转向标识、铭牌应固定在压缩机机身醒目位置。

5.4 装箱及出厂文件检查。

## 6 二次压缩机驻厂监造主要质量控制点

6.1 文件见证点(R):由监造人员对设备材料制造过程有关文件、记录或报告进行见证而预先设定的监造质量控制点。

6.2 现场见证点(W):由监造人员对设备材料制造过程、工序、节点或结果进行现场见证而预先设定的监造质量控制点,且应包括相关文件见证点(R)质量控制内容。

6.3 停止点(H):由监造人员见证并签认后才可转入下一个过程、工序或节点而预先设定的监造质量控制点,应包括相关现场见证点(W)和文件见证点(R)质量控制内容。

| 序号 | 零部件及工序名称 | 监造内容 | 文件见证点(R) | 现场见证点(W) | 停止点(H) |
| --- | --- | --- | --- | --- | --- |
| 1 | 机身 | 1. 材料质保书 | R | | |
| | | 2. 消除应力处理 | R | | |
| | | 3. 机身油池部位煤油渗漏试验 | R | | |
| | | 4. 外观及尺寸检查 | | W | |
| 2 | 机身加强螺栓 | 1. 材料质保书 | R | | |
| | | 2. 无损检测报告 | R | | |
| | | 3. 外观及尺寸检查 | | W | |
| 3 | 中体 | 1. 材料质保书 | R | | |
| | | 2. 消除应力处理 | R | | |
| | | 3. 外观及尺寸检查 | | W | |

(续表)

| 序号 | 零部件及工序名称 | 监造内容 | 文件见证点（R） | 现场见证点（W） | 停止点（H） |
|---|---|---|---|---|---|
| 4 | 缸体<br>缸盖<br>进、排气管<br>填料函<br>中心阀体 | 1. 化学成分 | R | | |
| | | 2. 力学性能 | R | | |
| | | 3. 热处理 | R | | |
| | | 4. 锻件无损检测 | R | | |
| | | 5. 外观及尺寸检查 | | W | |
| | | 6. 中心阀体装入后的同心度检查 | | W | |
| | | 7. 水压试验 | | | H |
| | | 8. 气密性试验 | | | H |
| 5 | 曲轴 | 1. 化学成分 | R | | |
| | | 2. 力学性能 | R | | |
| | | 3. 金相检验 | R | | |
| | | 4. 热处理 | R | | |
| | | 5. 无损检测 | R | | |
| | | 6. 外观及尺寸检查 | | W | |
| 6 | 轴承 | 1. 外观及尺寸检查 | | W | |
| | | 2. 原产地及合格证检查 | R | | |
| 7 | 辅助导杆及锁紧螺母 | 1. 化学成分 | R | | |
| | | 2. 力学性能 | R | | |
| | | 3. 热处理 | R | | |
| | | 4. 无损检测 | R | | |
| | | 5. 外观及尺寸检查 | | W | |
| 8 | 柱塞 | 1. 化学成分 | R | | |
| | | 2. 力学性能 | R | | |
| | | 3. 热处理 | R | | |
| | | 4. 无损检测 | R | | |
| | | 5. 金相检验 | R | | |
| | | 6. 表面硬度 | R | | |
| | | 7. 滚制螺纹表面质量检查 | | W | |
| | | 8. 外观及尺寸检查 | | W | |
| 9 | 十字头体 | 1. 化学成分 | R | | |
| | | 2. 力学性能 | R | | |

（续表）

| 序号 | 零部件及工序名称 | 监造内容 | 文件见证点（R） | 现场见证点（W） | 停止点（H） |
|---|---|---|---|---|---|
| 9 | 十字头体 | 3. 无损检测 | R | | |
| | | 4. 外观及尺寸检查 | | W | |
| 10 | 润滑油系统 | 1. 油箱渗漏检查（如有） | | W | |
| | | 2. 油冷却器管束材质检查 | R | | |
| | | 3. 外观检查 | | W | |
| | | 4. 油管路酸洗质量检查 | | W | |
| | | 5. 油冷却器、油过滤器、油路系统液压试验 | | W | |
| | | 6. 油系统运转试验 | | | H |
| 11 | 主要外购件 | 1. 供应商及型号核对 | | W | |
| | | 2. 交工资料审查 | R | | |
| 12 | 主机装配 | 1. 机身、中体、气缸对中找正检查 | | | H |
| | | 2. 主轴颈与主轴承的同轴度及间隙测量 | | | H |
| | | 3. 柱塞与气缸间隙测量 | | | H |
| | | 4. 辅助导杆与联轴器装配质量检测 | | | H |
| | | 5. 气缸锁紧螺栓安装质量检测 | | | H |
| | | 6. 中心阀安装质量检测 | | | H |
| | | 7. 进出口短管安装质量检测 | | W | |
| | | 8. 气管路、仪表引压管路检查 | | W | |
| 13 | 主机运转试验（如有规定） | 1. 油系统检查 | | | H |
| | | 2. 盘车检查 | | | H |
| | | 3. 连续稳定4h运转检查：<br>a. 主轴承温度<br>b. 机组振动<br>c. 机组噪声<br>d. 刮油环处漏油检查 | | | H |
| 14 | 运转后解体检查 | 1. 柱塞与气缸表面磨损情况检查 | | | H |
| | | 2. 十字头滑履与机身滑道磨损检查 | | | H |
| | | 3. 主轴瓦与主轴颈接触检查 | | | H |
| | | 4. 辅助导杆磨损检查 | | | H |
| | | 5. 连杆大头瓦与曲柄销磨损检查 | | | H |
| | | 6. 部件回装检查 | | | H |
| 15 | 机组成套检查 | 1. 依据P&ID图核对供货界面 | | W | |

(续表)

| 序号 | 零部件及工序名称 | 监造内容 | 文件见证点（R） | 现场见证点（W） | 停止点（H） |
|---|---|---|---|---|---|
| 15 | 机组成套检查 | 2. 管路系统材料确认 | R | | |
| | | 3. 管路焊缝质量外观检查 | | W | |
| | | 4. 管路系统无损检测 | R | | |
| | | 5. 气、油管道压力试验 | | W | |
| | | 6. 管路布置及支撑件外观质量检查 | | W | |
| | | 7. 共用接口法兰尺寸及位置度检查 | | W | |
| | | 8. 机组涂漆检查（色标、颜色、干膜厚度等） | | W | |
| 16 | 涂装与发运 | 1. 涂装检查 | | W | |
| | | 2. 共用接口封闭检查 | | W | |
| | | 3. 转向标识及铭牌检查 | | W | |
| | | 4. 专用工具检查 | | W | |
| | | 5. 出厂文件检查 | R | | |

# （高压聚乙烯、EVA）高压柱塞泵监造大纲

# 目　录

前　言 …………………………………………………………………………… 141
1　总则 …………………………………………………………………………… 142
2　主机 …………………………………………………………………………… 144
3　辅机 …………………………………………………………………………… 146
4　成橇 …………………………………………………………………………… 146
5　涂装与发运 …………………………………………………………………… 147
6　高压柱塞泵驻厂监造主要质量控制点 ……………………………………… 147

# 前 言

《（高压聚乙烯、EVA）高压柱塞泵监造大纲》是参照GB/T 1.1—2009《标准化工作导则　第1部分：标准的结构和编写》给出的规则起草。

本大纲由中国石油化工集团有限公司物资装备部提出。

本大纲为首次发布。

本大纲起草单位：上海众深科技股份有限公司。

本大纲起草人：李科锋、贺立新、刘鑫、孙亮亮、李波、吴茂成、付林、蔡志伟。

# （高压聚乙烯、EVA）高压柱塞泵监造大纲

## 1 总则

1.1 内容和适用范围。

1.1.1 本大纲主要规定了采购单位（或使用单位）对高压聚乙烯、EVA装置用高压柱塞泵制造过程监造的基本内容及要求，是委托驻厂监造的主要依据。

1.1.2 本大纲适用于高压聚乙烯、EVA装置用高压柱塞泵制造过程监造，同类设备可参照使用。

1.1.3 本大纲中具体技术要求如与采购技术文件不一致时，原则上应以采购技术文件为准。

1.2 监造工作的基本要求。

1.2.1 监造人员要求。

1.2.1.1 监造人员应与所在监造单位有正式劳动合同关系。

1.2.1.2 监造人员应严格依据监造委托合同，履行监造职责，完成监造任务。

1.2.1.3 监造人员应持有不低于中国设备监理协会颁发的专业设备监理师资格证书，监造人员有二年（或以上）的监造业务经验，在相应专业岗位工作三年以上。

1.2.1.4 监造人员应熟悉监造物资的制造工艺，掌握制造过程中的质量技术要求和检验试验关键控制点。

1.2.1.5 监造人员在监造活动过程中应遵守有关保密约定和规定。

1.2.1.6 监造人员应遵守制造厂HSSE或安全生产管理制度的相关规定，严格执行劳保着装和安全防护要求。

1.2.2 监造工作程序。

1.2.2.1 监造人员在开始监造的10个工作日内，对制造厂的人员资质、生产工艺、装备能力和质保体系运行情况进行检查和评估，并向委托方提供质量风险评估报告，明确风险等级（高、中、低、无）。

1.2.2.2 监造单位在收到采购技术文件后，10个工作日内编制完成《监造大纲》。

1.2.2.3 监造单位在获得设计相关图样、制造工艺、质量控制计划、生产进度计划后，15日内编制完成《监造实施细则》。

1.2.2.4 监造人员应配备必要的用于平行检查且检定合格的检测器具。

1.2.2.5 监造人员应按委托方的通知或有关要求参加或组织召开预检验会议，与

制造厂对接确定检验试验计划和质量控制点，并经委托方确认。

1.2.2.6　监造人员应组织制造厂质量、技术、生产及经营（项目管理）等相关部门召开监理周例会，通报监造工作情况，协调解决质量进度问题，结合生产进度计划安排后续监造工作，并形成会议纪要。

1.2.2.7　监造人员在监造实施过程中，如发现质量隐患、质量问题以及可能影响交货期的重大因素时，应及时报委托方，并以书面形式通知制造厂，要求制造厂采取有效措施予以整改，若制造厂延误或拒绝整改时，可责令其停工。

1.2.2.8　对于原材料、外购件以及外协加工、外协检测和外协检验试验等过程，监造人员应重点审查质量证明文件、外协单位资质、人员资质、工艺文件和检验试验报告等。并依据监造实施细则和检验试验计划中设置的监造访问点，实施质量控制。

1.2.2.9　实施监造的物资经现场监造人员确认符合标准规范和订单约定后，按发货批次开具监造放行单，并报委托方。

1.2.2.10　全部监造工作完成后，应于30日内完成监造总结报告交付委托方。

1.3　监造单位应提交的文件资料。

1.3.1　目录（含页码）（必须）。

1.3.2　产品质量监造报告书（必须）。

1.3.3　监造工作总结（必须）。

1.3.4　监造大纲（必须）。

1.3.5　监造实施细则（必须）。

1.3.6　监造周报（必须）。

1.3.7　设计变更通知及往来函件（如有）。

1.3.8　监造工作联系单（如有）。

1.3.9　监造工程师通知单（如有）。

1.3.10　会议纪要（如有）。

1.3.11　监造放行单（必须）。

1.4　主要编制依据。

1.4.1　GB/T 26429 设备工程监理规范。

1.4.2　API 674—2014 往复式正位移泵。

1.4.3　API 614—2008 石油、化工及气体工业用润滑、轴密封和控制油系统及其辅助设备。

1.4.4　EN、DIN以及ASME 相关材料及无损检测标准等。

1.4.5　采购技术文件。

## 2 主机

2.1 技术要求。

2.1.1 施工图样及制造工艺文件中的检验和试验项目的满足性;

2.1.2 主要外配套件、电气、仪表等外购件清单及其分供应商的符合性。

2.2 原材料。

2.2.1 依据采购技术文件核对分供应商,审查原始质保书,并核对材料牌号、规格、热处理状态、化学成分、力学性能、无损检测等内容。

2.2.2 检查材料或毛坯外观质量、标识,并做好记录。

2.2.3 根据采购技术文件及施工图样,核查制造厂对柱塞、缸体等主要零件的化学成分、力学性能、无损检测等重要检试验项目及结果。

2.2.4 需在制造厂内进行性能热处理的材料,必须以最终性能热处理数据为验收结果。

2.3 无损检测。

2.3.1 无损检测按采购技术文件中规定的相关标准验收。

2.3.2 柱塞毛坯粗加工后应进行超声检测、精加工后进行磁粉检测;

2.4 消除应力处理。

2.4.1 按制造厂工艺规定验收。

2.4.2 缸体应进行消除应力处理。

2.4.3 柱塞应进行消除应力处理。

2.4.4 底座焊后应进行消除应力处理。

2.5 几何尺寸。

2.5.1 按制造厂施工图样及工艺要求验收。

2.5.2 缸体:与柱塞配合内径应检查,与柱塞配合内孔同轴度应检查。

2.5.3 柱塞:与缸体配合外径应检查。

2.5.4 进、出口阀配合尺寸应检查。

2.6 外观。

2.6.1 柱塞、缸体材料应进行标识。

2.6.2 所有零部件应进行毛刺和清洁度检查,合格后才能转入总装工序。

2.6.3 主要零部件应进行外观检查,特别是铸件的铸造缺陷和延迟裂纹检查;隔膜外观及平整度检查。

2.6.4 焊接件焊后应对焊缝进行外观检查,不应有裂纹、咬边、缺肉等缺陷,周边不应有焊渣、飞溅等缺陷。

2.6.5 缓冲罐应进行内部清洁度检查。

2.7 水压试验。

2.7.1 用于试验奥氏体不锈钢材料的液体中氯离子的含量应不得超过50mg/L。为防止试验液蒸发后氯化物沉淀干枯在奥氏体不锈钢上，试验结束后，全部残留液体应从试验的部件中清除干净。

2.7.2 水压试验前，承压腔体的所有接管口需焊接完成，并一同进行试验。

2.7.3 缸体水压试验压力为最高许用工作压力的1.5倍，且保压时间≥30min，在规定的时间内无渗漏。

2.7.4 管路水压试验压力为最高许用工作压力的1.5倍，且保压时间≥30min，在规定的时间内无渗漏。

2.7.5 缓冲罐水压试验压力为最高许用工作压力的1.5倍，且保压时间≥30min，在规定的时间内无渗漏。

2.8 装配检查。

2.8.1 按施工图样及制造厂工艺规定验收。

2.8.2 装配前零部件清洁度及外观质量应进行检查。

2.8.3 柱塞与缸体配合部位尺寸应逐一检查。

2.8.4 缸体的配合尺寸应逐一检查。

2.9 主要外购外协件。

2.9.1 电动机、压力变送器、压差变送器、电磁阀、压力表、油箱、油冷却器、过滤器等品牌、型号、规格、原产地及分供应商应与采购技术文件的规定一致。

2.9.2 电气控制系统主要监控仪表品牌、型号、规格、防爆（隔爆）等级及原产地应与采购技术文件的规定一致。

2.9.3 主要外协件（如柱塞锻件毛坯、某一加工工序外协）应按采购技术文件要求，采取过程控制（如关键点访问监造）。

2.10 机械运转试验。

2.10.1 机械运转试验前应进行以下检查。

1）审查制造厂提交的试验大纲。

2）试验装置应满足高压柱塞泵机械运转试验的要求。

3）油系统过滤精度应≤25μm。

4）各润滑点进油温度。

5）试验监测仪表：电机轴承温度、润滑油泵电机温度、控制油泵电机温度、润滑油回油温度、入口流量、排出压力、超压保护压力。

2.10.2 运转试验。

2.10.2.1 柱塞动作试验。

2.10.2.2 超压保护动作试验。

2.10.2.3 噪声测量应在离主机1m远处，噪声值按采购技术文件规定验收。

2.11 机组整体性能试验。

如采购技术文件或采购合同有规定：性能试验（含机械运转）须用合同电机、润滑油系统、控制油系统，以验证机组整体性能及轴系可靠性。

## 3 辅机

3.1 液压辅助系统。

3.1.1 按采购技术文件、API 614标准要求执行。

3.1.2 核对液压控制系统P&ID图。

3.1.3 油管道、法兰及阀门材料应与采购技术文件规定一致。

3.1.4 主、辅油泵型号、原产地及供应商应与采购技术文件规定一致；阀门型式、原产地及供应商应与采购技术文件规定一致；双联油过滤器的过滤精度、材料、原产地及供应商应与采购技术文件规定一致；双联油冷却器的材料、原产地及供应商应与采购技术文件规定一致。

3.1.5 油管路焊缝应采用氩弧焊打底，宜采用对接焊形式，焊缝无损检测应按施工图样或采购技术文件规定执行。

3.1.6 不锈钢油管路应进行酸洗钝化处理。

3.1.7 液压辅助系统运转试验。

3.1.8 液压辅助系统应与机组一同进行运转试验，试验过程中对润滑油、控制油各项参数进行验证，对控制油系统各项动作进行试验，验证其功能实现情况。

3.2 监控系统。

3.2.1 供货范围应符合采购技术文件和P&ID要求。

3.2.2 仪表原产地、规格型号，特性参数，防护、防爆等级均应符合采购技术文件要求。

3.2.3 开关柜、控制柜、接线箱等原产地、规格参数，防护、防爆等级均应符合采购技术文件要求。

3.2.4 仪表接线应布置合理，便于安装、检修。

3.2.5 一次仪表接线质量及接头密封性应逐一检查。

## 4 成撬

4.1 高压柱塞泵中心线偏差应符合施工图样或工艺规定。

4.2 进出料管及管线材料原始质保书应审查，焊接外观质量应逐一检查；对接焊缝射线检测后应审片，并见证水压试验。

4.3 共用底座上的机组配管应进行检查，油管路焊接应采用对接焊形式，应采用氩弧焊打底焊接；回油管应沿回油方向水平倾斜。

4.4 高压柱塞泵底座范围内的供货界面按采购技术文件中的P&ID图要求进行核对。

4.5 底座范围内控制油、润滑油管路及介质管路的焊缝应按采购技术文件或施工图样要求进行无损检测；管路应进行水压试验，试验压力及保压时间可按施工图样要求进行。

4.6 底座范围内的管路的焊缝外观及内部清洁度应进行检查。

4.7 底座范围内的管线布置及支撑外观质量应进行检查。

4.8 联轴器护罩安装质量检查。

## 5 涂装与发运

5.1 防锈涂装按采购技术文件规定。

5.2 包装前清洁所有组件，并保证设备以及辅件能露天存放不小于6个月。

5.3 所有公用接口应提供可靠的盖板。

5.4 高压柱塞泵转向标识、铭牌应选用不锈钢，且固定在醒目位置上。

5.5 底座起吊位置及煤浆泵重心位置应醒目标识。

5.6 管路解体包装发运时，管段各接口应用盲板封口；宜在各管段醒目位置粘贴管段标识（包括管路名称、图号等信息）。

5.7 装箱及出厂文件检查。

## 6 高压柱塞泵驻厂监造主要质量控制点

6.1 文件见证点（R）：由监造人员对设备材料制造过程有关文件、记录或报告进行见证而预先设定的监造质量控制点。

6.2 现场见证点（W）：由监造人员对设备材料制造过程、工序、节点或结果进行现场见证而预先设定的监造质量控制点，且应包括相关文件见证点（R）质量控制内容。

6.3 停止点（H）：由监造人员见证并签认后才可转入下一个过程、工序或节点而预先设定的监造质量控制点，应包括相关现场见证点（W）和文件见证点（R）质量控制内容。

| 序号 | 零部件及工序名称 | 监造内容 | 文件见证点（R） | 现场见证点（W） | 停止点（H） |
|---|---|---|---|---|---|
| 1 | 缸体缸盖 | 1.化学成分 | R | | |
| | | 2.力学性能 | R | | |
| | | 3.热处理 | R | | |
| | | 4.无损检测 | R | | |
| | | 5.外观及尺寸检查 | | W | |
| | | 6.水压试验 | | | H |
| | | 7.气密性试验 | | | H |

（续表）

| 序号 | 零部件及工序名称 | 监造内容 | 文件见证点（R） | 现场见证点（W） | 停止点（H） |
|---|---|---|---|---|---|
| 2 | 柱塞 | 1. 化学成分 | R | | |
| | | 2. 力学性能 | R | | |
| | | 3. 热处理 | R | | |
| | | 4. 无损检测 | R | | |
| | | 5. 金相检验 | R | | |
| | | 6. 表面硬度 | R | | |
| | | 7. 滚制螺纹表面质量检查 | | W | |
| | | 8. 外观及尺寸检查 | | W | |
| 3 | 缓冲罐 | 1. 化学成分 | R | | |
| | | 2. 力学性能 | R | | |
| | | 3. 无损检测（如有） | R | | |
| | | 4. 压力试验 | | | H |
| | | 5. 外观、尺寸及清洁度检查 | | W | |
| 4 | 高压端（柱塞部件）装配 | 1. 主轴颈与主轴承的同轴度及间隙测量 | | | H |
| | | 2. 柱塞与气缸间隙测量 | | | H |
| | | 3. 气缸锁紧螺栓安装质量检测 | | | H |
| 5 | 润滑油系统 | 1. 油箱渗漏检查（如有） | | W | |
| | | 2. 油冷却器管束材质检查 | R | | |
| | | 3. 外观检查 | | W | |
| | | 4. 油管路酸洗质量检查 | | W | |
| | | 5. 油冷却器、油过滤器、油路系统水压试验 | | W | |
| | | 6. 油系统运转试验 | | | H |
| 6 | 控制系统总装 | 1. 仪控系统接线质量检查 | | W | |
| | | 2. 模拟信号动作试验（如需要） | | W | |
| 7 | 液压辅助系统 | 1. 主要进口元器件型号及原产地核对 | | W | |
| | | 2. 主要承压管路质保书审查 | R | | |
| | | 3. 安装配管及管内清洁度检查 | | W | |
| | | 4. 一次仪表安装质量检查 | | W | |
| | | 5. 电器接线质量检查 | | W | |
| | | 6. 液压管路内部清洁度检查 | | W | |
| | | 7. 液压试验 | | W | |

（续表）

| 序号 | 零部件及工序名称 | 监造内容 | 文件见证点（R） | 现场见证点（W） | 停止点（H） |
|---|---|---|---|---|---|
| 8 | 主要外购件 | 1. 供应商及型号核对 | | W | |
| | | 2. 交工资料审查 | R | | |
| 9 | 出厂性能试验 | 1. 盘车试验 | | | H |
| | | 2. 机械运转试验 | | | H |
| | | 3. 性能测试 | | | H |
| | | 4. 控制系统动作试验 | | | H |
| 10 | 机组成套检查 | 1. 以及P&ID图核对供货界面 | | W | |
| | | 2. 管路系统材料确认 | R | | |
| | | 3. 管路焊缝质量外观检查 | | W | |
| | | 4. 管道系统无损探伤 | R | | |
| | | 5. 油管道压力试验 | | W | |
| | | 6. 管线布置及支撑件外观质量检查 | | W | |
| | | 7. 共用接口法兰尺寸及位置度检查 | | W | |
| | | 8. 机组涂漆检查（色标、颜色、干膜厚度等） | | W | |
| 11 | 涂装与发运 | 1. 涂装检查 | | W | |
| | | 2. 共用接口封闭检查 | | W | |
| | | 3. 转向标识及铭牌检查 | | W | |
| | | 4. 专用工具检查 | | W | |
| | | 5. 出厂文件检查 | R | | |

# 烟气轮机监造大纲

# 目 录

前 言 ········································································· 153
1 总则 ········································································ 154
2 主机 ········································································ 156
3 辅机 ········································································ 159
4 成撬 ········································································ 159
5 涂装与发运 ································································ 159
6 烟气轮机驻厂监造主要质量控制点 ································· 160

# 前　言

《烟气轮机监造大纲》是参照 GB/T 1.1—2009《标准化工作导则　第1部分：标准的结构和编写》给出的规则起草。

本大纲由中国石油化工集团有限公司物资装备部提出。

本大纲2010年7月第一次发布，本次为修订升版。

本大纲起草单位：上海众深科技股份有限公司。

本大纲起草人：贺立新、刘鑫、李科锋、孙亮亮、吴茂成。

# 烟气轮机监造大纲

## 1 总则

1.1 内容和适用范围。

1.1.1 本大纲主要规定了采购单位（或使用单位）对石油化工工业用烟气轮机制造过程监造的基本内容及要求，是委托驻厂监造的主要依据。

1.1.2 本大纲适用于石油化工工业使用的烟气轮机制造过程监造，同类设备可参照使用。

1.1.3 本大纲中具体技术要求如与采购技术文件不一致时，原则上应以采购技术文件为准。

1.2 监造工作的基本要求。

1.2.1 监造人员要求。

1.2.1.1 监造人员应与所在监造单位有正式劳动合同关系。

1.2.1.2 监造人员应严格依据监造委托合同，履行监造职责，完成监造任务。

1.2.1.3 监造人员应持有不低于中国设备监理协会颁发的专业设备监理师资格证书，监造人员有二年（或以上）的监造业务经验，在相应专业岗位工作三年以上。

1.2.1.4 监造人员应熟悉监造物资的制造工艺，掌握制造过程中的质量技术要求和检验试验关键控制点。

1.2.1.5 监造人员在监造活动过程中应遵守有关保密约定和规定。

1.2.1.6 监造人员应遵守制造厂HSSE或安全生产管理制度的相关规定，严格执行劳保着装和安全防护要求。

1.2.2 监造工作程序。

1.2.2.1 监造人员在开始监造的10个工作日内，对制造厂商的人员资质、生产工艺、装备能力和质保体系运行情况进行检查和评估，并向委托方提供质量风险评估报告，明确风险等级（高、中、低、无）。

1.2.2.2 监造单位在收到采购技术文件后，10个工作日内编制完成《监造大纲》。

1.2.2.3 监造单位在获得设计相关图样、制造工艺、质量控制计划、生产进度计划后，15日内编制完成《监造实施细则》。

1.2.2.4 监造人员应配备必要的用于平行检查且检定合格的检测器具。

1.2.2.5 监造人员应按委托方的通知或有关要求参加或组织召开预检验会议，与

制造厂商对接确定检验试验计划和质量控制点,并经委托方确认。

1.2.2.6　监造人员应组织制造厂质量、技术、生产及经营(项目管理)等相关部门召开监理周例会,通报监造工作情况,协调解决质量进度问题,结合生产进度计划安排后续监造工作,并形成会议纪要。

1.2.2.7　监造人员在监造实施过程中,如发现质量隐患、质量问题以及可能影响交货期的重大因素时,应及时报委托方,并以书面形式通知制造厂商,要求制造厂商采取有效措施予以整改,若制造厂商延误或拒绝整改时,可责令其停工。

1.2.2.8　对于原材料、外购件以及外协加工、外协检测和外协检验试验等过程,监造人员应重点审查质量证明文件、外协单位资质、人员资质、工艺文件和检验试验报告等。并依据监造实施细则和检验试验计划中设置的监造访问点,实施质量控制。

1.2.2.9　实施监造的物资经现场监造人员确认符合标准规范和订单约定后按发货批次开具监造放行单,并报委托方。

1.2.2.10　全部监造工作完成后,应于30日内完成监造总结报告交付委托方。

1.3　监造单位应提交的文件资料。

1.3.1　目录(含页码)(必须)。

1.3.2　产品质量监造报告书(必须)。

1.3.3　监造工作总结(必须)。

1.3.4　监造大纲(必须)。

1.3.5　监造实施细则(必须)。

1.3.6　监造周报(必须)。

1.3.7　设计变更通知及往来函件(如有)。

1.3.8　监造工作联系单(如有)。

1.3.9　监造工程师通知单(如有)。

1.3.10　会议纪要(如有)。

1.3.11　监造放行单(必须)。

1.4　主要编制依据。

1.4.1　GB/T 26429　设备工程监理规范。

1.4.2　GB/T 9239.1~2　机械振动恒态(刚性)转子平衡品质要求。

1.4.3　HG/T 3650—2012　烟气轮机技术条件。

1.4.4　NB/T 47013 1~5,7　承压设备无损检测。

1.4.5　Q/SHCG 10012—2016　烟气轮机用轴承型式及安装尺寸。

1.4.6　Q/SHCG 10013—2016　烟气轮机用轴封系统及安装尺寸。

1.4.7　Q/SHCG 10014—2016　烟气轮机主要零部件材料选用规范。

1.4.8　Q/SHCG 10015—2016　烟气轮机转子组件及技术要求。

1.4.9　API 614—2008　石油、化工及气体工业用润滑、轴密封和控制油系统及其

辅助设备。

1.4.10 API 670 机械保护系统。

1.4.11 API 671 石油、化工及气体工业用特殊用途联轴器。

1.4.12 采购技术文件。

## 2 主机

2.1 技术要求。

2.1.1 依据采购技术文件和Q/SHCG 10012～15—2016标准，核对制造商施工图样的符合性。

2.1.2 应审查下列文件。

2.1.2.1 施工图样及工艺文件中的检验和试验项目。

2.1.2.2 辅机、电气、仪表等外购件清单及其分供应商的符合性。

2.2 原材料。

2.2.1 依据采购技术文件核对供应商，审查原始质保书，并核对材料牌号、规格、热处理状态、化学成分、力学性能、金相、无损检测等内容。

2.2.2 检查材料或毛坯外观质量、标识，并做好记录。

2.2.3 根据采购技术文件及施工图样，核查制造厂对轮盘、动叶片、静叶片、主轴、拉杆螺栓/螺母等主要零件的化学成分、力学性能、金相、无损检测的复验报告；核查制造商对进气锥、机壳、过渡衬环等零部件的化学成分、力学性能的检验报告。

2.2.4 需在制造商厂内进行性能热处理的材料，必须以最终性能热处理数据为验收结果。

2.2.5 轮盘、动叶片、拉杆螺栓/螺母、静叶片应进行高温拉伸及高温持久力学性能试验。

2.3 无损检测。

2.3.1 无损检测按采购技术文件和Q/SHCG Q/SHCG 10012～15—2016标准的有关规定验收。

2.3.2 动叶片棒料锻前应进行超声检测，精加工后应进行渗透检测。

2.3.3 静叶片精加工后应进行渗透检测。

2.3.4 主轴毛坯粗加工后应进行超声检测。

2.3.5 主轴精加工后应进行磁粉或渗透检测。

2.3.6 轮盘毛坯粗加工后应进行超声检测。

2.3.7 轮盘精加工后应进行渗透检测。

2.3.8 拉杆螺栓/螺母毛坯粗加工后应进行超声检测，精加工后应进行渗透检测。

2.3.9 机壳对接焊缝射线检测应按采购技术文件的规定执行。

2.3.10 拼接法兰对接焊缝射线检测应按采购技术文件的规定执行。

2.3.11　进气锥对接焊缝射线检测应按采购技术文件的规定执行。

2.4　消除应力处理。

2.4.1　按制造商工艺规定验收。

2.4.2　机壳、法兰、进气锥焊后应进行消除应力处理。

2.4.3　铸造轴承箱体清砂后应进行消除应力处理。

2.4.4　底座焊后应进行消除应力处理。

2.5　几何尺寸。

2.5.1　按制造厂图纸及工艺要求验收。

2.5.2　首次开发的叶型应进行叶片工作面型线检查，并逐一检查叶根尺寸。

2.5.3　主轴与联轴器、轴承配合尺寸应进行检查。

2.5.4　转子轴向定位尺寸及跳动应进行检查。

2.6　外观。

2.6.1　轮盘、叶片、主轴、拉杆螺栓/螺母、机壳、法兰、进气锥、过渡衬环、轴承箱体应进行有效标识。

2.6.2　所有零部件应进行毛刺和清洁度检查，合格后才能转入总装工序。

2.7　耐磨涂层。

2.7.1　耐磨喷涂层试块按采购技术文件的有关规定验收。

2.7.2　动、静叶片及围带内表面喷涂耐磨涂层外观应进行检查。

2.8　其它检查。

2.8.1　新型动叶片应进行测频。

2.8.2　转子残磁≤5高斯（Gs），机械电跳量≤6.4μm。

2.9　转子动平衡试验。低速动平衡试验按采购技术文件、或图样及工艺要求进行。

2.10　水压试验。

2.10.1　进气锥、过渡衬环、机壳应进行水压试验。

2.10.2　水压试验压力为零部件工作压力的3倍，试验介质采用常温清水，试验压力应缓慢上升，保压时间不少于15min。

2.10.3　当压力降至试验压力的80%并保持足够时间，应对所有焊缝和连接部位进行检查，无明显变形和渗漏。

2.11　渗漏试验。

2.11.1　底座的循环冷却水支座腔体部位应进行盛水试验，应无渗漏。

2.11.2　轴承箱体应进行渗漏试验，应无渗漏。

2.12　装配检查。

2.12.1　按施工图样及制造商工艺规定验收。

2.12.2　拉杆螺栓伸长量应进行检查。

2.12.3　总装前零部件清洁度及外观质量应进行检查。

2.12.4　轴承体与轴承座贴合度应进行检查。

2.12.5　进气锥、机壳、轴承箱体同心度应进行检查。

2.12.6　转子与机壳同心度应进行检查。

2.12.7　转子与静止部件间隙应进行检查。

2.12.8　转子与径向轴承径向间隙、转子与推力轴承轴向间隙应进行检查。

2.12.9　轴封（气封、汽封）、油封间隙应进行检查。

2.13　主要外购件。

2.13.1　联轴器、轴承等型号、原产地及供应商应与采购技术文件的规定一致。

2.13.2　测温、测振、转速探头、调速器等主要监控仪表型号及原产地应与采购技术文件的规定一致。

2.13.3　主要外协件（如主轴锻件毛坯、或某一加工工序外协）应按采购技术文件要求，采取过程控制（如关键点访问监造）。

2.14　整机试验。

2.14.1　整机试验分为热态机械运转试验和负荷状态下工业运行试验。热态机械运转试验在制造商商厂内进行，负荷状态下工业运行试验在用户厂区进行。

2.14.2　热态机械运转试验前应进行以下检查。

2.14.2.1　审查制造商提交的试验大纲。

2.14.2.2　试验装置应满足烟气轮机进行热态机械运转试验的要求。

2.14.2.3　油系统过滤精度应≤10μm。

2.14.2.4　轴承进油温度。

2.14.2.5　试验监测仪表数量最低要求：测振探头前、后轴径各2个，测温探头前后径向轴承各2个，推力轴承主、副推力面各2个，转速探头1个。

2.14.3　热态机械运转试验。

2.14.3.1　升速速率为额定转速的10%。

2.14.3.2　增速到额定转速的105%（跳闸转速）后，稳定运行10min。

2.14.3.3　降速到额定转速后，连续稳定运行4h或循环气体温度为350℃。

2.14.3.4　烟气轮机的入、出口循环空气温度按采购技术文件的规定。

2.14.3.5　允许的转子未滤波的最大振幅值按采购技术文件的规定。

2.14.3.6　回油温升≤28℃，轴承轴瓦温度按采购技术文件的规定。

2.14.3.7　噪声测量应在烟气轮机侧面及地面高度各1m处，噪声值按采购技术文件的规定。

2.14.3.8　连续稳定运行4h或循环气体温度为350℃后，应以50℃/h的速率逐渐降温；机壳温度降到250℃时，方可停机。

2.14.3.9　热态试验后应进行盘车。

2.14.3.10 轮盘温度恢复到室温时，方可进行解体检查，转子与静止部件应无损伤。

## 3 辅机

3.1 油系统验收依据采购技术文件的规定执行。

3.2 核对油系统P&ID图。

3.3 油箱、油管道及法兰、阀门材料应与采购技术文件的规定一致。

3.4 主、辅油泵型号、原产地及供应商应与采购技术文件的规定一致；双联过滤器的过滤精度、材料、原产地及供应商应与采购技术文件的规定一致；双联油冷却器的材料、原产地及供应商应与采购技术文件的规定一致。

3.5 油管路焊缝应采用氩弧焊打底，宜采用对接焊形式，焊缝无损检测应按施工图样或采购技术文件的规定。

3.6 不锈钢油管路应进行酸洗钝化处理。

3.7 油箱、高位油箱、油管路系统应进行外观及清洁度检查。

3.8 油系统运转试验。

3.8.1 主、辅油泵（如为电机驱动）启动及运转应正常。

3.8.2 双联油过滤器、油冷却器手动切换时，系统油压变化应符合相关标准。

3.8.3 稳定运转试验1h后，用100目滤网进行检查，手感无硬质颗粒为合格。

## 4 成撬

4.1 烟气轮机底座范围内的供货界面按采购技术文件中的P&ID图要求进行核对。

4.2 底座范围内的蒸汽冷却管路、密封管路及润滑油管路的焊缝应按采购技术文件的要求进行无损检测，管路应进行水压试验，试验压力及保压时间可按图样或工艺要求进行。

4.3 底座范围内的密封空气管路的焊缝外观应进行检查。

4.4 底座范围内的管路布置及支撑外观质量应进行检查。

## 5 涂装与发运

5.1 防锈涂装按采购技术文件的规定，其中主机涂装质量应确保12个月，备用转子及其它备件涂装质量应确保18个月。

5.2 共用接口必须用金属盲板封口，且盲板厚度应为3mm以上。

5.3 底座起吊位置及烟气轮机重心位置应醒目标识。

5.4 烟气轮机转向标识、铭牌应固定在烟气轮机醒目位置。

5.5 装箱及出厂文件检查。

## 6 烟气轮机驻厂监造主要质量控制点

6.1 文件见证点（R）：由监造人员对设备材料制造过程有关文件、记录或报告进行见证而预先设定的监造质量控制点。

6.2 现场见证点（W）：由监造人员对设备材料制造过程、工序、节点或结果进行现场见证而预先设定的监造质量控制点，且应包括相关文件见证点（R）质量控制内容。

6.3 停止点（H）：由监造人员见证并签认后才可转入下一个过程、工序或节点而预先设定的监造质量控制点，应包括相关现场见证点（W）和文件见证点（R）质量控制内容。

| 序号 | 零部件及工序名称 | 监造内容 | 文件见证点（R） | 现场见证点（W） | 停止点（H） |
|---|---|---|---|---|---|
| 1 | 轮盘 | 1. 化学成分 | R | | |
| | | 2. 力学性能（含高温持久和高温拉伸试验） | R | | |
| | | 3. 金相 | R | | |
| | | 4. 热处理 | R | | |
| | | 5. 无损检测（UT、PT） | R | | |
| | | 6. 精加工后尺寸及精度检查 | | W | |
| | | 7. 外观 | | W | |
| 2 | 动叶片 | 1. 化学成分 | R | | |
| | | 2. 力学性能（含高温持久和高温拉伸试验） | R | | |
| | | 3. 金相 | R | | |
| | | 4. 热处理 | R | | |
| | | 5. 无损检测（UT、RT） | R | | |
| | | 6. 精加工后尺寸及精度 | | W | |
| | | 7. 测频（如为新叶型） | R | | |
| | | 8. 喷涂高温合金外观检测及喷涂试块喷涂性能检测 | | W | |
| | | 9. 称重与标识 | | W | |
| 3 | 主轴 | 1. 化学成分 | R | | |
| | | 2. 力学性能 | R | | |
| | | 3. 热处理 | R | | |
| | | 4. 无损检测（UT、MT或PT） | | W | |
| | | 5. 几何尺寸及精度 | | W | |
| | | 6. 外观 | | W | |

（续表）

| 序号 | 零部件及工序名称 | 监造内容 | 文件见证点（R） | 现场见证点（W） | 停止点（H） |
|---|---|---|---|---|---|
| 4 | 转子装配 | 1. 拉杆螺栓装配及伸长量 | | W | |
| | | 2. 动叶片组装 | | W | |
| | | 3. 转子跳动及定位尺寸 | | W | |
| | | 4. 低速动平衡试验 | | | H |
| | | 5. 外观 | | W | |
| 5 | 静叶片 | 1. 化学成分 | R | | |
| | | 2. 力学性能（含高温持久和高温拉伸试验） | R | | |
| | | 3. 无损检测（PT） | R | | |
| | | 4. 喷涂高温合金外观 | | W | |
| | | 5. 尺寸及外观 | | W | |
| 6 | 围带 | 1. 材料质保书 | R | | |
| | | 2. 内表面喷涂高温合金外观 | | W | |
| | | 3. 尺寸及外观 | | W | |
| 7 | 拉杆螺栓/螺母 | 1. 化学成分 | R | | |
| | | 2. 力学性能（含高温持久和高温拉伸试验） | R | | |
| | | 3. 金相 | R | | |
| | | 4. 无损检测（UT、PT） | R | | |
| | | 5. 尺寸及外观 | | W | |
| 8 | 进气锥、机壳（含法兰）、过渡衬环 | 1. 材料质保书 | R | | |
| | | 2. 无损检测（RT、PT） | R | | |
| | | 3. 组装检查 | | W | |
| | | 4. 水压试验 | | | H |
| | | 5. 尺寸及外观 | | W | |
| 9 | 机座 | 1. 组焊后消除应力 | R | | |
| | | 2. 配合尺寸及外观 | | W | |
| | | 3. 冷却水进出口接管焊接质量及定位尺寸检查 | | W | |
| | | 4. 冷却水箱渗漏试验 | | W | |
| | | 5. 安装尺寸、外观及清洁度 | | W | |
| 10 | 轴承 | 1. 型号及原产地 | | W | |
| | | 2. 外观 | | W | |
| | | 3. 试装与轴承箱贴合度检查 | | W | |

（续表）

| 序号 | 零部件及工序名称 | 监造内容 | 文件见证点（R） | 现场见证点（W） | 停止点（H） |
|---|---|---|---|---|---|
| 11 | 轴承箱 | 1. 铸件外观 | | W | |
| | | 2. 材料核对 | R | | |
| | | 3. 渗漏试验 | | W | |
| | | 4. 试装 | | W | |
| | | 5. 尺寸、外观及清洁度 | | W | |
| 12 | 总装配 | 1. 内部清洁度及外观 | | W | |
| | | 2. 轴瓦间隙 | | W | |
| | | 3. 汽封间隙、油封间隙 | | W | |
| | | 4. 转子轴向窜动量 | | W | |
| | | 5. 轴承压盖过盈量 | | W | |
| | | 6. 动静叶片间隙 | | W | |
| | | 7. 机身管路配制 | | W | |
| 13 | 热态机械运转试验 | 1. 升速 | | | H |
| | | 2. 轮盘温度 | | | H |
| | | 3. 超速：105％最大连续转速，稳定运行10min：<br>a. 轴瓦温度<br>b. 转子振动 | | | H |
| | | 4. 稳定运行：最大连续转速运行4h或循环气体温度为350℃<br>a. 轴瓦温度<br>b. 转子振动<br>c. 噪声 | | | H |
| | | 5. 降温：以50℃/时降温 | | | H |
| | | 6. 降速 | | | H |
| 14 | 热态机械运转后拆解检查 | 1. 密封部分 | | | H |
| | | 2. 轴瓦部分 | | | H |
| | | 3. 轮盘、动静叶片表面质量 | | | H |
| 15 | 主要外购件 | 1. 型号、原产地核对 | | W | |
| | | 2. 型号及防爆等级 | | W | |
| 16 | 油系统 | 1. 油系统P&ID图核对 | | W | |
| | | 2. 原材料核对 | | W | |
| | | 3. 清洁度及外观 | | W | |
| | | 4. 油过滤器、油冷却器压力试验 | | W | |

（续表）

| 序号 | 零部件及工序名称 | 监造内容 | 文件见证点（R） | 现场见证点（W） | 停止点（H） |
|---|---|---|---|---|---|
| 16 | 油系统 | 5. 油箱渗漏试验 | | W | |
| | | 6. 油系统压力试验 | | W | |
| | | 7. 油系统运转试验 | | | H |
| | | 8. 油管酸洗钝化处理 | | W | |
| 17 | 成撬（含轴封系统） | 1. 底座范围内的管线、管件、阀门材料核对 | R | | |
| | | 2. 底座范围内的管线焊接质量检测 | | W | |
| | | 3. 底座范围内的管线压力试验 | | W | |
| | | 4. P&ID图核对 | | W | |
| | | 5. 底座范围内的管线安装外观质量及支撑件外观质量检查 | | W | |
| 18 | 出厂检验 | 1. 涂装 | | W | |
| | | 2. 起吊位置与重心位置标识检查 | | W | |
| | | 3. 专用工具 | | W | |
| | | 4. 装箱单 | | W | |
| | | 5. 包装 | | W | |
| | | 6. 文件核对 | R | | |

# 石油化工流程泵监造大纲

# 目 录

前　言 ………………………………………………………………………… 167
1　总则 ………………………………………………………………………… 168
2　主机 ………………………………………………………………………… 170
3　成撬 ………………………………………………………………………… 172
4　涂装与发运 ………………………………………………………………… 173
5　石油化工流程泵驻厂监造主要质量控制点 ……………………………… 173

# 前 言

《石油化工流程泵监造大纲》是参照GB/T 1.1—2009《标准化工作导则 第1部分：标准的结构和编写》给出的规则起草。

本大纲由中国石油化工集团有限公司物资装备部提出。

本大纲2010年7月第一次发布，本次为修订升版。

本大纲起草单位：上海众深科技股份有限公司。

本大纲起草人：贺立新、刘鑫、李科锋、孙亮亮、吴茂成、孙宏艳、肖殿兴、付林。

# 石油化工流程泵监造大纲

## 1 总则

1.1 内容和适用范围。

1.1.1 本大纲主要规定了采购单位（或使用单位）对石油化工工业流程泵制造过程监造的基本内容及要求，是委托驻厂监造的主要依据。

1.1.2 本大纲适用于石油化工工业使用的卧式单级或二级流程用离心泵制造过程监造，同类设备可参照使用。

1.1.3 本大纲中具体技术要求如与采购技术文件不一致时，原则上应以采购技术文件为准。

1.2 监造工作的基本要求。

1.2.1 监造人员要求。

1.2.1.1 监造人员应与所在监造单位有正式劳动合同关系。

1.2.1.2 监造人员应严格依据监造委托合同，履行监造职责，完成监造任务。

1.2.1.3 监造人员应持有不低于中国设备监理协会颁发的专业设备监理师资格证书，监造人员有二年（或以上）的监造业务经验，在相应专业岗位工作三年以上。

1.2.1.4 监造人员应熟悉监造物资的制造工艺，掌握制造过程中的质量技术要求和检验试验关键控制点。

1.2.1.5 监造人员在监造活动过程中应遵守有关保密约定和规定。

1.2.1.6 监造人员应遵守制造厂HSSE或安全生产管理制度的相关规定，严格执行劳保着装和安全防护要求。

1.2.2 监造工作程序。

1.2.2.1 监造人员在开始监造的10个工作日内，对制造厂商的人员资质、生产工艺、装备能力和质保体系运行情况进行检查和评估，并向委托方提供质量风险评估报告，明确风险等级（高、中、低、无）。

1.2.2.2 监造单位在收到采购技术文件后，10个工作日内编制完成《监造大纲》。

1.2.2.3 监造单位在获得设计相关图样、制造工艺、质量控制计划、生产进度计划后，15日内编制完成《监造实施细则》。

1.2.2.4 监造人员应配备必要的用于平行检查且检定合格的检测器具。

1.2.2.5 监造人员应按委托方的通知或有关要求参加或组织召开预检验会议，与

制造厂对接确定检验试验计划和质量控制点，并经委托方确认。

1.2.2.6 监造人员应组织制造厂质量、技术、生产及经营（项目管理）等相关部门召开监理周例会，通报监造工作情况，协调解决质量进度问题，结合生产进度计划安排后续监造工作，并形成会议纪要。

1.2.2.7 监造人员在监造实施过程中，如发现质量隐患、质量问题以及可能影响交货期的重大因素时，应及时报委托方，并以书面形式通知制造厂商，要求制造厂商采取有效措施予以整改，若制造厂商延误或拒绝整改时，可责令其停工。

1.2.2.8 对于原材料、外购件以及外协加工、外协检测和外协检验试验等过程，监造人员应重点审查质量证明文件、外协单位资质、人员资质、工艺文件和检验试验报告等。并依据监造实施细则和检验试验计划中设置的监造访问点，实施质量控制。

1.2.2.9 实施监造的物资经现场监造人员确认符合标准规范和订单约定后，按发货批次开具监造放行单，并报委托方。

1.2.2.10 全部监造工作完成后，应于30日内完成监造总结报告交付委托方。

1.3 监造单位应提交的文件资料。

1.3.1 目录（含页码）（必须）。

1.3.2 产品质量监造报告书（必须）。

1.3.3 监造工作总结（必须）。

1.3.4 监造大纲（必须）。

1.3.5 监造实施细则（必须）。

1.3.6 监造周报（必须）。

1.3.7 设计变更通知及往来函件（如有）。

1.3.8 监造工作联系单（如有）。

1.3.9 监造工程师通知单（如有）。

1.3.10 会议纪要（如有）。

1.3.11 监造放行单（必须）。

1.4 主要编制依据。

1.4.1 GB/T 3216 回转动力泵 水力性能验收试验1级、2级和3级。

1.4.2 GB/T 26429 设备工程监理规范。

1.4.3 GB/T 51007 石油化工用机泵工程设计规范。

1.4.4 SH/T 3139 石油化工重载离心泵工程技术规范。

1.4.5 Q/SHCG 0100—2014（SPTS-RE04-T001）重载荷离心泵轴径系列。

1.4.6 Q/SHCG 0100—2014（SPTS-RE04-T002）重载荷离心泵用机械密封压盖及密封接口方位尺寸。

1.4.7 ISO 1940 机械振动-刚性转子的平衡质量要求。

1.4.8 API 610—2010 石油、化工及气体工业用离心泵。

1.4.9　API 614—2008 石油、化工及气体工业用润滑、轴密封和控制油系统及其辅助设备。

1.4.10　API 670 机械保护系统。

1.4.11　API 671 石油、化工及气体工业用特殊用途联轴器。

1.4.12　API 682 离心泵和转子泵轴封系统。

1.4.13　采购技术文件。

## 2　主机

2.1　技术要求。

2.1.1　依据采购技术文件和 Q/SHCG 0100—2014（SPTS-RE04-T001～T002）标准，核对制造商施工图样的符合性。

2.1.2　应审查下列文件。

2.1.2.1　施工图样及工艺文件中的检验和试验项目。

2.1.2.2　电气、仪表等外购件清单及分供应商清单。

2.2　原材料。

2.2.1　依据采购技术文件核对供应商，审查原始质保书，并核对材料牌号、规格、热处理状态、化学成分、力学性能、金相、无损检测等内容。

2.2.2　检查材料或毛坯外观质量、标识，并做好记录。

2.2.3　根据采购技术文件及数据表，检查制造商对叶轮、主轴、泵体等主要零部件材料复验：化学成分、力学性能、无损检测等重要试（检）验项目及结果。对输送低温液体的泵体、叶轮、主轴等过流零部件制造厂商必须复验低温冲击值。

2.2.4　需在制造商厂内进行性能热处理的材料，必须以最终性能热处理数据为验收结果。

2.3　无损检测。

2.3.1　无损检测按采购技术文件有关规定验收。

2.3.2　叶轮毛坯粗加工后应进行渗透检测。

2.3.3　当主轴毛坯直径≥80mm时粗加工后应进行超声检测，精加工后可进行磁粉或渗透检测。

2.3.4　泵体及端盖。

2.3.4.1　铸钢泵体毛坯粗加工后对加工面进行渗透检测。

2.3.4.2　泵体与进出口接管焊缝应进行渗透和超声检测。

2.3.4.3　泵体接管与法兰对接焊缝应进行射线检测。

2.4　消除应力处理。

2.4.1　按制造厂商工艺规定验收。

2.4.2　主轴半精加工后应进行消除应力处理。

2.4.3 泵体部件接管焊接结束后应进行消除应力处理,对于Cr-Mo合金钢材料,焊前必须预热,焊后及时消氢及消除应力处理。

2.4.4 铸钢材料的导叶半精加工后应进行消除应力处理。

2.4.5 公用底座焊接后应进行消除应力处理。

2.5 几何尺寸。

2.5.1 按制造厂商图样及工艺要求验收。

2.5.2 叶轮轮毂内孔尺寸应逐一检查。

2.5.3 主轴与联轴器、叶轮配合尺寸应逐一检查。

2.5.4 转子轴向定位尺寸及跳动应逐一检查。

2.5.5 轴承箱体与泵体配合尺寸应逐一检查。

2.6 外观。

2.6.1 叶轮、主轴、泵体、端盖应进行有效标识。

2.6.2 所有零部件应进行毛刺和清洁度检查,合格后才能转入总装工序。

2.6.3 主要零部件应进行外观检查,对铸件还应进行铸造缺陷和裂纹检查。

2.7 其它检查。

2.7.1 轴承箱体冷却水夹套应进行水压试验,轴承箱储油部位进行渗漏试验。

2.7.2 叶轮动平衡试验:叶轮精加工后必须进行动平衡试验,平衡精度不低于ISO1940规定的G2.5级。

2.8 转子动平衡试验。

转子工作转速≤3800r/min,平衡精度不低于ISO 1940规定的G2.5级,转子工作转速>3800r/min,平衡精度不低于ISO 1940规定的G1.0级。

2.9 泵体水压试验。

泵体精加工结束且所有接管焊接完成后才能转入水压试验工序,泵体水压试验前不得涂油漆。泵体(含端盖)水压试验压力为最大允许工作压力的1.5倍,且保压时间≥30min,无渗漏。

2.10 装配检查。

2.10.1 按施工图样及制造厂商工艺规定验收。

2.10.2 总装前零部件清洁度及外观质量应进行检查。

2.10.3 转子跳动应进行检查。

2.10.4 转子与泵体应进行同心度检查。

2.10.5 转子与静止部件应进行间隙检查。

2.10.6 转子轴向应进行窜动量检查。

2.10.7 轴端密封应进行试装检查,干气密封动环必须与转子的旋转方向一致。

2.11 主要外购外协件。

2.11.1 联轴器、轴端密封、轴承、电机等规格型号、原产地及供应商应与采购技术文件规定一致。

2.11.2 测温、测振等主要监控仪表规格型号及原产地应与采购技术文件规定一致。

2.11.3 主要外协件（如泵轴锻件毛坯、某一加工工序外协）应按采购技术文件要求，采取过程控制（如关键点访问监造）。

2.11.4 齿轮箱、驱动机等重要外购件应按采购技术文件要求，采取过程控制（如关键点访问监造）。

2.12 水力性能试验。

2.12.1 应采用合同电机、齿轮箱、轴端密封（干气密封除外）进行试验。

2.12.2 按API 610要求进行水力性能试验。

2.12.3 至少应测量5个点的流量、扬程、功率、轴承温度及振动。

2.12.4 按采购技术文件要求测量除关死点以外的四点的NPSHr。

2.12.5 额定点流量不允许有负偏差，额定点的NPSHr不允许超过规定值。

2.12.6 额定点扬程、功率允差按API 610要求。

注：只有流量扬程曲线为连续上升型时，关死点扬程才允许有负偏差。

| 参数 | 工况 | 额定点/% | 关死点/% |
|---|---|---|---|
| 扬程/m | 0~150 | ±3 | ±10 |
| | 151~300 | ±3 | ±8 |
| | >300 | ±3 | ±5 |
| 功率/kW | — | +4 | 不考核 |

2.12.7 如采取车削叶轮来达到扬程允差，车削量大于原叶轮直径5%时，应重新进行水力性能试验；

2.13 机械运转试验。

2.13.1 按采购技术文件规定进行机械运转试验；

2.13.2 除非采购技术文件另有规定，机械运转试验应在额定转速、额定流量下稳定运行4h；

2.13.3 在优先工作区，泵轴承箱振动$v_u<3.0$mm/s，流体动压轴承振动$A_u<50\mu$m；在优先工作区以外，允许工作区范围内的各流量的振动允许增加30%。在工厂试验时，对于飞溅润滑系统，油池的温升≤40℃。泵的噪声≤85dBA。

## 3 成橇

3.1 泵组底座范围内的供货界面按采购技术文件中的P&ID图要求进行核对。

3.2 泵与驱动机在公用底座上应进行初对中，泵与驱动机转子的中心线偏差应符合施工图样或工艺规定。

3.3 按采购技术文件对轴端密封冲洗方案及配置进行核对：冲洗管口径与位置、P&ID核对、仪表型号与产地、配管质量等应检查。

3.4 底座范围内的润滑油管路、密封冲洗管路、冷却水管路的焊缝应按采购技术文件要求进行无损检测，管线应进行水压试验，试验压力及保压时间可按施工图样要求进行。

3.5 底座范围内的所有管线的焊缝外观应进行检查。

3.6 底座范围内的管线布置及支撑外观质量应进行检查。

3.7 联轴器护罩安装质量检查。

## 4 涂装与发运

4.1 防锈涂装按采购技术文件规定，其中主机涂装质量应确保12个月，其它备件涂装质量应确保18个月。

4.2 共用接口必须用盲板封口，且盲板厚度应≥3mm。

4.3 泵转向标识、铭牌应固定在泵醒目位置。

4.4 底座起吊位置及泵组重心位置应醒目标识。

4.5 装箱及出厂文件检查。

## 5 石油化工流程泵驻厂监造主要质量控制点

5.1 文件见证点（R）：由监造人员对设备材料制造过程有关文件、记录或报告进行见证而预先设定的监造质量控制点。

5.2 现场见证点（W）：由监造人员对设备材料制造过程、工序、节点或结果进行现场见证而预先设定的监造质量控制点，且应包括相关文件见证点（R）质量控制内容。

5.3 停止点（H）：由监造人员见证并签认后才可转入下一个过程、工序或节点而预先设定的监造质量控制点，应包括相关现场见证点（W）和文件见证点（R）质量控制内容。

| 序号 | 零部件及工序名称 | 监造内容 | 文件见证点（R） | 现场见证点（W） | 停止点（H） |
|---|---|---|---|---|---|
| 1 | 主轴 | 1. 化学成分 | R | | |
| | | 2. 力学性能 | R | | |
| | | 3. 无损检测 | R | | |
| | | 4. 尺寸及外观检查 | | W | |

(续表)

| 序号 | 零部件及工序名称 | 监造内容 | 文件见证点（R） | 现场见证点（W） | 停止点（H） |
|---|---|---|---|---|---|
| 2 | 叶轮 | 1. 化学成分 | R | | |
| | | 2. 力学性能 | R | | |
| | | 3. 无损检测 | R | | |
| | | 4. 尺寸及外观检查 | | W | |
| | | 5. 动平衡试验 | | W | |
| 3 | 转子 | 1. 跳动检查 | | W | |
| | | 2. 叶轮安装质量检查 | | W | |
| | | 3. 与轴承箱体安装质量检查 | | W | |
| 4 | 泵体、泵盖 | 1. 化学成分 | R | | |
| | | 2. 力学性能 | R | | |
| | | 3. 无损检测 | R | | |
| | | 4. 接管焊缝外观检查 | | W | |
| | | 5. 水压试验 | | W | |
| | | 6. 外观、尺寸及清洁度检查 | | W | |
| 5 | 轴承箱体 | 1. 材料确认 | R | | |
| | | 2. 冷却水夹套水压试验 | | W | |
| | | 3. 储润滑油部位渗漏试验 | R | | |
| | | 4. 配合尺寸及外观质量检查 | | W | |
| 6 | 叶轮密封环/泵体密封环 | 1. 原材料 | | W | |
| | | 2. 硬度 | R | | |
| 7 | 总装与试验 | 1. 零部件外观及清洁度检查 | | W | |
| | | 2. 转子跳动检查 | | W | |
| | | 3. 密封环间隙检查 | | W | |
| | | 4. 节流衬套、中间轴套间隙 | | W | |
| | | 5. 转子轴向窜量 | | W | |
| | | 6. 水力性能试验：流量、扬程、功率、效率、汽蚀余量 | | | H |
| | | 7. 机械运转试验（运转时间4h）：振动、温升、噪声 | | W | |
| 8 | 机械密封冲洗管、排液管、平衡管、压力表管路 | 1. 原材料 | R | | |
| | | 2. 焊缝无损检测 | R | | |
| | | 3. 外观检查 | | W | |
| | | 4. 组装检查 | | W | |

(续表)

| 序号 | 零部件及工序名称 | 监造内容 | 文件见证点（R） | 现场见证点（W） | 停止点（H） |
|---|---|---|---|---|---|
| 9 | 底座 | 1. 外观质量检查 |  | W |  |
|  |  | 2. 消除应力处理 | R |  |  |
|  |  | 3. 安装尺寸检查 |  | W |  |
| 10 | 主要外购件 | 1. 原产地及规格型号核对（电机、轴承、轴封、联轴器） |  | W |  |
|  |  | 2. 外观质量检查 |  | W |  |
| 11 | 泵组成橇 | 1. 底座范围内的管线、管件、阀门材料核对 | R |  |  |
|  |  | 2. 冲洗管管口方位检查 |  | W |  |
|  |  | 3. 底座范围内的管线焊接质量检查 |  | W |  |
|  |  | 4. 底座范围内的管线压力试验 |  | W |  |
|  |  | 5. P&ID图核对 |  | W |  |
|  |  | 6. 底座范围内的管线安装外观质量及支撑件外观质量检查 |  | W |  |
|  |  | 7. 与驱动机初对中检查 |  | W |  |
|  |  | 8. 联轴器护罩安装质量检查 |  | W |  |
| 12 | 涂装与发运 | 1. 涂装检查 |  | W |  |
|  |  | 2. 共用接口封闭检查 |  | W |  |
|  |  | 3. 转向标识及铭牌检查 |  | W |  |
|  |  | 4. 起吊位置与重心位置标识检查 |  | W |  |
|  |  | 5. 装箱及出厂文件检查 |  | W |  |

# 多级高压离心泵监造大纲

# 目 录

前 言 …………………………………………………………………………… 179
1 总则 …………………………………………………………………………… 180
2 主机 …………………………………………………………………………… 182
3 辅机 …………………………………………………………………………… 185
4 成撬 …………………………………………………………………………… 185
5 涂装与发运 …………………………………………………………………… 186
6 多级高压离心泵驻厂监造主要质量控制点 ………………………………… 186

# 前 言

《多级高压离心泵监造大纲》是参照GB/T 1.1—2009《标准化工作导则 第1部分：标准的结构和编写》给出的规则起草。

本大纲由中国石油化工集团有限公司物资装备部提出。

本大纲2010年7月第一次发布，本次为修订升版。

本大纲起草单位：上海众深科技股份有限公司。

本大纲起草人：贺立新、刘鑫、李科锋、孙亮亮、吴茂成、付林、肖殿兴、孙宏艳、蔡志伟。

# 多级高压离心泵监造大纲

## 1 总则

1.1 内容和适用范围。

1.1.1 本大纲主要规定了采购单位（或使用单位）对石油化工工业用多级高压离心泵制造过程监造的基本内容及要求，是委托驻厂监造的主要依据。

1.1.2 本大纲适用于石油石化工业使用的卧式多级高压离心泵制造过程监造，同类设备可参照使用。

1.1.3 本大纲中具体技术要求如与采购技术文件不一致时，原则上应以采购技术文件为准。

1.2 监造工作的基本要求。

1.2.1 监造人员要求。

1.2.1.1 监造人员应与所在监造单位有正式劳动合同关系。

1.2.1.2 监造人员应严格依据监造委托合同，履行监造职责，完成监造任务。

1.2.1.3 监造人员应持有不低于中国设备监理协会颁发的专业设备监理师资格证书，监造人员有二年（或以上）的监造业务经验，在相应专业岗位工作三年以上。

1.2.1.4 监造人员应熟悉监造物资的制造工艺，掌握制造过程中的质量技术要求和检验试验关键控制点。

1.2.1.5 监造人员在监造活动过程中应遵守有关保密约定和规定。

1.2.1.6 监造人员应遵守制造厂HSSE或安全生产管理制度的相关规定，严格执行劳保着装和安全防护要求。

1.2.2 监造工作程序。

1.2.2.1 监造人员在开始监造的10个工作日内，对制造厂商的人员资质、生产工艺、装备能力和质保体系运行情况进行检查和评估，并向委托方提供质量风险评估报告，明确风险等级（高、中、低、无）。

1.2.2.2 监造单位在收到采购技术文件后，10个工作日内编制完成《监造大纲》。

1.2.2.3 监造单位在获得设计相关图样、制造工艺、质量控制计划、生产进度计划后，15日内编制完成《监造实施细则》。

1.2.2.4 监造人员应配备必要的用于平行检查且检定合格的检测器具。

1.2.2.5 监造人员应按委托方的通知或有关要求参加或组织召开预检验会议，与

制造厂对接确定检验试验计划和质量控制点，并经委托方确认。

1.2.2.6 监造人员应组织制造厂质量、技术、生产及经营（项目管理）等相关部门召开监理周例会，通报监造工作情况，协调解决质量进度问题，结合生产进度计划安排后续监造工作，并形成会议纪要。

1.2.2.7 监造人员在监造实施过程中，如发现质量隐患、质量问题以及可能影响交货期的重大因素时，应及时报委托方，并以书面形式通知制造厂商，要求制造厂采取有效措施予以整改，若制造厂商延误或拒绝整改时，可责令其停工。

1.2.2.8 对于原材料、外购件以及外协加工、外协检测和外协检验试验等过程，监造人员应重点审查质量证明文件、外协单位资质、人员资质、工艺文件和检验试验报告等。并依据监造实施细则和检验试验计划中设置的监造访问点，实施质量控制。

1.2.2.9 实施监造的物资经现场监造人员确认符合标准规范和订单约定后按发货批次开具监造放行单，并报委托方。

1.2.2.10 全部监造工作完成后，应于30日内完成监造总结报告交付委托方。

1.3 监造单位应提交的文件资料。

1.3.1 目录（含页码）（必须）。

1.3.2 产品质量监造报告书（必须）。

1.3.3 监造工作总结（必须）。

1.3.4 监造大纲（必须）。

1.3.5 监造实施细则（必须）。

1.3.6 监造周报（必须）。

1.3.7 设计变更通知及往来函件（如有）。

1.3.8 监造工作联系单（如有）。

1.3.9 监造工程师通知单（如有）。

1.3.10 会议纪要（如有）。

1.3.11 监造放行单（必须）。

1.4 主要编制依据。

1.4.1 GB/T 3216 回转动力泵 水力性能验收试验 1级、2级和3级。

1.4.2 GB/T 26429 设备工程监理规范。

1.4.3 GB/T 51007 石油化工用机泵工程设计规范。

1.4.4 SH/T 3139 石油化工重载荷离心泵工程技术规范。

1.4.5 Q/SHCG 0100—2014（SPTS-RE04-T001）重载荷离心泵轴径系列。

1.4.6 Q/SHCG 0100—2014（SPTS-RE04-T002）重载荷离心泵用机械密封压盖及密封接口方位尺寸。

1.4.7 ISO 1940 机械振动-刚性转子的平衡质量要求。

1.4.8 API 610—2010 石油、化工及气体工业用离心泵。

1.4.9 API 614—2008 石油、化工及气体工业用润滑、轴密封和控制油系统及其辅助设备。

1.4.10 API 670 机械保护系统。

1.4.11 API 671 石油、化工及气体工业用特殊用途联轴器。

1.4.12 API 682 离心泵和转子泵轴封系统。

1.4.13 采购技术文件。

## 2 主机

2.1 技术要求。

2.1.1 依据采购技术文件和 Q/SHCG 0100—2014（SPTS-RE04-T001～T002）标准，核对制造商施工图样的符合性。

2.1.2 应审查下列文件。

2.1.2.1 施工图样及工艺文件中的检验和试验项目。

2.1.2.2 辅机、电气、仪表等外购件清单及分供应商清单。

2.2 原材料。

2.2.1 依据采购技术文件核对供应商，审查原始质保书，并核对材料牌号、规格、热处理状态、化学成分、力学性能、金相、无损检测等内容。

2.2.2 检查材料或毛坯外观质量、标识，并做好记录。

2.2.3 根据采购技术文件及数据表，检查制造厂对叶轮、主轴、泵体等主要零部件材料复验：化学成分、力学性能、无损检测等重要试（检）验项目及结果。对输送低温液体的泵体、叶轮、主轴等过流零部件制造商必须复验低温冲击值。

2.2.4 需在制造商厂内进行性能热处理的材料，必须以最终性能热处理数据为验收结果。

2.3 无损检测。

2.3.1 无损检测按采购技术文件的有关规定验收。

2.3.2 叶轮毛坯粗加工后应进行渗透检测。

2.3.3 主轴毛坯（轴径≥80mm）粗加工后应进行超声检测，精加工后应进行磁粉或渗透检测。

2.3.4 泵体端盖用主螺栓毛坯粗加工后应进行超声检测，精加工后应进行磁粉检测；

2.3.5 泵体及端盖。

2.3.5.1 锻件毛坯粗加工后应进行超声检测。

2.3.5.2 泵体与进出口接管角焊缝应进行渗透和超声检测。

2.3.5.3 泵体接管与法兰对接焊缝应进行射线检测。

2.4 消除应力处理。

2.4.1 按制造商工艺规定验收。

2.4.2 主轴半精加工后应进行消除应力处理。

2.4.3 泵体部件接管焊接结束后应进行消除应力处理，对于Cr-Mo合金钢材料，焊前必须预热，焊后及时消氢及消除应力处理。

2.4.4 铸钢材料的导叶半精加工后应进行消除应力处理。

2.4.5 公用底座焊接后应进行消除应力处理。

2.5 几何尺寸。

2.5.1 按制造商施工图样及工艺要求验收。

2.5.2 叶轮轮毂内孔尺寸应逐一检查。

2.5.3 主轴与联轴器、推力盘、平衡盘（鼓）、叶轮配合尺寸应逐一检查。

2.5.4 转子轴向定位尺寸及跳动应逐一检查。

2.5.5 泵体、端盖配合尺寸应逐一检查。

2.5.6 轴承与轴承座应进行自由贴合面积检查。

2.6 外观。

2.6.1 叶轮、主轴、推力盘、平衡盘（鼓）、轴套、导叶、泵体、端盖应进行有效标识。

2.6.2 所有零部件应进行毛刺和清洁度检查，合格后才能转入总装工序。

2.6.3 主要零部件应进行外观检查，对铸件还应进行铸造缺陷和延迟裂纹目视检查。

2.7 其它检查。

2.7.1 如采购技术文件规定：采用测振探头，则转子应进行机械电跳量检查，转子机械电跳量≤6.5μm。

2.7.2 叶轮动平衡试验。

2.7.3 叶轮精加工后必须进行动平衡试验，平衡精度不低于ISO 1940规定的G2.5级。

2.8 转子动平衡试验。

2.8.1 转子工作转速≤3800r/min，平衡精度不低于ISO 1940规定的G2.5级，转子工作转速＞3800r/min，平衡精度不低于ISO 1940规定的G1.0级。

2.8.2 如采购技术文件规定需要进行高速动平衡试验，则应按API 610要求进行高速动平衡试验。

2.9 泵体水压试验。

泵体精加工结束且所有接管焊接完成后才能转入水压试验工序。泵体（含端盖）水压试验压力为最大允许工作压力的1.5倍，且保压时间≥30min，无渗漏。

2.10 装配检查。

2.10.1 按施工图样及制造商工艺规定验收。

2.10.2 泵体与中段、转子与泵体应进行同心度检查。

2.10.3 转子与静止部件应进行间隙检查，径向轴承、推力轴承应进行间隙检查，平衡盘轴向间隙检查。

2.10.4 转子轴向应进行窜动量检查。

2.10.5 轴端密封应进行试装检查。

2.10.6 总装前零部件清洁度及外观质量应进行检查。

2.11 主要外购外协件。

2.11.1 联轴器、轴端密封、轴承、齿轮箱、驱动机等规格型号、原产地及供应商应与采购技术文件规定一致。

2.11.2 测温、测振等主要监控仪表规格型号及原产地应与采购技术文件规定一致。

2.11.3 主要外协件（如泵轴锻件毛坯、某一加工工序外协）应按采购技术文件要求，采取过程控制（如关键点访问监造）。

2.11.4 齿轮箱、驱动机等重要外购件应按采购技术文件要求，采取过程控制（如关键点访问监造）。

2.12 水力性能试验。

2.12.1 应采用合同电机、齿轮箱、轴端密封（干气密封除外）进行试验；

2.12.2 试验前应进行以下检查。

2.12.2.1 试验润滑油系统过滤精度应≤10μm。

2.12.2.2 轴承进行进油温度应检查。

2.12.3 水力性能试验。

2.12.3.1 按API 610要求进行水力性能试验。

2.12.3.2 至少应测量5个点的流量、扬程、功率、轴承温度及振动。

2.12.3.3 按采购技术文件要求测量除关死点以外的四点的NPSHr。

2.12.3.4 额定点流量不允许有负偏差，额定点的NPSHr不允许超过规定值。

2.12.3.5 额定点扬程、功率允差按API 610要求。

注：只有流量扬程曲线为连续上升型时，关死点扬程才允许有负偏差。

| 参数 | 工况 | 额定点/% | 关死点/% |
|---|---|---|---|
| 扬程/m | 0~150 | ±3 | ±10 |
| 扬程/m | 151~300 | ±3 | ±8 |
| 扬程/m | >300 | ±3 | ±5 |
| 功率/kW | — | +4 | 不考核 |

2.12.3.6 如采取车削叶轮来达到扬程允差，车削量大于原叶轮外径的5%时应重新进行水力性能试验。

2.13 机械运转试验。

2.13.1 按采购技术文件规定进行机械运转试验。

2.13.2 除非采购技术文件另有规定,机械运转试验应在额定转速、额定流量下稳定运行4h。

2.13.3 在优先工作区,泵轴承箱振动$v_u$<3.0mm/s,流体动压轴承振动$A_u$<50μm;在优先工作区以外,允许工作区范围内的各流量的振动允许增加30%。对于强制润滑系统,轴承的油温升≤28℃;对于飞溅润滑系统,油池的温升≤40℃。泵的噪声≤85dBA。

2.13.4 如采购技术文件规定采用测振探头测量转子振幅,则试验测得的转子振幅应符合采购技术文件的要求。

2.13.5 在试验过程中,轴端密封不允许有泄漏或渗漏。

2.13.6 对于流体动压轴承,机械运转试验结束后,应检查轴瓦是否有磨损。

## 3 辅机

3.1 强制润滑油系统验收依据按采购技术文件规定执行。

3.2 核对油系统P&ID图。

3.3 油箱、油管道及法兰、阀门材料应与采购技术文件规定一致。

3.4 主、辅油泵型号、原产地及供应商应与采购技术文件规定一致;双联过滤器的过滤精度、材料、原产地及供应商应与采购技术文件规定一致;双联油冷却器的材料、原产地及供应商应与采购技术文件规定一致。

3.5 油管路焊缝应采用氩弧焊打底,宜采用对接焊形式,焊缝无损检测应按施工图样或采购技术文件规定。

3.6 不锈钢油管路应进行酸洗钝化处理。

3.7 油箱、高位油箱、油管路系统应进行外观及清洁度检查。

3.8 油系统运转试验。

3.8.1 主、辅油泵(如为电机驱动)启动及运转应正常。

3.8.2 双联油过滤器、油冷却器手动切换时,系统油压变化应符合相关标准。

3.8.3 稳定运转试验1h后,用100目滤网进行检查,手感无硬质颗粒为合格。

## 4 成橇

4.1 泵组底座范围内的供货界面按采购技术文件中的P&ID图要求进行核对。

4.2 泵与驱动机在公用底座上应进行初对中,泵与驱动机转子的中心线偏差应符合施工图样或工艺规定。

4.3 按采购技术文件对轴端密封冲洗方案及配置进行核对:冲洗管口径与位置、P&ID核对、仪表型号与产地、配管质量等应检查。

4.4 底座范围内的润滑油管路、密封冲洗管路、冷却水管路的焊缝应按采购技术文件要求进行无损检测,管路应进行水压试验,试验压力及保压时间可按施工图样要求进行。

4.5 底座范围内的所有管路的焊缝外观应进行检查。

4.6 底座范围内的管路布置及支撑件外观质量应进行检查。

4.7 联轴器护罩安装质量应进行检查。

## 5 涂装与发运

5.1 防锈涂装按采购技术文件规定，其中主机涂装质量应确保12个月；其它备件涂装质量应确保18个月。

5.2 共用接口必须用钢制盲板封口，且盲板厚度应≥3mm。

5.3 泵转向标识、铭牌应固定在泵醒目位置。

5.4 底座起吊位置及泵组重心位置应醒目标识。

5.5 装箱及出厂文件检查。

## 6 多级高压离心泵驻厂监造主要质量控制点

6.1 文件见证点（R）：由监造人员对设备材料制造过程有关文件、记录或报告进行见证而预先设定的监造质量控制点。

6.2 现场见证点（W）：由监造人员对设备材料制造过程、工序、节点或结果进行现场见证而预先设定的监造质量控制点，且应包括相关文件见证点（R）质量控制内容。

6.3 停止点（H）：由监造人员见证并签认后才可转入下一个过程、工序或节点而预先设定的监造质量控制点，应包括相关现场见证点（W）和文件见证点（R）质量控制内容。

| 序号 | 零部件及工序名称 | 监造内容 | 文件见证点（R） | 现场见证点（W） | 停止点（H） |
|---|---|---|---|---|---|
| 1 | 主轴 | 1. 化学成分 | R | | |
| | | 2. 力学性能 | R | | |
| | | 3. 无损检测 | | W | |
| | | 4. 尺寸及外观检查 | | W | |
| 2 | 叶轮 | 1. 化学成分 | R | | |
| | | 2. 力学性能 | R | | |
| | | 3. 无损检测 | R | | |
| | | 4. 尺寸及外观检查 | | W | |
| | | 5. 动平衡试验 | | W | |

（续表）

| 序号 | 零部件及工序名称 | 监造内容 | 文件见证点（R） | 现场见证点（W） | 停止点（H） |
|---|---|---|---|---|---|
| 3 | 叶轮密封环/泵壳密封环 | 1. 化学成分 | R | | |
| | | 2. 硬度检查 | R | | |
| | | 3. 尺寸及外观检查 | | W | |
| 4 | 平衡盘（鼓）、推力盘 | 1. 原材料 | R | | |
| | | 2. 无损检测 | R | | |
| | | 3. 尺寸及外观检查 | | W | |
| 5 | 转子 | 1. 叶轮安装质量检查 | | W | |
| | | 2. 跳动检查及轴向定位尺寸检查 | | W | |
| | | 3. 动平衡试验 | | W | |
| | | 4. 机械电跳量（如采用测振探头） | | W | |
| 6 | 泵体、端盖 | 1. 化学成分 | R | | |
| | | 2. 力学性能 | R | | |
| | | 3. 无损检测 | R | | |
| | | 4. 泵体接管焊接检查 | | W | |
| | | 5. 水压试验 | | W | |
| | | 6. 外观、尺寸及清洁度检查 | | W | |
| 7 | 导叶 | 1. 化学成分 | R | | |
| | | 2. 力学性能 | R | | |
| | | 3. 尺寸及外观检查 | | W | |
| 8 | 轴承座 | 1. 渗漏试验 | | W | |
| | | 2. 轴承座尺寸及外观质量检查 | | W | |
| 9 | 轴套 | 原材料审查 | | W | |
| 10 | 端盖螺栓、螺母 | 1. 化学成分 | R | | |
| | | 2. 力学性能 | R | | |
| | | 3. 无损检测 | R | | |
| | | 4. 外观及标识核对 | | W | |
| 11 | 泵总装 | 1. 零部件外观检查 | | W | |
| | | 2. 静止部分找同心，校水平记录 | | W | |
| | | 3. 通流部分间隙测量 | | W | |
| | | 4. 轴承间隙及压盖过盈量检查 | | W | |
| | | 5. 转子轴向串量检查 | | W | |

（续表）

| 序号 | 零部件及工序名称 | 监造内容 | 文件见证点（R） | 现场见证点（W） | 停止点（H） |
|---|---|---|---|---|---|
| 11 | 泵总装 | 6. 轴端密封试装检查 | | W | |
| | | 7. 泵体管路水压试验 | | W | |
| 12 | 齿轮箱 | 1. 交工文件核对（含主要零部件材料、NDT、尺寸、转子动平衡、运转试验报告等） | R | | |
| | | 2. 型号及原产地核对及外观质量检查 | | W | |
| | | 3. 地脚螺栓尺寸检查 | | W | |
| 13 | 驱动机 | 1. 型号及原产地核对 | | W | |
| | | 2. 交工文件核对 | R | | |
| | | 3. 外观质量检查 | | W | |
| 14 | 性能试验 | 1. 润滑油系统供油质量检查 | | W | |
| | | 2. 轴承进油温度及油压检查 | | W | |
| | | 3. 水力性能试验：流量、扬程、功率、效率、汽蚀余量 | | | H |
| | | 4. 机械运转试验（运转时间4h）：振动、轴承温度、噪声 | | | H |
| | | 5. 轴端密封密封质量检测 | | | H |
| | | 6. 试验后轴承拆卸检查 | | | H |
| 15 | 机械密封冲洗管、排液管、平衡管、压力表管路 | 1. 材料确认 | R | | |
| | | 2. 焊缝无损检测（UT、PT） | R | | |
| | | 3. 水压试验 | | W | |
| | | 4. 外观检查 | | W | |
| | | 5. 组装检查 | | W | |
| 16 | 公用底座 | 1. 材料核对 | R | | |
| | | 2. 焊缝外观质量检查 | | W | |
| | | 3. 安装尺寸检查 | | W | |
| 17 | 主要外购件 | 1. 原产地及型号核对 | | W | |
| | | 2. 外观质量检查 | | W | |
| 18 | 油系统 | 1. 油冷却器管束材质、过滤器壳体材料、油管道等材料检查 | | W | |
| | | 2. 清洁度及外观检查 | | W | |
| | | 3. 油过滤器、油冷却器水压试验 | | W | |
| | | 4. 油箱、高位油箱渗漏检查 | | W | |

（续表）

| 序号 | 零部件及工序名称 | 监造内容 | 文件见证点（R） | 现场见证点（W） | 停止点（H） |
|---|---|---|---|---|---|
| 18 | 油系统 | 5. 油路系统水压试验 | | W | |
| | | 6. 油管酸洗钝化处理 | | W | |
| | | 7. 油系统运转试验 | | W | |
| 19 | 泵组成撬 | 1. 底座范围内的管线、管件、阀门材料核对 | R | | |
| | | 2. 冲洗管管口方位检查 | | W | |
| | | 3. 底座范围内的管线焊接质量检查 | | W | |
| | | 4. 底座范围内的管线压力试验 | | W | |
| | | 5. PI&D图核对 | | W | |
| | | 6. 底座范围内的管线安装外观质量及支撑件外观质量检查 | | W | |
| | | 7. 与驱动机初对中检查 | | W | |
| | | 8. 联轴器护罩安装质量检查 | | W | |
| 20 | 涂装与发运 | 1. 涂装检查 | | W | |
| | | 2. 共用接口封闭检查 | | W | |
| | | 3. 转向标识及铭牌检查 | | W | |
| | | 4. 起吊位置与重心位置标识检查 | | W | |
| | | 5. 装箱及出厂文件检查 | | W | |

# 高速泵监造大纲

# 目　录

前　言 ·················································································· 193
1　总则 ················································································ 194
2　主机 ················································································ 196
3　辅机 ················································································ 198
4　成撬 ················································································ 199
5　涂装与发运 ······································································ 199
6　高速泵驻厂监造主要质量控制点 ······································· 200

# 前 言

《高速泵监造大纲》是参照 GB/T 1.1—2009《标准化工作导则 第1部分：标准的结构和编写》给出的规则起草。

本大纲由中国石油化工集团有限公司物资装备部提出。

本大纲2010年7月第一次发布，本次为修订升版。

本大纲起草单位：上海众深科技股份有限公司。

本大纲起草人：贺立新、刘鑫、李科锋、孙亮亮、吴茂成、付林、蔡志伟。

# 高速泵监造大纲

## 1 总则

1.1 内容和适用范围。

1.1.1 本大纲主要规定了采购单位(或使用单位)对高速泵制造过程监造的基本内容及要求,是委托驻厂监造的主要依据。

1.1.2 本大纲适用于石油化工工业使用的高速泵制造过程监造,同类设备可参照使用。

1.1.3 本大纲中具体技术要求如与采购技术文件不一致时,原则上应以采购技术文件为准。

1.2 监造工作的基本要求。

1.2.1 监造人员要求。

1.2.1.1 监造人员应与所在监造单位有正式劳动合同关系。

1.2.1.2 监造人员应严格依据监造委托合同,履行监造职责,完成监造任务。

1.2.1.3 监造人员应持有不低于中国设备监理协会颁发的专业设备监理师资格证书,监造人员有二年(或以上)的监造业务经验,在相应专业岗位工作三年以上。

1.2.1.4 监造人员应熟悉监造物资的制造工艺,掌握制造过程中的质量技术要求和检验试验关键控制点。

1.2.1.5 监造人员在监造活动过程中应遵守有关保密约定和规定。

1.2.1.6 监造人员应遵守制造厂HSSE或安全生产管理制度的相关规定,严格执行劳保着装和安全防护要求。

1.2.2 监造工作程序。

1.2.2.1 监造人员在开始监造的10个工作日内,对制造厂商的人员资质、生产工艺、装备能力和质保体系运行情况进行检查和评估,并向委托方提供质量风险评估报告,明确风险等级(高、中、低、无)。

1.2.2.2 监造单位在收到采购技术文件后,10个工作日内编制完成《监造大纲》。

1.2.2.3 监造单位在获得设计相关图样、制造工艺、质量控制计划、生产进度计划后,15日内编制完成《监造实施细则》。

1.2.2.4 监造人员应配备必要的用于平行检查且检定合格的检测器具。

1.2.2.5 监造人员应按委托方的通知或有关要求参加或组织召开预检验会议,与

制造厂商对接确定检验试验计划和质量控制点，并经委托方确认。

1.2.2.6 监造人员应组织制造厂质量、技术、生产及经营（项目管理）等相关部门召开监理周例会，通报监造工作情况，协调解决质量进度问题，结合生产进度计划安排后续监造工作，并形成会议纪要。

1.2.2.7 监造人员在监造实施过程中，如发现质量隐患、质量问题以及可能影响交货期的重大因素时，应及时报委托方，并以书面形式通知制造商，要求制造商采取有效措施予以整改，若制造商延误或拒绝整改时，可责令其停工。

1.2.2.8 对于原材料、外购件以及外协加工、外协检测和外协检验试验等过程，监造人员应重点审查质量证明文件、外协单位资质、人员资质、工艺文件和检验试验报告等。并依据监造实施细则和检验试验计划中设置的监造访问点，实施质量控制。

1.2.2.9 实施监造的物资经现场监造人员确认符合标准规范和订单约定后按发货批次开具监造放行单，并报委托方。

1.2.2.10 全部监造工作完成后，应于30日内完成监造总结报告交付委托方。

1.3 监造单位应提交的文件资料。

1.3.1 目录（含页码）（必须）。

1.3.2 产品质量监造报告书（必须）。

1.3.3 监造工作总结（必须）。

1.3.4 监造大纲（必须）。

1.3.5 监造实施细则（必须）。

1.3.6 监造周报（必须）。

1.3.7 设计变更通知及往来函件（如有）。

1.3.8 监造工作联系单（如有）。

1.3.9 监造工程师通知单（如有）。

1.3.10 会议纪要（如有）。

1.3.11 监造放行单（必须）。

1.4 主要编制依据。

1.4.1 GB/T 3216 回转动力泵 水力性能验收试验1级、2级和3级。

1.4.2 GB/T 26429 设备工程监理规范。

1.4.3 GB/T 51007 石油化工用机泵工程设计规范。

1.4.4 SH/T 3139 石油化工重载荷离心泵工程技术规范。

1.4.5 ISO 1940 机械振动–刚性转子的平衡质量要求。

1.4.6 API 610—2010 石油、化工及气体工业用离心泵。

1.4.7 API 614—2008 石油、化工及气体工业用润滑、轴密封和控制油系统及其辅助设备。

1.4.8 API 670 机械保护系统。

1.4.9 API 671 石油、化工及气体工业用特殊用途联轴器。

1.4.10 API 682 离心泵和转子轴封系统。

1.4.11 采购技术文件。

## 2 主机

2.1 技术要求。

2.1.1 依据采购技术文件，核对制造商施工图样的符合性。

2.1.2 应审查下列文件。

2.1.2.1 施工图样及工艺文件中的检验和试验项目。

2.1.2.2 辅机、电气、仪表等外购件清单及分供应商清单。

2.2 原材料。

2.2.1 依据采购技术文件核对供应商，审查原始质保书，并核对材料牌号、规格、热处理状态、化学成分、力学性能、金相、无损检测等内容。

2.2.2 检查材料或毛坯外观质量、标识，并做好记录。

2.2.3 根据采购技术文件及数据表，检查制造商对叶轮（含诱导轮）、泵体、高速齿轮轴、低速齿轮及轴等主要零部件材料复验：化学成分、力学性能、无损检测等重要试（检）验项目及结果。对输送低温液体的泵体、叶轮、高速轴等过流部件制造商必须复验低温冲击值。

2.2.4 需在制造商厂内进行性能热处理的材料，必须以最终性能热处理数据为验收结果。

2.3 无损检测。

2.3.1 无损检测按采购技术文件有关规定验收。

2.3.2 叶轮（含诱导轮）毛坯粗加工后应进行渗透检测。

2.3.3 主轴毛坯（主轴直径≥80mm时）粗加工后应进行超声检测，精加工后应进行磁粉或渗透检测。

2.3.4 齿轮毛坯粗加工后应进行超声检测，精加工后应进行磁粉检测。

2.3.5 锻造泵体毛坯粗加工后应加工面进行超声检测。

2.3.6 铸造泵体毛坯粗加工后对加工面应进行渗透检测。

2.3.7 锻造泵体与接管焊缝应进行渗透和超声检测。

2.3.8 锻造泵体接管与法兰对接焊缝应进行射线检测。

2.4 消除应力处理。

2.4.1 按制造商工艺规定验收。

2.4.2 主轴粗加工后应进行消除应力处理。

2.4.3 齿轮加工过程中应进行消除应力处理。

2.4.4 泵体部件接管焊后应进行消除应力处理，对于Cr-Mo合金钢材料，焊前必须预热，焊后及时消氢及消除应力处理。

2.4.5 公用底座焊接后应进行消除应力处理。

2.5 几何尺寸。

2.5.1 按制造商施工图样及工艺要求验收。

2.5.2 主轴与联轴器配合尺寸、叶轮轮毂内孔尺寸应检查，主轴与齿轮配合尺寸应检查。

2.5.3 高速齿轮和低速齿轮精度及其配合尺寸应检查。

2.5.4 齿轮箱配合及定位尺寸应检查。

2.5.5 泵体配合及定位尺寸应检查。

2.6 外观。

2.6.1 叶轮（含诱导轮）、高速齿轮轴、低速齿轮及轴、泵体、齿轮箱体、密封室、轴套等应进行有效标识。

2.6.2 所有零部件应进行毛刺和清洁度检查，合格后才能转入总装工序。

2.6.3 主要零部件应进行外观检查，对铸件还应进行铸造缺陷和裂纹检查。

2.7 其它检查。

2.7.1 转子机械电跳量 ≤ 6.5μm（适用于非接触式测振系统）。

2.7.2 齿轮箱体应进行煤油渗漏试验。

2.7.3 叶轮精加工后必须进行动平衡试验，平衡精度不低于ISO 1940规定的G2.5级。

2.8 转子动平衡试验。转子动平衡试验精度不低于ISO 1940规定的G1.0级。

2.9 泵体水压试验。

泵体精加工结束且所有接管焊接完成后才能转入水压试验工序，泵体水压试验前不允许有油漆。泵体（含端盖）水压试验压力为最大允许工作压力的1.5倍，且保压时间 ≥ 30min，无渗漏。

2.10 装配检查。

2.10.1 按施工图样及制造商工艺规定验收。

2.10.2 立式泵电机与泵体支架、泵体支架与齿轮箱体应进行同心度检查。

2.10.3 转子与泵体应进行同心度检查。

2.10.4 转子与静止部件应进行间隙检查。

2.10.5 转子与轴瓦应进行径向间隙检查。

2.10.6 轴端密封应进行试装检查。

2.10.7 总装前零部件清洁度及外观质量应进行检查。

2.11 主要外购外协件。

2.11.1 联轴器、轴端密封、轴承、电机等规格型号、原产地及供应商应与采购技术文件规定一致。

2.11.2 测温、测振等主要监控仪表规格型号及原产地应与采购技术文件规定一致。

2.11.3 主要外协件（如泵轴、齿轮锻件毛坯、某一加工工序外协）应按采购技术文件要求，采取过程控制（如关键点访问监造）。

2.11.4 齿轮箱、驱动机等重要外购件应按采购技术文件要求，采取过程控制（如关键点访问监造）。

2.12 水力性能试验。

2.12.1 应采用合同电机、轴端密封进行试验。

2.12.2 按 API 610 要求进行水力性能试验。

2.12.3 至少应测量5个点的流量、扬程、功率，轴承温度及振动。

2.12.3.1 按采购技术文件要求测量除关死点以外的四点的 NPSHr。

2.12.3.2 额定点流量不允许有负偏差，额定点的 NPSHr 不允许超过规定值；

2.12.3.3 额定点扬程、功率允差按 API 610 要求，详见下表。

| 参数 | 工况 | 额定点/% | 关死点/% |
|---|---|---|---|
| 扬程/m | 0～150 | ±3 | ±10 |
| | 151～300 | ±3 | ±8 |
| | >300 | ±3 | ±5 |
| 功率/kW | — | +4 | 不考核 |

注：只有流量扬程曲线为连续上升型时，关死点扬程才允许有负偏差。

2.12.3.4 如采取车削叶轮来达到扬程允差，车削量大于原叶轮直径的5%时应重新进行水力性能试验。

2.13 机械运转试验。

2.13.1 按采购技术文件规定进行机械运转试验。

2.13.2 除非采购技术文件另有规定，机械运转试验应在额定转速、额定流量下稳定运行4h。

2.13.3 在优先工作区，泵轴承箱振动 $v_u < 3.0$ mm/s，流体动压轴承振动 $A_u < 50$ μm；在优先工作区以外，允许工作区范围内的各流量的振动允许增加30%。在工厂试验时，对于飞溅润滑系统，油池的温升≤40℃。泵的噪声≤85dBA。

## 3 辅机

3.1 润滑油系统（是否配置强制压力润滑油系统按采购技术文件要求）。

3.2 核对油系统 P&ID 图。

3.3 油箱、油管道及法兰、阀门材料应与采购技术文件规定一致。

3.4 主、辅油泵型号、原产地及供应商应与采购技术文件规定一致；双联过滤器的过滤精度、材料、原产地及供应商应与采购技术文件规定一致；双联油冷却器的材料、原产地及供应商应与采购技术文件规定一致。

3.5 油管路焊缝应采用氩弧焊打底，宜采用对接焊形式，焊缝无损检测应按施工图样或采购技术文件规定。

3.6 不锈钢油管路应进行酸洗钝化处理。

3.7 油箱、油管路系统应进行外观及清洁度检查。

3.8 油系统运转试验。

3.8.1 主、辅油泵（如为电机驱动）启动及运转应正常。

3.8.2 双联油过滤器、油冷却器手动切换时，系统油压变化应符合相关标准。

3.8.3 稳定运转试验1h后，用100目滤网进行检查，手感无硬质颗粒为合格。

## 4 成撬

4.1 泵组底座范围内的供货界面按采购技术文件中的P&ID图要求进行核对。

4.2 泵与驱动机在公用底座上应进行初对中，泵与驱动机转子的中心线偏差应符合施工图样或工艺规定。

4.3 按采购《技术协议》对轴端密封冲洗方案及配置进行核对：冲洗管口径与位置、P&ID核对、仪表型号与产地、配管质量等应检查。

4.4 底座范围内的润滑油管路、密封冲洗管路、冷却水管路的焊缝应按采购技术文件要求进行无损检测，管路应进行水压试验，试验压力及保压时间可按施工图样要求进行。

4.5 底座范围内的所有管线的焊缝外观应进行检查。

4.6 底座范围内的管路布置及支撑外观质量应进行检查。

4.7 联轴器护罩安装质量检查。

## 5 涂装与发运

5.1 防锈涂装按采购技术文件规定，其中主机涂装质量应确保12个月；其它备件涂装质量应确保18个月。

5.2 共用接口必须用钢制盲板封口，且盲板厚度应≥3mm。

5.3 泵转向标识、铭牌应固定在泵醒目位置。

5.4 底座起吊位置及泵组重心位置应醒目标识。

5.5 装箱及出厂文件检查。

## 6 高速泵驻厂监造主要质量控制点

6.1 文件见证点（R）：由监造人员对设备材料制造过程有关文件、记录或报告进行见证而预先设定的监造质量控制点。

6.2 现场见证点（W）：由监造人员对设备材料制造过程、工序、节点或结果进行现场见证而预先设定的监造质量控制点，且应包括相关文件见证点（R）质量控制内容。

6.3 停止点（H）：由监造人员见证并签认后才可转入下一个过程、工序或节点而预先设定的监造质量控制点，应包括相关现场见证点（W）和文件见证点（R）质量控制内容。

| 序号 | 零部件及工序名称 | 监造内容 | 文件检验点（R） | 现场见证点（W） | 停止点（H） |
|---|---|---|---|---|---|
| 1 | 高速齿轮轴 | 1. 化学成分 | R | | |
| | | 2. 力学性能 | R | | |
| | | 3. 无损检测 | R | | |
| | | 4. 尺寸及外观检查 | | W | |
| 2 | 低速轴 | 1. 化学成分 | R | | |
| | | 2. 力学性能 | R | | |
| | | 3. 无损检测 | R | | |
| | | 4. 尺寸及外观检查 | | W | |
| 3 | 低速齿轮 | 1. 化学成分 | R | | |
| | | 2. 力学性能 | R | | |
| | | 3. 无损检测 | R | | |
| | | 4. 尺寸及外观检查 | | W | |
| 4 | 叶轮（含诱导轮） | 1. 化学成分 | R | | |
| | | 2. 力学性能 | R | | |
| | | 3. 无损检测 | R | | |
| | | 4. 尺寸及外观检查 | | W | |
| | | 5. 动平衡试验 | | W | |
| 5 | 泵体 | 1. 化学成分 | R | | |
| | | 2. 力学性能 | R | | |
| | | 3. 无损检测 | R | | |
| | | 4. 焊缝外观检查 | | W | |
| | | 5. 水压试验 | | W | |
| | | 6. 外观、尺寸及清洁度检查 | | W | |

(续表)

| 序号 | 零部件及工序名称 | 监造内容 | 文件检验点（R） | 现场见证点（W） | 停止点（H） |
|---|---|---|---|---|---|
| 6 | 转子 | 1. 跳动检查 | | W | |
| | | 2. 安装质量检查 | | W | |
| | | 3. 动平衡试验 | | W | |
| 7 | 齿轮箱体 | 1. 原材料 | R | | |
| | | 2. 渗漏试验 | | W | |
| | | 3. 配合、定位尺寸及外观质量检查 | | W | |
| 8 | 总装与试验 | 1. 间隙及跳动量检查 | | W | |
| | | 2. 齿轮啮合间隙及接触面积检查 | | W | |
| | | 3. 水力性能试验：流量、扬程、功率、效率、汽蚀余量 | | | H |
| | | 4. 机械运转试验（运转时间4h）：振动、温升、噪声 | | | H |
| 9 | 机械密封冲洗管、冷却管路 | 1. 原材料 | R | | |
| | | 2. 焊缝无损检测（UT、PT） | R | | |
| | | 3. 水压试验 | | W | |
| | | 4. 外观检查 | | W | |
| | | 5. 组装检查 | | W | |
| 10 | 底座 | 1. 原材料 | R | | |
| | | 2. 焊缝外观质量检查 | | W | |
| | | 3. 消除应力处理 | R | | |
| | | 4. 安装尺寸检查 | | W | |
| 11 | 主要外购件 | 1. 原产地及规格型号核对（电机、轴承、机械密封、联轴器、铂热电阻、轴振动、位移、相位测量探头及延伸电缆、前置器） | | W | |
| | | 2. 外观质量检查 | | W | |
| 12 | 油系统 | 1. 油冷却器管束材质、过滤器壳体材料、油管道等材料检查 | R | W | |
| | | 2. 清洁度及外观检查 | | W | |
| | | 3. 油过滤器、油冷却器水压试验 | | W | |
| | | 4. 油箱渗漏检查 | | W | |
| | | 5. 油路系统水压试验 | | W | |
| | | 6. 油管酸洗处理 | | W | |
| | | 7. 油系统运转试验 | | W | |

(续表)

| 序号 | 零部件及工序名称 | 监造内容 | 文件检验点（R） | 现场见证点（W） | 停止点（H） |
|---|---|---|---|---|---|
| 13 | 泵组成撬 | 1. 底座范围内的管路、管件、阀门材料核对 | R | | |
| | | 2. 冲洗管管口方位检查 | | W | |
| | | 3. 底座范围内的管路焊接质量检查 | | W | |
| | | 4. 底座范围内的管路压力试验 | | W | |
| | | 5. P&ID图核对 | | W | |
| | | 6. 底座范围内的管路安装外观质量及支撑件外观质量检查 | | W | |
| | | 7. 与驱动机初对中检查 | | W | |
| | | 8. 联轴器护罩安装质量检查 | | W | |
| 14 | 涂装与发运 | 1. 涂装检查 | | W | |
| | | 2. 共用接口封闭检查 | | W | |
| | | 3. 转向标识及铭牌检查 | | W | |
| | | 4. 专用工具检查 | | W | |
| | | 5. 装箱及出厂文件检查 | | W | |

# LNG 高压外输泵监造大纲

# 目 录

前　言 ·················································································· 205
1　总则 ················································································ 206
2　主机 ················································································ 208
3　成撬 ················································································ 211
4　涂装与发运 ······································································· 212
5　高压外输泵驻厂监造主要质量控制点 ····································· 212

# 前　言

《LNG 高压外输泵监造大纲》是参照 GB/T 1.1—2009《标准化工作导则　第 1 部分：标准的结构和编写》给出的规则起草。

本大纲由中国石油化工集团有限公司物资装备部提出。

本大纲本次为首次发布。

本大纲起草单位：上海众深科技股份有限公司。

本大纲起草人：孙宏艳、贺立新、孙亮亮、李科锋、刘鑫、肖殿兴、吴茂成、付林、蔡志伟。

# LNG 高压外输泵监造大纲

## 1 总则

1.1 内容和适用范围。

1.1.1 本大纲主要规定了采购单位（或使用单位）对 LNG 接收站用高压外输泵制造过程监造的基本内容及要求，是委托驻厂监造的主要依据。

1.1.2 本大纲适用于石油化工工业 LNG 接收站高压外输泵制造过程监造，其它低温工程用立式筒袋泵等同类设备可参照使用。

1.1.3 本大纲中具体技术要求如与采购技术文件不一致时，原则上应以采购技术文件为准。

1.2 监造工作的基本要求。

1.2.1 监造人员要求。

1.2.1.1 监造人员应与所在监造单位有正式劳动合同关系。

1.2.1.2 监造人员应严格依据监造委托合同，履行监造职责，完成监造任务。

1.2.1.3 监造人员应持有不低于中国设备监理协会颁发的专业设备监理师资格证书，监造人员有二年（或以上）的监造业务经验，在相应专业岗位工作三年以上。

1.2.1.4 监造人员应熟悉监造物资的制造工艺，掌握制造过程中的质量技术要求和检验试验关键控制点。

1.2.1.5 监造人员在监造活动过程中应遵守有关保密约定和规定。

1.2.1.6 监造人员应遵守制造商 HSSE 或安全生产管理制度的相关规定，严格执行劳保着装和安全防护要求。

1.2.2 监造工作程序。

1.2.2.1 监造人员在开始监造的 10 个工作日内，对制造商的人员资质、生产工艺、装备能力和质保体系运行情况进行检查和评估，并向委托方提供质量风险评估报告，明确风险等级（高、中、低、无）。

1.2.2.2 监造单位在收到采购技术文件后，10 个工作日内编制完成《监造大纲》。

1.2.2.3 监造单位在获得设计相关图样、制造工艺、质量控制计划、生产进度计划后，15 日内编制完成《监造实施细则》。

1.2.2.4 监造人员应配备必要的用于平行检查且检定合格的检测器具。

1.2.2.5 监造人员应按委托方的通知或有关要求参加或组织召开预检验会议，与

制造商对接确定检验试验计划和质量控制点,并经委托方确认。

1.2.2.6 监造人员应组织制造厂质量、技术、生产及经营(项目管理)等相关部门召开监理周例会,通报监造工作情况,协调解决质量进度问题,结合生产进度计划安排后续监造工作,并形成会议纪要。

1.2.2.7 监造人员在监造实施过程中,如发现质量隐患、质量问题以及可能影响交货期的重大因素时,应及时报委托方,并以书面形式通知制造商,要求制造商采取有效措施予以整改,若制造商延误或拒绝整改时,可责令其停工。

1.2.2.8 对于原材料、外购件以及外协加工、外协检测和外协检验试验等过程,监造人员应重点审查质量证明文件、外协单位资质、人员资质、工艺文件和检验试验报告等。并依据监造实施细则和检验试验计划中设置的监造访问点,实施质量控制。

1.2.2.9 实施监造的物资经现场监造人员确认符合标准规范和订单约定后按发货批次开具监造放行单,并报委托方。

1.2.2.10 全部监造工作完成后,应于30日内完成监造总结报告交付委托方。

1.3 监造单位应提交的文件资料。

1.3.1 目录(含页码)(必须)。

1.3.2 产品质量监造报告书(必须)。

1.3.3 监造工作总结(必须)。

1.3.4 监造大纲(必须)。

1.3.5 监造实施细则(必须)。

1.3.6 监造周报(必须)。

1.3.7 设计变更通知及往来函件(如有)。

1.3.8 监造工作联系单(如有)。

1.3.9 监造工程师通知单(如有)。

1.3.10 会议纪要(如有)。

1.3.11 监造放行单(必须)。

1.4 主要编制依据。

1.4.1 GB/T 755 旋转电机定额和性能。

1.4.2 GB/T 3216 回转动力泵 水力性能验收试验 1级、2级和3级。

1.4.3 GB/T 26429 设备工程监理规范。

1.4.4 GB/T 51007 石油化工用机泵工程设计规范。

1.4.5 SH/T 3139 石油化工重载荷离心泵工程技术规范。

1.4.6 NB/T 47013 1~5,7 承压设备无损检测。

1.4.7 ISO 1940 机械振动-刚性转子的平衡质量要求。

1.4.8 NEMA MG-1 电动机及发电机规范。

1.4.9 API 610—2010 石油、化工及气体工业用离心泵。

1.4.10　API 670 机械保护系统。

1.4.11　国家及行业相关材料及无损检测标准。

1.4.12　ASTM 美国材料试验协会相关标准。

1.4.13　采购技术文件。

## 2　主机

2.1　技术要求。

2.1.1　依据采购技术文件和相关标准，核对制造商施工图样的符合性。

2.1.2　应审查下列文件。

2.1.2.1　施工图样及工艺文件中的检验和试验项目。

2.1.2.2　电气、仪表、贯穿接头、接线箱等外购件清单及分供应商的符合性。

2.2　原材料。

2.2.1　依据采购技术文件核对供应商的符合性，审查原始质保书，并核对材料牌号、规格、热处理状态、化学成分、力学性能、无损检测等内容。

2.2.2　检查材料或毛坯外观质量、标识，并做好记录。

2.2.3　根据采购技术文件及数据表，审核制造商对吸入筒体、吸入筒体盖、泵内筒体、电机壳体、电机端盖、叶轮、诱导轮、导叶、中段、主轴、电机定子、转子、耐磨环、平衡组件等主要零件的化学成分、力学性能、无损检测等重要试验和检验报告。

2.2.4　对接触低温介质并属于装配配合或密封性质的零件，如泵内筒体、电机壳体、电机端盖、叶轮、诱导轮、导叶、中段、主轴、电机定子、电机转子、耐磨环、平衡组件等必须进行深冷处理，泵内筒体、电机壳体、电机端盖、叶轮、诱导轮、导叶、中段、主轴等过流零部件制造商必须复验最低工作温度下的低温冲击值。

2.2.5　需在制造商厂内进行性能热处理的材料，必须以最终性能热处理数据为验收结果。

2.3　无损检测。

2.3.1　无损检测按采购技术文件有关规定验收。

2.3.2　吸入筒体及吸入筒体盖对接焊缝、铸件泵内筒体、铸件电机壳体、铸件电机端盖、中段、叶轮及诱导轮应进行射线检测，精加工后应进行渗透检测。

2.3.3　锻件泵的内筒体、电机的壳体、电机的端盖、主轴、平衡组件毛坯粗加工后应进行超声检测，精加工后应进行渗透检测。

2.3.4　导叶精加工后应进行渗透检测。

2.3.5　电气、仪表管路对接焊缝应进行射线及渗透检测。

2.4　消除应力处理。

2.4.1　按制造商工艺规定验收。

2.4.2 主轴半精加工后应进行消除应力处理。

2.4.3 吸入筒体、吸入筒体盖组焊结束后精加工前应进行消除应力处理。

2.4.4 泵内筒体、电机壳体、电机端盖、叶轮、诱导轮、导叶、中段等铸件清砂后应进行消除应力处理。

2.4.5 对接触低温介质并属于装配配合或密封性质的零件，如泵内筒体、电机壳体、电机端盖、叶轮、诱导轮、导叶、中段、主轴等精加工前应进行深冷处理。

2.5 几何尺寸。

2.5.1 按制造商施工图样及工艺要求验收。

2.5.2 首次开发的水力部件应进行叶片和工作面型线检查。

2.5.3 电机壳体与端盖，主轴与叶轮、导叶、平衡盘（鼓），电机定子轴套配合等尺寸应逐一检查。

2.5.4 转子轴向定位尺寸及跳动应逐一检查。

2.5.5 吸入筒体盖与吸入筒体安装尺寸应检查。

2.5.6 吸入筒体基础安装尺寸应检查。

2.5.7 泵与外壳体安装尺寸应检查。

2.5.8 电缆与监控仪表安装尺寸应检查。

2.6 外观。

2.6.1 吸入筒体、吸入筒体盖、泵内筒体、电机壳体、电机端盖、叶轮、诱导轮、导叶、中段、主轴、平衡盘（鼓）、轴套等应进行有效标识。

2.6.2 所有零部件应进行毛刺和清洁度检查，合格后才能转入总装工序。

2.6.3 主要零部件应进行外观检查，对铸件还应进行表面铸造缺陷和裂纹检查。

2.7 动平衡试验。

2.7.1 叶轮、诱导轮及电机转子精加工后必须进行动平衡试验，平衡精度不低于ISO1940规定的G2.5级。

2.7.2 转子组装后进行低速动平衡试验，精度不低于ISO 1940规定的G2.5级。

2.8 水压试验。

2.8.1 吸入筒体、吸入筒体盖、泵内筒体、电机壳体、电机端盖精加工结束后进行水压试验，水压试验压力为最大允许工作压力的1.5倍，且保压时间≥30min，无渗漏。

2.8.2 用于试验的液体中氯离子的含量应不得超过50μg/g。为防止试验液蒸发后氯化物沉淀干枯在奥氏体不锈钢上，试验结束后，全部残留液体应从试验的部件中清除干净。

2.9 深冷处理。

2.9.1 泵所有零部件精加工后均应在使用最低温度下进行深冷处理，试验程序按制造商工艺执行。

2.9.2 深冷处理后转子跳动、其它零部件形位公差应进行复测。

2.9.3 深冷处理试验后所有零部件外观质量应逐一检查，不允许有裂纹及变形。

2.10 绝缘耐压试验。

应按采购技术文件及标准要求对电机部分进行耐压测试、匝间试验、绝缘电阻测试、绕阻电阻测试。

2.11 装配检查。

2.11.1 按施工图样及制造商工艺规定验收。

2.11.2 组装前所有接触低温介质零件应进行脱脂及干燥处理。

2.11.3 泵内筒体与中段、转子与泵内筒体、电机壳体、电机端盖应进行同心度检查。

2.11.4 转子与静止部件应进行间隙检查，平衡盘轴向间隙应检查。

2.11.5 电机部分气隙应进行检查。

2.11.6 电机部分出线外观质量应检查，绝缘与耐压性能应检查。

2.11.7 转子轴向应进行窜动量检查。

2.12 主要外购外协件。

2.12.1 轴承、密封等规格型号、原产地及供应商应与采购技术文件规定一致。

2.12.2 贯穿接头、测温、测振、压力变送器、差压变送器、接线箱等主要监控仪器仪表型号及原产地应与采购技术文件规定一致。

2.12.3 焊接结构的泵吸入筒体等应按采购技术文件要求，采取过程控制（如关键点访问或驻厂监造）。

2.12.4 主要外协件（如泵轴锻件毛坯、某一加工工序外协）应按采购技术文件要求，采取过程控制（如关键点访问监造）。

2.13 泵组试验。

2.13.1 泵组试验应模拟使用工况下进行运行试验。

2.13.2 试验前应进行以下检查。

2.13.2.1 审查制造商提供的试验大纲。

2.13.2.2 检查试验装置满足高压外输泵低温运转试验的能力的符合性。

2.13.2.3 泵组应逐步进行预冷直至要求的温度（冷却速度应符合试验大纲要求），确保泵组被充分均匀冷却。

2.13.2.4 泵组启动前确认液位高度。

2.13.3 性能试验。

2.13.3.1 电机部分性能。

（1）按GB/T 755要求进行。

（2）输入电流、电压、输出功率应测量。

2.13.3.2 水力性能。

（1）按API 610要求进行性能试验。

（2）至少应测量5个点的流量、扬程、功率及吸入筒体振动速度。

（3）按采购技术文件要求测量除关死点以外的四点的NPSHr。

（4）额定点流量不允许有负偏差，额定点的NPSHr不允许超过规定值。

（5）额定点扬程、功率允差按API 610要求见下表。

| 参数 | 工况 | 额定点/% | 关死点/% |
| --- | --- | --- | --- |
| 扬程/m | 0～150 | ±3 | ±10 |
| | 151～300 | ±3 | ±8 |
| | >300 | ±3 | ±5 |
| 功率/kW | — | +4 | 不考核 |

注：只有流量扬程曲线为连续上升型时，关死点扬程才允许有负偏差。

（6）如采取车削叶轮来达到扬程允差，叶轮直径切削量超过原来直径的5%应重新进行性能试验。

2.13.3.3 机械运转试验。

（1）按采购技术文件规定进行机械运转试验。

（2）除非采购技术文件另有规定，机械运转试验应在额定转速、额定流量下稳定运行，运转时间按采购技术文件要求执行。

（3）泵吸入筒体振动按采购技术文件要求执行，泵的噪声≤85dB（A）。

（4）电机部分绕组温升按采购技术文件要求执行。

2.13.3.4 试验后解体检查。

（1）水力性能及机械运转试验结束后，应解体检查，确认耐磨环、平衡鼓与平衡套是否有磨损。

（2）泵所有零部件应干燥清洁处理，并应检查。

## 3 成橇

3.1 高压外输泵机组供货界面按采购技术文件中的P&ID图要求进行核对。

3.2 贯穿接头、阀门、电气、仪表等材料应与采购技术文件规定一致。

3.3 电气、仪表管线对接焊缝应按采购技术文件要求进行射线检测，管线应进行水压试验，试验压力及保压时间可按图样要求进行。

3.4 不锈钢管路应进行酸洗钝化处理。

3.5 管线的焊缝应进行外观及清洁度检查。

## 4 涂装与发运

4.1 防锈涂装按采购技术文件规定,其中主机涂装质量应确保12个月,备用转子及其它备件涂装质量应确保18个月。

4.2 共用接口必须用金属盲板封口,且盲板厚度应为3mm以上。

4.3 泵机转向标识、铭牌应固定在机组醒目位置。

4.4 底座起吊位置及泵组重心位置应醒目标识。

4.5 装箱及出厂文件检查。

## 5 高压外输泵驻厂监造主要质量控制点

5.1 文件见证点(R):由监造人员对设备材料制造过程有关文件、记录或报告进行见证而预先设定的监造质量控制点。

5.2 现场见证点(W):由监造人员对设备材料制造过程、工序、节点或结果进行现场见证而预先设定的监造质量控制点,且应包括相关文件见证点(R)质量控制内容。

5.3 停止点(H):由监造人员见证并签认后才可转入下一个过程、工序或节点而预先设定的监造质量控制点,应包括相关现场见证点(W)和文件见证点(R)质量控制内容。

| 序号 | 零部件及工序名称 | 监造内容 | 文件见证点(R) | 现场见证点(W) | 停止点(H) |
|---|---|---|---|---|---|
| 1 | 吸入筒体<br>吸入筒体盖 | 1. 化学成分 | R | | |
| | | 2. 力学性能(含低温冲击试验) | R | | |
| | | 3. 热处理 | R | | |
| | | 4. 无损检测 | R | | |
| | | 5. 水压试验 | | | H |
| | | 6. 外观、尺寸及清洁度检查 | | W | |
| | | 7. 基础安装尺寸检查 | | W | |
| 2 | 泵内筒体<br>电机筒体<br>电机端盖<br>中段 | 1. 化学成分 | R | | |
| | | 2. 力学性能(含低温冲击试验) | R | | |
| | | 3. 热处理 | R | | |
| | | 4. 深冷处理 | | W | |
| | | 5. 无损检测 | R | | |
| | | 6. 水压试验 | | | H |
| | | 7. 外观、尺寸及清洁度检查 | | W | |

（续表）

| 序号 | 零部件及工序名称 | 监造内容 | 文件见证点（R） | 现场见证点（W） | 停止点（H） |
|---|---|---|---|---|---|
| 3 | 叶轮、诱导轮 | 1. 化学成分 | R | | |
| | | 2. 力学性能（含低温冲击试验） | R | | |
| | | 3. 热处理 | R | | |
| | | 4. 深冷处理 | | W | |
| | | 5. 无损检测 | R | | |
| | | 6. 尺寸及外观检查 | | W | |
| | | 7. 动平衡试验 | | W | |
| 4 | 导叶平衡鼓（平衡盘） | 1. 化学成分 | R | | |
| | | 2. 力学性能（含低温冲击试验） | R | | |
| | | 3. 深冷处理 | | W | |
| | | 4. 无损检测 | R | | |
| | | 5. 尺寸及外观检查 | | W | |
| 5 | 主轴 | 1. 化学成分 | R | | |
| | | 2. 力学性能（含低温冲击试验） | R | | |
| | | 3. 热处理 | R | | |
| | | 4. 深冷处理 | | W | |
| | | 5. 无损检测 | R | | |
| | | 6. 尺寸及外观检查 | | W | |
| 6 | 密封环 | 1. 化学成分 | R | | |
| | | 2. 力学性能（硬度检查） | R | | |
| | | 3. 深冷处理 | R | | |
| | | 4. 尺寸及外观检查 | | W | |
| 7 | 电机转子部分用硅钢片、铜线 电机定子部分用线圈 | 1. 化学成分 | R | | |
| | | 2. 力学性能 | R | | |
| | | 3. 单耗 | R | | |
| | | 4. 硅钢片外观 | | W | |
| 8 | 转子装配 | 1. 跳动检查及轴向定位尺寸检查 | | W | |
| | | 2. 叶轮安装质量检查 | | W | |
| | | 3. 动平衡试验 | | W | |
| 9 | 泵总装 | 1. 零部件外观检查 | | W | |
| | | 2. 干燥与脱脂处理记录 | R | | |
| | | 3. 静止部分找同心、校水平记录 | | W | |

（续表）

| 序号 | 零部件及工序名称 | 监造内容 | 文件见证点（R） | 现场见证点（W） | 停止点（H） |
|---|---|---|---|---|---|
| 9 | 泵总装 | 4. 过流部分间隙测量 | | W | |
| | | 5. 转子轴向串量检查 | | W | |
| | | 6. 管路水压试验 | | W | |
| 10 | 电机（外购） | 1. 型号及原产地核对 | | W | |
| | | 2. 交工文件核对 | R | | |
| | | 3. 外观质量检查 | | W | |
| 11 | 电机（泵厂制造） | 电机性能试验：耐压试验、匝间试验、绝缘电阻测试、绕阻电阻测试 | | W | |
| 12 | 性能试验及机械运转试验 | 1. 水力性能试验：流量、扬程、功率、效率、汽蚀余量 | | | H |
| | | 2. 机械运转试验：吸入筒体的振动、噪声 | | | H |
| | | 3. 电机部分性能试验 | | | H |
| | | 4. 解体检查：确认耐磨环、平衡鼓与平衡套是否有磨损 | | | H |
| 13 | 电气仪表管路 | 1. 材料核对 | R | | |
| | | 2. 焊缝无损检测 | R | | |
| | | 3. 水压试验 | | W | |
| | | 4. 外观检查 | | W | |
| | | 5. 组装检查 | | W | |
| 14 | 主要外购件 | 1. 原产地及型号核对 | | W | |
| | | 2. 外观质量检查 | | W | |
| 15 | 泵组成橇 | 1. 机组管线、管件、阀门材料核对 | R | | |
| | | 2. 管口、接口方位检查 | | W | |
| | | 3. P&ID图核对 | | W | |
| 16 | 涂装与发运 | 1. 涂装检查 | | W | |
| | | 2. 公用接口封闭及保护检查 | | W | |
| | | 3. 转向标识及铭牌检查 | | W | |
| | | 4. 起吊位置与重心位置标识检查 | | W | |
| | | 5. 装箱及出厂文件检查 | R | | |

# 煤浆泵监造大纲

# 目 录

前　言 ································································································ 217
1　总则 ······························································································ 218
2　主机 ······························································································ 220
3　辅机 ······························································································ 224
4　成撬 ······························································································ 224
5　涂装与发运 ···················································································· 225
6　大型煤浆泵驻厂监造主要质量控制点 ··············································· 225

# 前 言

《煤浆泵监造大纲》是参照 GB/T 1.1—2009《标准化工作导则 第1部分：标准的结构和编写》给出的规则起草。

本大纲由中国石油化工集团有限公司物资装备部提出。

本大纲为首次发布。

本大纲起草单位：上海众深科技股份有限公司。

本大纲起草人：李科锋、贺立新、刘鑫、李波、孙亮亮、吴茂成、付林、蔡志伟。

# 煤浆泵监造大纲

## 1 总则

1.1 内容和适用范围。

1.1.1 本大纲主要规定了采购单位（或使用单位）对煤浆泵制造过程监造的基本内容及要求，是委托驻厂监造的主要依据。

1.1.2 本大纲适用于煤化工装置用往复式柱塞液压隔膜结构煤浆泵制造过程监造，其它装置用输送固液两相介质的单缸及多缸往复式柱塞隔膜泵等同类设备可参照使用。

1.1.3 本大纲中具体技术要求如与采购技术文件不一致时，原则上应以采购技术文件为准。

1.2 监造工作的基本要求。

1.2.1 监造人员要求。

1.2.1.1 监造人员应与所在监造单位有正式劳动合同关系。

1.2.1.2 监造人员应严格依据监造委托合同，履行监造职责，完成监造任务。

1.2.1.3 监造人员应持有不低于中国设备监理协会颁发的专业设备监理师资格证书，监造人员有二年（或以上）的监造业务经验，在相应专业岗位工作三年以上。

1.2.1.4 监造人员应熟悉监造物资的制造工艺，掌握制造过程中的质量技术要求和检验试验关键控制点。

1.2.1.5 监造人员在监造活动过程中应遵守有关保密约定和规定。

1.2.1.6 监造人员应遵守制造厂HSSE或安全生产管理制度的相关规定，严格执行劳保着装和安全防护要求。

1.2.2 监造工作程序。

1.2.2.1 监造人员在开始监造的10个工作日内，对制造厂的人员资质、生产工艺、装备能力和质保体系运行情况进行检查和评估，并向委托方提供质量风险评估报告，明确风险等级（高、中、低、无）。

1.2.2.2 监造单位在收到采购技术文件后，10个工作日内编制完成《监造大纲》。

1.2.2.3 监造单位在获得设计相关图纸、制造工艺、质量控制计划、生产进度计划后，15日内编制完成《监造实施细则》。

1.2.2.4 监造人员应配备必要的用于平行检查且检定合格的检测器具。

1.2.2.5 监造人员应按委托方的通知或有关要求参加或组织召开预检验会议，与制造厂对接确定检验试验计划和质量控制点，并经委托方确认。

1.2.2.6 监造人员应组织制造厂质量、技术、生产及经营（项目管理）等相关部门召开监理周例会，通报监造工作情况，协调解决质量进度问题，结合生产进度计划安排后续监造工作，并形成会议纪要。

1.2.2.7 监造人员在监造实施过程中，如发现质量隐患、质量问题以及可能影响交货期的重大因素时，应及时报委托方，并以书面形式通知制造厂，要求制造厂采取有效措施予以整改，若制造厂延误或拒绝整改时，可责令其停工。

1.2.2.8 对于原材料、外购件以及外协加工、外协检测和外协检验试验等过程，监造人员应重点审查质量证明文件、外协单位资质、人员资质、工艺文件和检验试验报告等。并依据监造实施细则和检验试验计划中设置的监造访问点，实施质量控制。

1.2.2.9 实施监造的物资经现场监造人员确认符合标准规范和订单约定后，按发货批次开具监造放行单，并报委托方。

1.2.2.10 全部监造工作完成后，应于30日内完成监造总结报告交付委托方。

1.3 监造单位应提交的文件资料。

1.3.1 目录（含页码）（必须）。

1.3.2 产品质量监造报告书（必须）。

1.3.3 监造工作总结（必须）。

1.3.4 监造大纲（必须）。

1.3.5 监造实施细则（必须）。

1.3.6 监造周报（必须）。

1.3.7 设计变更通知及往来函件（如有）。

1.3.8 监造工作联系单（如有）。

1.3.9 监造工程师通知单（如有）。

1.3.10 会议纪要（如有）。

1.3.11 监造放行单（必须）。

1.4 主要编制依据。

1.4.1 GB/T 150.1～4 压力容器。

1.4.2 GB/T 755 旋转电机定额和性能。

1.4.3 GB/T 9234 机动往复泵。

1.4.4 GB/T 26429 设备工程监理规范。

1.4.5 JB/T 5000 重型机械通用技术条件。

1.4.6 JB/T 6405 大型不锈钢铸件。

1.4.7 NB/T 47013.1～5 承压设备无损检测。

1.4.8 SH/T 3141 石油化工往复泵工程技术规范。

1.4.9　API 613 用于石油、化工及气体工业的专用齿轮装置。

1.4.10　API 614—2008 石油、化工及气体工业用润滑、轴密封和控制油系统及其辅助设备。

1.4.11　API 671 石油、化工及气体工业用特殊用途联轴器。

1.4.12　API 674—2014 往复式正位移泵。

1.4.13　采购技术文件。

## 2　主机

2.1　技术要求。

2.1.1　依据采购技术文件及相关标准，核对制造商施工图样的符合性。

2.1.2　应审查下列文件。

2.1.2.1　基于采购技术文件要求的结构及工况下橡胶隔膜瞬态工作过程应力及应变分析报告。

2.1.2.2　施工图样及制造工艺文件中的检验和试验项目的符合性。

2.1.2.3　辅机、外配套件、电气、仪表等外购件清单及分供应商的符合性。

2.2　原材料。

2.2.1　依据采购技术文件核对分供应商的符合性，审查原始质保书，并核对材料牌号、规格、热处理状态、化学成分、力学性能、无损检测等内容。

2.2.2　检查材料或毛坯外观质量、标识，并做好记录。

2.2.3　根据采购技术文件及施工图样，审查制造厂提交的曲轴、柱塞杆、介杆、十字头销等锻件合格证、制造厂复验报告、调质热处理后的力学性能报告（包括表面硬度检查）；连杆、十字头体、隔膜腔体、阀箱体、左右及中间腔体、氮气包等零件用铸件熔炼化学成分、热处理报告。

2.2.4　需在制造厂内进行性能热处理的材料，必须以最终性能热处理数据为验收结果。

2.2.5　隔膜用橡胶粉粒料及助剂等原料原产地应核对、模压后硫化工艺及外观质量应检查、力学性能报告（含单轴拉伸、平面剪切、体积压缩试验等）应审查。

2.3　无损检测。

2.3.1　无损检测按采购技术文件中规定的相关标准验收。

2.3.2　曲轴毛坯粗加工后应进行超声检测、精加工后进行磁粉检测。

2.3.3　柱塞杆、介杆毛坯粗加工后应进行超声检测、精加工后进行磁粉检测。

2.3.4　铸件连杆精加工后进行磁粉检测。

2.3.5　橡胶隔膜硫化后应进行电火花检测。

2.3.6　容器（如缓冲罐）的对接焊缝、进出料管对接焊缝应进行射线检测。

2.4 消除应力处理。

2.4.1 按制造厂工艺规定验收。

2.4.2 箱体焊后应进行消除应力处理。

2.4.3 隔膜腔体以及隔膜室盖应进行消除应力处理。

2.4.4 橡胶隔膜模压后应进行二次硫化处理。

2.4.5 曲轴半精加工后进行消除应力处理。

2.4.6 连杆半精加工后进行消除应力处理。

2.4.7 底座焊后应进行消除应力处理。

2.5 几何尺寸。

2.5.1 按制造厂施工图样及工艺要求验收。

2.5.2 曲轴：主轴颈与轴承、联轴器的配合尺寸应检查。

2.5.3 连杆：与轴承的配合尺寸应检查。

2.5.4 柱塞杆：与柱塞体及填料的配合尺寸应检查。

2.5.5 十字头体：与十字头销、滑履（滑板）的配合尺寸应检查。

2.5.6 缸体：与柱塞配合内径应检查，与柱塞配合内孔同轴度应检查。

2.5.7 箱体：前板孔、曲轴孔配合尺寸应检查。

2.5.8 隔膜腔体；盖与隔膜腔体配合尺寸应检查。

2.5.9 隔膜尺寸及厚度应检查。

2.5.10 进、出口阀配合尺寸应检查。

2.6 外观。

2.6.1 曲轴、十字头、连杆、箱体、缸体、缸套、隔膜腔、阀箱阀座阀锥材料应进行标识。

2.6.2 所有零部件应进行毛刺和清洁度检查，合格后才能转入总装工序。

2.6.3 主要零部件应进行外观检查，特别是铸件的铸造缺陷和延迟裂纹检查；隔膜外观及平整度检查。

2.6.4 焊接件焊后应对焊缝进行外观检查，不应有裂纹、咬边、缺肉等缺陷，周边不应有焊渣、飞溅等缺陷。

2.6.5 缓冲罐应进行内部清洁度检查。

2.7 水压试验。

2.7.1 用于试验奥氏体不锈钢材料的液体中氯离子的含量应不得超过50μg/g。为防止试验液蒸发后氯化物沉淀干枯在奥氏体不锈钢上，试验结束后，全部残留液体应从试验的部件中清除干净。

2.7.2 水压试验前，承压腔体的所有接管口需焊接完成，并一同进行试验。

2.7.3 左、右以及中间腔体水压试验压力为最高许用工作压力的1.5倍，且保压时间≥30min，在规定的时间内无渗漏。

2.7.4 隔膜腔体水压试验压力为最高许用工作压力的1.5倍,且保压时间≥30min,在规定的时间内无渗漏。

2.7.5 阀箱体水压试验压力为最高许用工作压力的1.5倍,且保压时间≥30min,在规定的时间内无渗漏。

2.7.6 氮气包水压试验压力为最高许用工作压力的1.5倍,且保压时间≥30min,在规定的时间内无渗漏。

2.7.7 进出料管水压试验压力为最高许用工作压力的1.5倍,且保压时间≥30min,在规定的时间内无渗漏。

2.7.8 缓冲罐水压试验压力为最高许用工作压力的1.5倍,且保压时间≥30min,在规定的时间内无渗漏。

2.8 煤油渗漏试验。箱体应进行煤油渗漏试验,静置8h,不得有渗漏现象。

2.9 装配检查。

2.9.1 按施工图样及制造厂工艺规定验收。

2.9.2 装配前零部件清洁度及外观质量应进行检查。

2.9.3 柱塞杆与柱塞联接预紧力应进行检查。

2.9.4 上导板与滑履(滑板)间的间隙应检查。

2.9.5 十字头锥孔与销轴接触面积应检查。

2.9.6 轴承的游隙应检查。

2.9.7 固定端轴承端面与轴承盖间隙应检查。

2.9.8 阀橡胶装配后涨出量应检查。

2.9.9 隔膜安装质量及位移量应检查。

2.9.10 阀箱体盖装配间隙应检查。

2.9.11 阀锥、阀座锥面接触线及面积应检查。

2.10 主要外购外协件。

2.10.1 电动机、减速机、联轴器、变频器、轴承、压力变送器、压差变送器、电磁阀、压力表、油过滤器等品牌、型号、规格、原产地及分供应商应与《技术协议》规定一致。

2.10.2 电气控制系统主要监控仪表品牌、型号、规格、防爆(隔爆)等级及原产地应与采购技术文件规定一致。

2.10.3 主要外协件(如泵轴锻件毛坯、某一加工工序外协)应按采购技术文件要求,采取过程控制(如关键点访问监造)。

2.10.4 齿轮箱、驱动机等重要外购件应按采购技术文件要求,采取过程控制(如关键点访问监造)。

2.11 机械运转试验。

2.11.1 机械运转试验前应进行以下检查。

2.11.1.1 审查制造厂提交的试验大纲。

2.11.1.2 试验装置应满足煤浆泵机械运转试验的要求。

2.11.1.3 油系统过滤精度应≤25μm。

2.11.1.4 各润滑点进油温度。

2.11.1.5 试验监测仪表：减速机轴承温度、电机轴承温度、导板温度、润滑油泵电机温度、控制油泵电机温度、润滑油回油温度、入口流量、排出压力、超压保护压力。

2.11.2 运转试验。

在电机频率为额定频率、泵流量为额定流量、出口压力为额定排出压力条件下进行：

2.11.2.1 连续稳定运行8h。

2.11.2.2 减速机、电机轴承温度≤70℃，回油温升≤28℃。

2.11.2.3 泵振动。

2.11.2.4 油泵电机温度控制20～60℃。

2.11.2.5 超压保护压力监测。

2.11.2.6 噪声测量应在离主机1m远处，噪声值按采购技术文件规定验收。

2.12 性能试验。

2.12.1 按采购技术文件规定进行性能试验。

2.12.2 试验介质可采用清水。

2.12.3 在额定转速下，其额定点流量、进出口压力、功率、容积效率、泵效率、冲次、频率以及压力波动偏差应满足采购技术文件以及相关标准规定；在出口压力范围内测得全部数据与曲线，试验至少要取5个点，包括额定转速下额定的出口压力点。

2.13 机组整体性能试验。

2.13.1 如采购技术文件或采购合同有规定：性能试验（含机械运转）须用合同电机、变频器、减速机、润滑油系统、控制油系统，以验证机组整体性能及轴系可靠性。则合同电机、变频器、减速机、润滑油系统、控制油系统应参与机械运转试验、性能试验。

2.13.2 泵组机械运转试验按本大纲2.12章节执行，煤浆泵验收指标按本大纲2.12章节规定，合同电机验收指标按采购技术文件和GB/T 755规定，齿轮箱验收指标按采购技术文件和API 613的规定。

2.14 解体检查。机械运转试验合格后，应进行解体检查。

2.14.1 动力端轴承游隙复测检查。

2.14.2 动力端各部润滑及磨损情况检查。

2.14.3 十字头与介杆连接螺栓预紧力矩复测检查。

2.14.4 柱塞杆与介杆连接螺栓预紧力矩复测检查。

2.14.5 隔膜室盖拆装检查：隔膜有无破损、重装时螺栓预紧力矩复测。

2.14.6 阀箱体拆装检查：阀密封磨损检查、重装时螺栓预紧力矩复测。

## 3 辅机

3.1 液压控制系统。

3.1.1 按采购技术文件、API 614标准要求执行。

3.1.2 核对液压控制系统P&ID图。

3.1.3 油管道、法兰及阀门材料应与采购技术文件规定一致。

3.1.4 主、辅油泵型号、原产地及供应商应与采购技术文件规定一致；阀门型式、原产地及供应商应与采购技术文件规定一致；双联油过滤器的过滤精度、材料、原产地及供应商应与采购技术文件规定一致；双联油冷却器的材料、原产地及供应商应与采购技术文件规定一致。

3.1.5 油管路焊缝应采用氩弧焊打底，宜采用对接焊形式，焊缝无损检测应按施工图样或采购技术文件规定执行。

3.1.6 不锈钢油管路应进行酸洗钝化处理。

3.1.7 液压控制系统运转试验。

3.1.8 液压控制系统应与机组一同进行运转试验，试验过程中对润滑油、控制油各项参数进行验证，对控制油系统各项动作进行试验，验证其功能实现情况。

3.2 变频系统。

3.2.1 变频器供货方、规格型号、参数要求应符合采购技术文件要求。

3.2.2 变频器与泵组DCS间的信号数量、模式与接口应符合采购技术文件要求。

3.2.3 变频器具有过电压，过电流，欠电压，缺相，变频器过热，电机过载，单相接地以及输出短路等保护功能特性应符合采购技术文件要求。

3.3 监控系统。

3.3.1 供货范围应符合采购技术文件和P&ID要求。

3.3.2 仪表原产地、规格型号，特性参数，防护、防爆等级均应符合采购技术文件要求。

3.3.3 开关柜、控制柜、接线箱等原产地、规格参数，防护、防爆等级均应符合采购技术文件要求。

3.3.4 仪表接线应布置合理，便于安装、检修。

3.3.5 一次仪表接线质量及接头密封性应逐一检查。

## 4 成撬

4.1 煤浆泵与电机、减速机在共用底座上应进行预对中，煤浆泵与减速机、减速机与电机的转子的中心线偏差应符合施工图样或工艺规定。

4.2 进出料管及管线材料原始质保书应审查，焊接外观质量应逐一检查；对接焊缝应审片，并见证水压试验。

4.3 共用底座上的机组配管应进行检查，油管路焊接应采用对接焊形式，应采用氩弧焊打底焊接；回油管应沿回油方向水平倾斜。

4.4 煤浆泵底座范围内的供货界面按采购技术文件中的P&ID图要求进行核对。

4.5 底座范围内控制油、润滑油管路及介质管路的焊缝应按采购技术文件或施工图样要求进行无损检测；管路应进行水压试验，试验压力及保压时间可按施工图样要求进行。

4.6 底座范围内的管路的焊缝外观及内部清洁度应进行检查。

4.7 底座范围内的管线布置及支撑件外观质量应进行检查。

4.8 联轴器护罩安装质量检查。

## 5 涂装与发运

5.1 防锈涂装按采购技术文件规定。

5.2 包装前清洁所有组件，并保证设备以及辅件能露天存放不小于6个月。

5.3 所有公用接口应提供可靠的盖板。

5.4 煤浆泵转向标识、铭牌应选用不锈钢，且固定在醒目位置上。

5.5 底座起吊位置及煤浆泵重心位置应醒目标识。

5.6 管路解体包装发运时，管段各接口应用盲板封口；宜在各管段醒目位置粘贴管段标识（包括管路名称、图号等信息）。

5.7 装箱及出厂文件检查。

## 6 大型煤浆泵驻厂监造主要质量控制点

6.1 文件见证点（R）：由监造人员对设备材料制造过程有关文件、记录或报告进行见证而预先设定的监造质量控制点。

6.2 现场见证点（W）：由监造人员对设备材料制造过程、工序、节点或结果进行现场见证而预先设定的监造质量控制点，且应包括相关文件见证点（R）质量控制内容。

6.3 停止点（H）：由监造人员见证并签认后才可转入下一个过程、工序或节点而预先设定的监造质量控制点，应包括相关现场见证点（W）和文件见证点（R）质量控制内容。

| 序号 | 零部件及工序名称 | 监造内容 | 文件见证点（R） | 现场见证点（W） | 停止点（H） |
|---|---|---|---|---|---|
| 1 | 电动机（含变频器） | 1. 原产地及型号核对 | R | | |
| | | 2. 防护等级及其它技术参数核对 | R | | |
| | | 3. 外观质量检查 | | W | |
| 2 | 减速机 | 1. 原产地及型号核对（报关单） | R | | |
| | | 2. 出厂文件核对 | R | | |
| | | 3. 外观质量检查 | | W | |
| 3 | 曲轴 | 1. 化学成分 | R | | |
| | | 2. 力学性能 | R | | |
| | | 3. 金相检验（如有） | R | | |
| | | 4. 无损检验 | R | | |
| | | 5. 尺寸及外观检查 | | W | |
| 4 | 十字头 | 1. 化学成分 | R | | |
| | | 2. 力学性能 | R | | |
| | | 3. 无损检测报告（如有） | R | | |
| | | 4. 尺寸及外观检查 | | W | |
| 5 | 连杆 | 1. 化学成分 | R | | |
| | | 2. 力学性能 | R | | |
| | | 3. 无损检验 | R | | |
| | | 4. 尺寸及外观检查 | | W | |
| 6 | 箱体 | 1. 焊接外观质量检查 | | W | |
| | | 2. 焊后热处理 | R | | |
| | | 3. 煤油渗漏试验 | | W | |
| | | 4. 外观、尺寸及清洁度检查 | | W | |
| 7 | 泵缸体及缸套 | 1. 化学成分 | R | | |
| | | 2. 力学性能 | R | | |
| | | 3. 无损检测（如有） | R | | |
| | | 4. 外观、尺寸及清洁度检查 | | W | |
| 8 | 隔膜腔 | 1. 化学成分 | R | | |
| | | 2. 力学性能 | R | | |
| | | 3. 无损检验（如有） | R | | |
| | | 4. 压力试验 | | | H |

（续表）

| 序号 | 零部件及工序名称 | 监造内容 | 文件见证点（R） | 现场见证点（W） | 停止点（H） |
|---|---|---|---|---|---|
| 8 | 隔膜腔 | 5. 外观、尺寸及清洁度检查 | | W | |
| 9 | 阀箱体 | 1. 化学成分 | R | | |
| | | 2. 力学性能 | R | | |
| | | 3. 无损检验（如有） | R | | |
| | | 4. 压力试验 | | | H |
| | | 5. 外观、尺寸及清洁度检查 | | W | |
| 10 | 阀球 | 1. 热处理后表面硬度检查 | | W | |
| | | 2. 模压硫化后橡胶圈表面质量检查 | | W | |
| | | 3. 尺寸及重量测量 | | W | |
| 11 | 阀弹簧 | 1. 丝径及外形尺寸检查 | | W | |
| | | 2. 弹簧力测定（如图纸规定） | | W | |
| 12 | 橡胶件（含隔膜） | 1. 力学性能 | R | | |
| | | 2. 模压硫化外观质量检查 | | W | |
| | | 3. 厚度测量 | | W | |
| | | 4. 连接尺寸检查 | | W | |
| 13 | 缓冲罐 | 1. 化学成分 | R | | |
| | | 2. 力学性能 | R | | |
| | | 3. 无损检测（如有） | R | | |
| | | 4. 压力试验 | | | H |
| | | 5. 外观、尺寸及清洁度检查 | | W | |
| 14 | 氮气包 | 1. 化学成分 | R | | |
| | | 2. 力学性能 | R | | |
| | | 3. 壳体压力试验 | | | H |
| | | 4. 尺寸及外观检查 | | W | |
| 15 | 液压辅助系统 | 1. 主要进口元器件型号及原产地核对 | | W | |
| | | 2. 主要承压管路质保书审查 | R | | |
| | | 3. 安装配管及管内清洁度检查 | | W | |
| | | 4. 一次仪表安装质量检查 | | W | |
| | | 5. 电器接线质量检查 | | W | |
| 16 | 公用底座 | 1. 焊接质量检查 | | W | |
| | | 2. 焊后消应力 | R | | |

(续表)

| 序号 | 零部件及工序名称 | 监造内容 | 文件见证点（R） | 现场见证点（W） | 停止点（H） |
|---|---|---|---|---|---|
| 16 | 公用底座 | 3. 尺寸及外观质量检查 | | W | |
| 17 | 传动系统总装 | 1. 电机、齿轮箱、联轴器外观质量检查 | | W | |
| | | 2. 电机与齿轮箱对中质量检查 | | W | |
| | | 3. 与公用底座联结质量检查 | | W | |
| 18 | 动力端总装 | 1. 零部件标识核对及清洁度检查 | | W | |
| | | 2. 装配间隙检查 | | W | |
| 19 | 液力端总装 | 1. 零部件标识核对及清洁度检查 | | W | |
| | | 2. 总装尺寸、行程检查 | | W | |
| | | 3. 隔膜腔压力试验 | | W | |
| 20 | 液压辅助系统总装 | 1. 液压、气动管路内部清洁度检查 | | W | |
| | | 2. 液压试验 | | W | |
| 21 | 控制系统总装 | 1. 接线质量 | | W | |
| | | 2. 模拟信号动作试验（如需要） | | W | |
| 22 | 出厂性能试验 | 1. 盘车试验 | | | H |
| | | 2. 机械运转试验 | | | H |
| | | 3. 性能测试 | | | H |
| | | 4. 控制系统动作试验 | | | H |
| 23 | 出厂检验 | 1. 涂装检查 | | W | |
| | | 2. 按合同校对装箱单 | | W | |
| | | 3. 包装检验 | | W | |
| | | 4. 各项技术文件校对 | | W | |
| | | 5. 主要外购件合格证 | R | | |

# 大型挤压造粒机组监造大纲

# 目 录

前　言 …………………………………………………………………………… 231
1　总则 …………………………………………………………………………… 232
2　主机 …………………………………………………………………………… 234
3　辅机 …………………………………………………………………………… 238
4　成撬（成套） ………………………………………………………………… 238
5　涂装与发运 …………………………………………………………………… 239
6　大型挤压造粒机组驻厂监造主要质量控制点 ……………………………… 239

# 前 言

《大型挤压造粒机组监造大纲》是参照 GB/T 1.1—2009《标准化工作导则 第1部分：标准的结构和编写》给出的规则起草。

本大纲由中国石油化工集团有限公司物资装备部提出。

本大纲为首次发布。

本大纲起草单位：上海众深科技股份有限公司。

本大纲起草人：肖殿兴、贺立新、李科锋、刘鑫、孙亮亮、吴茂成。

# 大型挤压造粒机组监造大纲

## 1 总则

1.1 内容和适用范围。

1.1.1 本大纲主要规定了采购单位（或使用单位）对大型连续挤压造粒机组制造过程监造的基本内容及要求，是委托驻厂监造的主要依据。

1.1.2 本大纲适用于石油化工工业中使用的大型连续挤压造粒机组制造过程监造，同类设备可参照使用。

1.1.3 本大纲中具体技术要求如与采购技术文件不一致时，原则上应以采购技术文件为准。

1.2 监造工作的基本要求。

1.2.1 监造人员要求。

1.2.1.1 监造人员应与所在监造单位有正式劳动合同关系。

1.2.1.2 监造人员应严格依据监造委托合同，履行监造职责，完成监造任务。

1.2.1.3 监造人员应持有不低于中国设备监理协会颁发的专业设备监理师资格证书，监造人员有二年（或以上）的监造业务经验，在相应专业岗位工作三年以上。

1.2.1.4 监造人员应熟悉监造物资的制造工艺，掌握制造过程中的质量技术要求和检验试验关键控制点。

1.2.1.5 监造人员在监造活动过程中应遵守有关保密约定和规定。

1.2.1.6 监造人员应遵守制造厂HSSE或安全生产管理制度的相关规定，严格执行劳保着装和安全防护要求。

1.2.2 监造工作程序。

1.2.2.1 监造人员在开始监造的10个工作日内，对制造厂的人员资质、生产工艺、装备能力和质保体系运行情况进行检查和评估，并向委托方提供质量风险评估报告，明确风险等级（高、中、低、无）。

1.2.2.2 监造单位在收到采购技术文件后，10个工作日内编制完成《监造大纲》。

1.2.2.3 监造单位在获得设计相关图样、制造工艺、质量控制计划、生产进度计划后，15日内编制完成《监造实施细则》。

1.2.2.4 监造人员应配备必要的用于平行检查且检定合格的检测器具。

1.2.2.5 监造人员应按委托方的通知或有关要求参加或组织召开预检验会议，与

制造厂对接确定检验试验计划和质量控制点,并经委托方确认。

1.2.2.6 监造人员应组织制造厂质量、技术、生产及经营(项目管理)等相关部门召开监理周例会,通报监造工作情况,协调解决质量进度问题,结合生产进度计划安排后续监造工作,并形成会议纪要。

1.2.2.7 监造人员在监造实施过程中,如发现质量隐患、质量问题以及可能影响交货期的重大因素时,应及时报委托方,并以书面形式通知制造厂,要求制造厂采取有效措施予以整改,若制造厂延误或拒绝整改时,可责令其停工。

1.2.2.8 对于原材料、外购件以及外协加工、外协检测和外协检验试验等过程,监造人员应重点审查质量证明文件、外协单位资质、人员资质、工艺文件和检验试验报告等。并依据监造实施细则和检验试验计划中设置的监造访问点,实施质量控制。

1.2.2.9 实施监造的物资经现场监造人员确认符合标准规范和订单约定后按发货批次开具监造放行单,并报委托方。

1.2.2.10 全部监造工作完成后,应于30日内完成监造总结报告交付委托方。

1.3 监造单位应提交的文件资料。

1.3.1 目录(含页码)(必须)。

1.3.2 产品质量监造报告书(必须)。

1.3.3 监造工作总结(必须)。

1.3.4 监造大纲(必须)。

1.3.5 监造实施细则(必须)。

1.3.6 监造周报(必须)。

1.3.7 设计变更通知及往来函件(如有)。

1.3.8 监造工作联系单(如有)。

1.3.9 监造工程师通知单(如有)。

1.3.10 会议纪要(如有)。

1.3.11 监造放行单(必须)。

1.4 主要编制依据。

1.4.1 GB/T 26429 设备工程监理规范。

1.4.2 GB/T 8539 齿轮材料及热处理质量检验的一般规定。

1.4.3 GB/T 10095 渐开线圆柱齿轮精度。

1.4.4 GB 25431.1 橡胶塑料挤出机和挤出生产线 第1部分:挤出机的安全要求。

1.4.5 GB 25431.2 橡胶塑料挤出机和挤出生产线 第2部分:模面切粒机的安全要求。

1.4.6 HG/T 3228 橡胶塑料机械外观通用技术条件。

1.4.7 JB/T 5438 塑料机械术语。

1.4.8 JB/T 8538—2011 塑料机械用螺杆、机筒。

1.4.9 NB/T 47013.1~5,7 承压设备无损检测。

1.4.10　Q/SHCG 1003～1009、1010～1011—2016 中国石化物资采购技术标准。

1.4.11　API 613 石油、化工及气体工业的专用齿轮装置。

1.4.12　API 614—2008 石油、化工及气体工业用润滑、轴密封和控制油系统及其辅助设备。

1.4.13　API 670 机械保护系统。

1.4.14　API 671 石油、化工及气体工业用特殊用途联轴器。

1.4.15　ASTM B571 金属镀层粘附力定性测试标准实验。

1.4.16　DIN 5480 渐开线花键轴连接。

1.4.17　国家及行业相关材料及无损检测等标准。

1.4.18　采购技术文件。

## 2　主机

2.1　技术要求。

2.1.1　依据采购技术文件及 Q/SHCG 1003～1009、1010～1011—2016 中国石化物资采购技术标准，核对制造商机组配置以及施工图样的符合性。

2.1.2　应审查下列文件。

2.1.2.1　施工图样及制造工艺文件中的检验和试验项目的满足性。

2.1.2.2　辅机、外配套件、电气、仪表等外购件清单及分供应商的符合性。

2.2　原材料。

2.2.1　依据采购技术文件核对分供应商的符合性，审查原始质保书，并核对材料牌号、规格、热处理状态、化学成分、力学性能、金相、无损检测等内容。

2.2.2　检查材料或毛坯外观质量、标识，并做好记录。

2.2.3　根据采购技术文件及施工图样，检查制造商对螺杆、机筒，开车阀壳体与滑柱、换网壳体与滑柱、齿轮泵泵体及齿轮泵转子、水室、主减速器齿轮及轴等主要零件的化学成分、力学性能、金相、无损检测的复验报告；检查制造商主减速器箱体、齿轮泵泵体等零件的化学成分、力学性能的检验报告。

2.2.4　需在制造商厂内进行性能热处理的材料，必须以最终性能热处理数据为验收结果。

2.3　无损检测。

2.3.1　无损检测按采购技术文件及相关材料标准的无损检测有关规定验收。

2.3.2　螺杆粗加工后应进行超声检测，精加工后应进行渗透检测。

2.3.3　机筒粗加工后应进行超声检测，精加工后应进行渗透检测。

2.3.4　开车阀阀体及滑柱粗加工后应进行超声检测，精加工后应进行渗透检测。

2.3.5　换网装置用壳体与滑柱粗加工后应进行超声检测，精加工后应进行渗透检测。

2.3.6　齿轮泵泵体粗加工后应进行超声检测，精加工后应进行渗透检测。

2.3.7　齿轮泵转子粗加工后应进行超声检测，精加工后应进行渗透检测。

2.3.8　主减速器用齿轮及轴粗加工后应进行超声检测，精加工后应进行渗透检测。

2.3.9　齿轮箱箱体精加工后应进行渗透检测。

2.3.10　机筒法兰与机筒筒体焊缝的射线检测应按采购技术文件规定执行。

2.4　消除应力处理。

2.4.1　按制造厂工艺规定验收。

2.4.2　机筒焊后应进行消除应力处理。

2.4.3　螺杆、机筒、开车阀阀体与滑柱、换网装置用壳体与滑柱、齿轮泵泵体与转子、主减速器齿轮及轴等主要件粗加工后均应进行消除应力处理。

2.4.4　水室采用奥氏体不锈钢时粗加工前应进行固溶处理。

2.4.5　主减速器箱体清砂后（或焊接后）应进行消除应力处理。

2.4.6　底座焊后应进行消除应力处理。

2.5　几何尺寸。

2.5.1　按制造商施工图样及工艺要求验收。

2.5.2　主减速器轴与联轴器、轴承配合尺寸应进行检查。

2.5.3　主减速器箱体与齿轮轴配合内孔尺寸及同轴度应检查；齿轮齿面尺寸及跳动应检查。

2.5.4　螺杆直线度应进行检查。

2.5.5　螺杆螺棱两侧面角度、底径与圆弧连接几何形状应符合图样要求，且须光滑过渡，其过渡尺寸应符合图样，不应有非圆滑过渡的局部缺陷。

2.5.6　螺杆轴向定位尺寸及跳动应进行检查。

2.5.7　筒体端面垂直度应检查。

2.5.8　齿轮泵泵体内孔同轴度应检查，齿轮齿面应检查；跳动应检查。

2.5.9　水室装轴承孔同轴度应检查。

2.5.10　水室刀盘平面度应检查。

2.5.11　水下切粒的刀轴孔的同轴度应检查。

2.6　外观。

2.6.1　螺杆、机筒、开车阀阀体与滑柱、换网装置壳体与滑柱、齿轮泵泵体与转子、主减速器箱体及输出与输入轴应进行有效标识。

2.6.2　零件表面镀铬部分表面不允许存在裂纹、起皮及脱落现象。

2.6.3　所有零部件应进行毛刺和清洁度检查，合格后才能转入总装工序。

2.7　其它检查。

2.7.1　螺杆、机筒内表面、换网装置滑柱、齿轮泵转子表面进行镀铬或渗氮处理，镀铬或渗氮层厚度及硬度按采购技术文件有关规定验收。

2.7.2　表面镀硬铬的零件应按照规定的方法进行表面硬度、镀层厚度、结合强度和孔隙率的检测。

2.7.3　表面氮化处理的零件应按照规定的方法进行氮化层硬度、深度及脆性的检测。

2.7.4　零件进行镀铬或渗氮处理时需要配备同炉试样，用于检测镀铬和渗氮结果，对同炉试样检验合格后零件才能转入总装工序。

2.8　相位调整试验。

2.8.1　按照制造商工艺文件规定调整齿轮泵转子与主减速器输出轴相位，对于双输出轴的结构，应确保齿轮泵上下转子齿轮相互不接触，调整后做相位永久性标记并现场确认。

2.8.2　按照制造商工艺文件规定调整螺杆与主减速器输出轴相位，对于双输出轴的结构，螺杆相位应符合施工图样要求，调整后做相位永久标记并现场确认。

2.9　水压试验。

2.9.1　机筒、齿轮泵泵体、换网装置壳体、机头体、开车阀阀体 水室及辅助管路应进行水压试验。

2.9.2　水压试验用介质采用常温清水，试验压力按采购技术文件要求，试验压力应缓慢上升，保压时间不少于30min。

2.10　渗漏试验。

2.10.1　粒子冷却水系统（PCW）水箱进行盛水试验，在规定时间内无渗漏，且水箱变形量应符合设计要求。

2.10.2　粒子冷却水系统（PCW）水箱及管路进行水循环试验，试验过程水箱及管路无渗漏现象。

2.10.3　机筒冷却系统（BCW）罐体及管路应进行盛水及水循环试验，试验过程应无渗漏。

2.10.4　主减速器箱体与轴承箱体应进行渗漏试验，在规定时间内无渗漏。

2.11　总装。

2.11.1　按施工图样及制造商工艺规定验收。

2.11.2　总装前零部件清洁度及外观质量应进行检查。

2.11.3　主减速器输入轴/输出轴径向跳动值应检查。

2.11.4　主减速器输入轴/输出轴轴向窜量应检查。

2.11.5　螺杆转子与机筒间隙应检查。

2.11.6　机筒组装后相邻机筒的内孔应无明显台阶，台阶最大值应进行检查。

2.11.7　齿轮泵齿端面与轴承体间隙应检查。

2.11.8　水下切粒装置水室与刀轴的垂直度及刀轴与模板的垂直度应检查。

2.11.9　螺杆转子与主减速器输出轴同心度应进行检查。

2.11.10　齿轮泵转子与减速机输出轴同心度应进行检查。

2.11.11　螺杆转子与径向轴承径向间隙、转子与推力轴承轴向间隙应进行检查。

2.12　主要外购件外协件。

2.12.1　驱动电机、离心干燥机、除湿风机、振动筛、模板及切刀、冷却水系统、热油系统、液压系统供应商及技术参数应与采购技术文件规定一致。

2.12.2　联轴器、轴承等型号、原产地及供应商应与采购技术文件规定一致。

2.12.3　测温、测振、转速探头、调速器等主要监控仪表型号及原产地应与采购技术文件规定一致。

2.12.4　进料仓的焊缝外观、内表面粗糙度均应进行现场检查，交工文件应进行审查。

2.12.5　主电机应按采购技术文件要求，采取过程控制（如关键点访问或驻厂监造）。

2.12.6　主要外协件（如螺杆锻件、机筒锻件等原材料、某一加工工序外协）应按采购技术文件要求，采取过程控制（如关键点访问监造）。

2.13　整机试验。

2.13.1　按采购技术文件规定执行。

2.13.2　整机试验分为冷态机械运转试验和热态机械运转试验，冷态试验合格后方可进行热态试验。

2.13.3　机械运转试验前应进行以下检查。

2.13.3.1　审查制造商提交的试验大纲。

2.13.3.2　试验装置应满足挤压造粒机组进行机械运转试验的要求。

2.13.3.3　轴承进油温度。

2.13.3.4　螺杆转子与机筒无摩擦干涉现象。

2.13.4　机械运转试验。

2.13.4.1　冷态机械运转试验：

1）主电机连接主减速器，包括主减速器润滑系统，进行不少于2h空负荷运转试验，分别对主电机、主减速器、混炼螺杆装置进行振动测量。

2）机组连续运行不少于2h后，用噪声检测仪对主减速箱及混炼螺杆系统进行空负荷噪声的检测；用温度检测仪对主减速器轴承及混炼螺杆系统轴承进行轴承温度的检测。

2.13.4.2　热态机械运转试验：

1）在加热充分且保温2h以后方可启动液压系统，观察各运动部件运动情况，要求换网装置滑柱、开车阀等装置运行平稳，无卡涉现象。

2）机筒加热系统应升温至现场实际运行温度（挤压机组现场运行时物料温度在200~300℃），机组均匀加热至规定温度后应检查机筒等部件的变形量。同时节流阀、开车阀、换网装置均应在热状态下进行动作试验。

3）主电机、主减速器、混炼装置允许的最大振动值按采购技术文件规定验收。

4）润滑油站回油温度≤65℃，轴承轴瓦温度按采购技术文件规定验收。

5）噪声测量应在挤压造粒机组侧面及地面高度各1m处，噪声值按采购技术文件规定验收。

6）如采购技术文件有规定，应对转子与静止部件的磨损情况进行检查。检查前应确认机筒、混炼螺杆转子、开车阀、齿轮泵等温度恢复到室温。

2.13.5 熔体齿轮泵不允许进行空负荷运转试验，既不能用电机驱动，也不能用手动盘车转动转子进行试验，只有在齿轮泵充满熔融物料状态下，方可进行盘车及电机驱动试验；应对齿轮泵的驱动电机、减速机及其润滑系统进行机械运转试验，并对其振动、轴承温度及噪声进行检查。

2.13.6 盘车装置应进行盘车超越离合器脱开测试，测试次数不少于3次；测试内容包括盘车输出转速、超越离合器脱开时主电机转速及超越离合器脱开距离，上述参数均应符合施工图样或采购技术文件规定。

## 3 辅机

3.1 粒子冷却水系统、热油系统、液压系统验收按采购技术文件规定执行。

3.2 核对粒子冷却水系统、热油系统、液压系统P&ID图。

3.3 油箱、油管道、水箱及冷却水管路、法兰、阀门材料应与采购技术文件规定一致。

3.4 热油泵、循环水泵的型号、原产地及供应商应与采购技术文件规定一致；双联油过滤器的过滤精度、材料，双联油冷却器的材料、原产地及供应商应与采购技术文件规定一致；模板、切刀的材料、外观及尺寸、原产地及供应商应与采购技术文件规定一致。

3.5 油管路焊缝应采用氩弧焊打底，宜采用对接焊形式，焊缝无损检测应按施工图样或采购技术文件规定。

3.6 不锈钢管路应进行酸洗钝化处理。

3.7 油、水箱，油、水管路系统应进行外观及清洁度检查。

3.8 油系统运转试验。

3.8.1 主、辅油泵（如为电机驱动）启动及运转应正常。

3.8.2 双联油过滤器、油冷却器手动切换时，系统油压变化应符合相关标准。

3.8.3 稳定运转试验1h后，用100目滤网进行检查，手感无硬质颗粒为合格。

## 4 成橇（成套）

4.1 大型挤压造粒机组的供货界面按采购技术文件中的P&ID图要求进行核对。

4.2 供货范围内的热油及冷却管路、密封管路及润滑油管路的焊缝应按采购技术文件要求进行无损检测，管路应进行水压试验，试验压力及保压时间可按施工图样要求进行。

4.3 供货范围内的管路布置及支撑外观质量应进行检查。

## 5 涂装与发运

5.1 防锈涂装按采购技术文件规定，其中主机涂装质量应确保12个月，其它备件涂装质量应确保18个月。

5.2 共用接口必须用金属盲板封口，且盲板厚度应为3mm以上。

5.3 机组转向标识、铭牌应固定在机组醒目位置，铭牌内容及铭牌用材料应进行检查。

5.4 装箱及出厂文件检查。

## 6 大型挤压造粒机组驻厂监造主要质量控制点

6.1 文件见证点（R）：由监造人员对设备材料制造过程有关文件、记录或报告进行见证而预先设定的监造质量控制点。

6.2 现场见证点（W）：由监造人员对设备材料制造过程、工序、节点或结果进行现场见证而预先设定的监造质量控制点，且应包括相关文件见证点（R）质量控制内容。

6.3 停止点（H）：由监造人员见证并签认后才可转入下一个过程、工序或节点而预先设定的监造质量控制点，应包括相关现场见证点（W）和文件见证点（R）质量控制内容。

**混炼挤压造粒系统主机**

| 序号 | 零部件及工序名称 | 监造内容 | 文件见证点（R） | 现场见证点（W） | 停止点（H） |
|---|---|---|---|---|---|
| 1 | 机筒（锻） | 1. 化学成分 | R | | |
| | | 2. 力学性能 | R | | |
| | | 3. 无损检测 | R | | |
| | | 4. 热处理 | R | | |
| | | 5. 热处理后表面硬度检查 | R | | |
| | | 6. 水压试验（机筒、加热/冷却夹套） | | | H |
| | | 7. 尺寸及外观检查 | | W | |
| 2 | 螺杆（锻） | 1. 化学成分 | R | | |
| | | 2. 力学性能 | R | | |

（续表）

| 序号 | 零部件及工序名称 | 监造内容 | 文件见证点（R） | 现场见证点（W） | 停止点（H） |
|---|---|---|---|---|---|
| 2 | 螺杆（锻） | 3. 无损检测 | R | | |
| | | 4. 热处理 | R | | |
| | | 5. 热处理后表面硬度检查或镀铬后表面硬度检查 | | W | |
| | | 6. 外观与尺寸检查 | | W | |
| 3 | 挤压机总装试运转 | 1. 零部件外观质量检查 | | W | |
| | | 2. 配合间隙检查 | | W | |
| | | 3. 密封间隙检查 | | W | |
| | | 4. 转子轴向串动检查 | | W | |
| | | 5. 动静部件找正检查 | | W | |
| | | 6. 相位调整检查 | | W | |
| | | 7. 机筒加热管路配制检查 | | W | |
| | | 8. 仪器仪表装配检查 | | W | |
| | | 9. 机械运转试验<br>A. 轴承振动<br>B. 轴承温度<br>C. 噪声 | | | H |
| 4 | （主）减速器箱体 | 1. 化学成分 | R | | |
| | | 2. 力学性能 | R | | |
| | | 3. 箱体煤油渗漏试验 | | W | |
| | | 4. 外观及尺寸检查 | | W | |
| 5 | （主）减速器轴及齿轮 | 1. 化学成分 | R | | |
| | | 2. 力学性能 | R | | |
| | | 3. 无损检测 | R | | |
| | | 4. 热处理及表面硬度检查（齿轮和齿轮轴） | R | | |
| | | 5. 齿面无损检测 | | W | |
| | | 6. 尺寸及外观质量检查 | | W | |
| 6 | （主）减速器总装与试验 | 1. 内表面清洁度检查 | | W | |
| | | 2. 润滑管路配置检查 | | W | |
| | | 3. 轴承、齿轮及轴外观质量检查 | | W | |
| | | 4. 配合间隙检查 | | W | |
| | | 5. 跳动检查 | | W | |
| | | 6. 齿轮啮合质量检测 | | W | |

（续表）

| 序号 | 零部件及工序名称 | 监造内容 | 文件见证点（R） | 现场见证点（W） | 停止点（H） |
|---|---|---|---|---|---|
| 6 | （主）减速器总装与试验 | 7. 机械运转试验<br>A. 轴承振动<br>B. 轴承温度<br>C. 噪声 | | | H |
| 7 | 换网装置壳体 | 1. 化学成分 | R | | |
| | | 2. 力学性能 | R | | |
| | | 3. 无损检测 | R | | |
| | | 4. 流道镀铬后外观质量及硬度检查 | | W | |
| | | 5. 水压试验 | | | H |
| | | 6. 尺寸及外观检查 | | W | |
| 8 | 换网装置滑柱 | 1. 化学成分 | R | | |
| | | 2. 力学性能 | R | | |
| | | 3. 无损检测 | R | | |
| | | 4. 硬化热处理后外观质量及硬度检查 | | W | |
| | | 5. 流道镀铬后外观质量及硬度检查 | | W | |
| | | 6. 尺寸及外观检查 | | W | |
| 9 | 换网装置总装与试验 | 1. 滤网目数与材料确认 | | W | |
| | | 2. 零部件外观及清洁度检查 | | W | |
| | | 3. 安装质量检查 | | W | |
| | | 4. 功能试验<br>A. 液压系统换网试验<br>B. 开车阀动作试验 | | | H |
| 10 | 机头 | 1. 化学成分 | R | | |
| | | 2. 力学性能 | R | | |
| | | 3. 无损检测 | R | | |
| | | 4. 热处理 | R | | |
| | | 5. 焊缝焊接质量检查 | | W | |
| | | 6. 水压试验 | | | H |
| | | 7. 尺寸及外观检查 | | W | |
| | | 8. 运转试验<br>A. 压力试验<br>B. 热稳定性试验<br>C. 均匀性试验 | | | H |

(续表)

| 序号 | 零部件及工序名称 | 监造内容 | 文件见证点（R） | 现场见证点（W） | 停止点（H） |
|---|---|---|---|---|---|
| 11 | 熔体齿轮泵泵体 | 1. 化学成分 | R | | |
| | | 2. 力学性能 | R | | |
| | | 3. 无损检测 | R | | |
| | | 4. 齿轮泵壳体及加热腔体水压试验 | | | H |
| | | 5. 尺寸及外观 | | W | |
| 12 | 熔体齿轮泵转子 | 1. 化学成分 | R | | |
| | | 2. 力学性能 | R | | |
| | | 3. 无损检测 | R | | |
| | | 4. 热处理及表面硬度检查 | R | | |
| | | 5. 外观及尺寸检查 | | W | |
| 13 | 熔体齿轮泵总装 | 1. 零部件外观及清洁度检查 | | W | |
| | | 2. 轴瓦、联轴器等外观及原产地核对 | | W | |
| | | 3. 配合间隙检查 | | W | |
| 14 | 水下切粒装置水室 | 1. 材料确认 | R | | |
| | | 2. 铸造外观质量检查 | | W | |
| | | 3. 水压试验 | | | H |
| | | 4. 尺寸与外观检查 | | W | |
| 15 | 水下切粒装置总装与试验 | 1. 切刀表面堆焊硬质合金质量及硬度检查 | | W | |
| | | 2. 切刀外观及尺寸检查 | | W | |
| | | 3. 模板原产地及材料审查 | R | | |
| | | 4. 模板外观及尺寸检查 | | W | |
| | | 5. 水下切粒装置装配尺寸检查 | | W | |
| | | 6. 模板与刀盘平行度检查 | | | H |
| | | 7. 液压管路及加热管路质量检测 | | W | |
| | | 8. 刀轴自锁及移动试验 | | | H |
| | | 9. 运转试验<br>A. 轴承振动<br>B. 轴承温度<br>C. 切刀轴移动行程 | | | H |
| 16 | 电气、仪表元件 | 1. 型号、产地核对审查 | | W | |
| | | 2. 电气、仪表元件合格证检查 | | W | |

（续表）

| 序号 | 零部件及工序名称 | 监造内容 | 文件见证点（R） | 现场见证点（W） | 停止点（H） |
|---|---|---|---|---|---|
| 17 | 主机、减速机、电机对中 | 1. 机组对中检查 | | W | |
| | | 2. 联轴器护罩试装质量检查 | | W | |
| | | 3. 对中后的机组定位装置安装检查 | | W | |
| | | 4. 盘车检查 | | W | |
| 18 | 出厂检验 | 1. 机组涂装检查 | | W | |
| | | 2. 按合同校对装箱单 | | W | |
| | | 3. 包装检验 | | W | |

主要外购件

| 序号 | 零部件及工序名称 | 监造内容 | 文件见证点（R） | 现场见证点（W） | 停止点（H） |
|---|---|---|---|---|---|
| 1 | 预脱水装置 | 1. 与采购技术文件的要求的供货范围进行核对 | R | | |
| | | 2. 外观与尺寸检查 | | W | |
| 2 | 离心干燥机 | 1. 原产地及型号核对 | R | | |
| | | 2. 外观与尺寸检查 | | W | |
| 3 | 除湿风机 | 1. 原产地及型号核对 | R | | |
| | | 2. 外观与尺寸检查 | | W | |
| 4 | 振动筛 | 1. 原产地及型号核对 | R | | |
| | | 2. 外观与尺寸检查 | | W | |
| 5 | 主电机 | 1. 产地、规格型号检查 | R | | |
| | | 2. 合格质量证明文件的检查 | R | | |
| | | 3. 防爆及防护等级的检查 | R | | |
| | | 4. 外观质量的检查 | | W | |
| | | 5. 运转试验检查 | | W | |

## 冷却水系统、热油系统、液压系统

| 序号 | 零部件及工序名称 | 监造内容 | 文件见证点（R） | 现场见证点（W） | 停止点（H） |
|---|---|---|---|---|---|
| 1 | 水箱、油箱、冷却器、过滤器、加热器等 | 1. 按采购技术文件要求的供货范围进行核对 | R | | |
| | | 2. 部件外观质量及内部清洁度检查 | | W | |
| | | 3. 水箱、油箱及管路的渗漏检查 | | W | |
| | | 4. PCW水箱盛水后变形检查 | | W | |
| | | 5. 冷却器压力试验 | | W | |
| | | 6. 外观质量检查 | | W | |
| 2 | 泵 | 1. 交工文件审查 | R | | |
| | | 2. 外观与尺寸检查 | | W | |
| 3 | 系统运转试验 | 1. 管道、管件材质检查 | | W | |
| | | 2. 焊接外观质量检查 | | W | |
| | | 3. 主要外购件型号及原产地检查 | | W | |
| | | 4. 系统清洁度检查 | | W | |
| | | 5. 管路安装质量检查 | | W | |
| | | 6. 管路系统压力试验 | | W | |
| | | 7. 不锈钢管路酸洗钝化质量检查 | | W | |
| | | 8. 主、辅泵运转试验 | | | H |
| 4 | 主要外购件 | 1. 产地、规格型号检查 | R | | |
| | | 2. 合格质量证明文件的检查 | R | | |
| | | 3. 防爆及防护等级的检查 | R | | |
| | | 4. 外观质量的检查 | | W | |
| 5 | 出厂检验 | 1. 机组涂装检查 | | W | |
| | | 2. 按合同校对装箱单 | | W | |
| | | 3. 包装检验 | | W | |

# 磨煤机监造大纲

## 目 录

前 言 ……………………………………………………………………… 247
1 总则 ……………………………………………………………………… 248
2 主机 ……………………………………………………………………… 250
3 辅机 ……………………………………………………………………… 252
4 涂装与发运 ……………………………………………………………… 253
5 磨煤机驻厂监造主要质量控制点 ……………………………………… 254

# 前 言

《磨煤机监造大纲》是参照GB/T 1.1—2009《标准化工作导则 第1部分：标准的结构和编写》给出的规则起草。

本大纲由中国石油化工集团有限公司物资装备部提出。

本大纲为首次发布。

本大纲起草单位：上海众深科技股份有限公司。

本大纲起草人：刘鑫、贺立新、李科锋、孙亮亮、李波、蔡志伟、朱全功、吴茂成。

# 磨煤机监造大纲

## 1 总则

1.1 内容和适用范围。

1.1.1 本大纲主要规定了采购单位（或使用单位）对煤化工用磨煤机制造过程监造的基本内容及要求，是委托驻厂监造的主要依据。

1.1.2 本大纲适用于煤化工用磨煤机（棒磨机、球磨机）制造过程监造，同类设备可参照使用。

1.1.3 本大纲中具体技术要求如与采购技术文件不一致时，原则上应以采购技术文件为准。

1.2 监造工作的基本要求。

1.2.1 监造人员要求。

1.2.1.1 监造人员应与所在监造单位有正式劳动合同关系。

1.2.1.2 监造人员应严格依据监造委托合同，履行监造职责，完成监造任务。

1.2.1.3 监造人员应持有不低于中国设备监理协会颁发的专业设备监理师资格证书，监造人员有二年（或以上）的监造业务经验，在相应专业岗位工作三年以上。

1.2.1.4 监造人员应熟悉监造物资的制造工艺，掌握制造过程中的质量技术要求和检验试验关键控制点。

1.2.1.5 监造人员在监造活动过程中应遵守有关保密约定和规定。

1.2.1.6 监造人员应遵守制造商HSSE或安全生产管理制度的相关规定，严格执行劳保着装和安全防护要求。

1.2.2 监造工作程序。

1.2.2.1 监造人员在开始监造的10个工作日内，对制造商的人员资质、生产工艺、装备能力和质保体系运行情况进行检查和评估，并向委托方提供质量风险评估报告，明确风险等级（高、中、低、无）。

1.2.2.2 监造单位在收到采购技术文件后，10个工作日内编制完成《监造大纲》。

1.2.2.3 监造单位在获得设计相关图样、制造工艺、质量控制计划、生产进度计划后，15日内编制完成《监造实施细则》。

1.2.2.4 监造人员应配备必要的用于平行检查且检定合格的检测器具。

1.2.2.5 监造人员应按委托方的通知或有关要求参加或组织召开预检验会议，与

制造商对接确定检验试验计划和质量控制点，并经委托方确认。

1.2.2.6　监造人员应组织制造厂质量、技术、生产及经营（项目管理）等相关部门召开监理周例会，通报监造工作情况，协调解决质量进度问题，结合生产进度计划安排后续监造工作，并形成会议纪要。

1.2.2.7　监造人员在监造实施过程中，如发现质量隐患、质量问题以及可能影响交货期的重大因素时，应及时报委托方，并以书面形式通知制造商，要求制造商采取有效措施予以整改，若制造商延误或拒绝整改时，可责令其停工。

1.2.2.8　对于原材料、外购件以及外协加工、外协检测和外协检验试验等过程，监造人员应重点审查质量证明文件、外协单位资质、人员资质、工艺文件和检验试验报告等。并依据监造实施细则和检验试验计划中设置的监造访问点，实施质量控制。

1.2.2.9　实施监造的物资经现场监造人员确认符合标准规范和订单约定后按发货批次开具监造放行单，并报委托方。

1.2.2.10　全部监造工作完成后，应于30日内完成监造总结报告交付委托方。

1.3　监造单位应提交的文件资料。

1.3.1　目录（含页码）（必须）。

1.3.2　产品质量监造报告书（必须）。

1.3.3　监造工作总结（必须）。

1.3.4　监造大纲（必须）。

1.3.5　监造实施细则（必须）。

1.3.6　监造周报（必须）。

1.3.7　设计变更通知及往来函件（如有）。

1.3.8　监造工作联系单（如有）。

1.3.9　监造工程师通知单（如有）。

1.3.10　会议纪要（如有）。

1.3.11　监造放行单（必须）。

1.4　主要编制依据。

1.4.1　GB/T 26429　设备工程监理规范。

1.4.2　GB/T 25708—2010　球磨机和棒磨机。

1.4.3　GB/T 10095.1　圆柱齿轮 精度制 第1部分　轮齿同侧齿面偏差的定义和允许值。

1.4.4　GB/T 10095.2　圆柱齿轮 精度制 第2部分　径向综合偏差与跳动的定义和允许值。

1.4.5　JB/T 5000.1～JB/T 5000.15　重型机械通用技术条件。

1.4.6　JB/T 8853　圆柱齿轮减速器。

1.4.7　NB/T 47013.1～NB/T 47013.5，NB/T 47013.7　承压设备无损检测。

1.4.8　API 614—2008　石油、化工及气体工业用润滑、轴密封和控制油系统及其

辅助设备。

1.4.9　API 613 石油、化工以及气体工业用专用齿轮箱。

1.4.10　API 671 石油、化工及气体工业用特殊用途联轴器。

1.4.11　API 670 机械保护系统。

1.4.12　采购技术文件。

## 2　主机

2.1　技术要求。

2.1.1　依据采购技术文件，核对制造商机组配置以及施工图样的符合性。

2.1.2　应审查下列文件：

2.1.2.1　施工图样及制造工艺文件中的检验和试验项目的满足性。

2.1.2.2　辅机、外配套件、电气、仪表等外购件清单及分供应商的符合性。

2.2　原材料。

2.2.1　依据采购技术文件核对分供应商的符合性，审查原始质保书，并核对材料牌号、规格、热处理状态、化学成分、力学性能、金相、无损检测等内容。

2.2.2　检查材料或毛坯外观质量、标识，并做好记录。

2.2.3　根据采购技术文件及施工图样，核查制造商对筒体、进/出料端盖及中空轴、衬板、大/小齿轮、钢棒（钢球）和轴承座等主要零件的化学成分、力学性能、金相、无损检测的复验报告。

2.2.4　需在制造商内进行性能热处理的材料，必须以最终性能热处理数据为验收结果。

2.3　无损检测。

2.3.1　无损检测按采购技术文件及相关材料标准的无损检测有关规定验收。

2.3.2　筒体焊缝应进行射线检测或超声检测。

2.3.3　进、出料端盖及中空轴粗加工后应进行超声检测，圆弧区应进行磁粉检测。

2.3.4　大、小齿轮毛坯粗加工后应进行超声检测。

2.3.5　大、小齿轮精加工后应进行磁粉检测。

2.3.6　主轴承瓦体和滑履轴承瓦体应进行轴承合金贴合度超声检测。

2.4　消除应力处理。

2.4.1　按制造商工艺规定验收。

2.4.2　筒体焊接后应进行消除应力处理。

2.4.3　进/出料端盖及中空轴粗加工后应进行消除应力处理。

2.4.4　滚筒筛筒体焊后应进行消除应力处理。

2.4.5　金属材质衬板应进行消除应力处理。

2.4.6　大/小齿轮粗加工后应进行消除应力处理。

2.5 几何尺寸。

2.5.1 按制造商施工图样及工艺要求验收。

2.5.2 进/出料中空轴轴颈处表面粗糙度 $Ra$ 最大允许值 $1.6\mu m$，圆弧区表面粗糙度 $Ra$ 最大允许值 $3.2\mu m$。

2.5.3 筒体与进/出料端盖及中空轴配合尺寸及同心度应进行检查。

2.5.4 筒体法兰端面跳动与进/出料端盖及中空轴径向跳动和端面跳动检查。

2.5.5 主轴承与轴承底板接触面积应进行检查。

2.6 外观。

2.6.1 筒体、进/出料端盖及中空轴、大/小齿轮、轴承座等材料应进行有效标识。

2.6.2 所有零部件应进行毛刺和清洁度检查，合格后才能转入总装工序。

2.6.3 隔音橡胶垫、密封垫等外观及标识应进行检查。

2.7 其它检查。

2.7.1 轴承座应进行煤油渗漏检查。

2.7.2 工艺管路、冷却水管路、密封及冲洗管路焊接后进行水压试验。

2.8 装配检查。

2.8.1 按施工图样及制造商工艺规定验收。

2.8.2 进/出料端盖及中空轴的径向跳动和端面跳动应进行检查。

2.8.3 筒体与进/出料端盖及中空轴、轴承座同心度应进行检查。

2.8.4 进/出料端盖及中空轴与主轴承间隙应进行检查。

2.8.5 传动轴与电机轴（或减速机轴）的同轴度应进行检查。

2.8.6 装配后大齿轮的径向跳动和端面跳动应进行检查。

2.8.7 大、小齿轮齿侧间隙应进行检查。

2.8.8 大、小齿轮齿面接触斑点应进行检查。

2.8.9 橡胶衬垫与衬板和筒体、端盖之间的贴合程度应进行检查。

2.8.10 衬板试装检查，衬板与衬板之间的间隙应 $<10mm$。

2.9 主要外购件外协件。

2.9.1 电机、联轴器、轴承、减速器、气动离合器装置等型号、原产地及供应商应与采购技术文件规定一致。

2.9.2 测温、测压等主要监控仪表型号及原产地应与采购技术文件规定一致。

2.9.3 主要外协件（如进/出料端盖、中空轴等原材料、某一加工工序外协）应按采购技术文件要求，采取过程控制（如关键点访问监造）。

2.10 机械运转试验。

2.10.1 按采购技术文件规定执行。

2.10.2 机械运转试验前应进行以下检查。

2.10.2.1 审查制造商提交的试验大纲。

2.10.2.2 试验装置应满足磨煤机（棒磨机、球磨机）机械运转试验的要求。

2.10.2.3 油系统过滤精度应≤10μm。

2.10.2.4 轴承进油温度。

2.10.2.5 确认合同轴承参与试验。

2.10.3 机械运转试验。

2.10.3.1 慢速驱动装置盘车试验检查。

2.10.3.2 在额定转速稳定运行至少4h。

2.10.3.3 主减速机、主电机振动按采购技术文件要求执行。

2.10.3.4 磨煤机主轴承回油温升≤15℃，最高回油温度≤55℃。

2.10.3.5 噪声应≤90dB（A）。

2.10.3.6 主电机电流无明显变化。

## 3 辅机

3.1 主轴承高低压油系统。

3.1.1 油系统验收依据采购技术文件规定执行。

3.1.2 核对油系统P&ID图。

3.1.3 油箱、油管道、法兰及阀门材料应与采购技术文件规定一致。

3.1.4 主、辅油泵型号、原产地及供应商应与采购技术文件规定一致；双联过滤器的过滤精度、材料、原产地及供应商应与采购技术文件规定一致；双联油冷却器的材料、原产地及供应商应与采购技术文件规定一致。

3.1.5 油管路焊缝应采用对接焊形式，氩弧焊打底的焊接方式，焊缝无损检测应按施工图样或采购技术文件规定。

3.1.6 油管道焊接后应进行水压试验。

3.1.7 不锈钢油管路应进行酸洗钝化处理。

3.1.8 油箱、油管路系统应进行外观及清洁度检查。

3.1.9 底座范围内的管线布置及支撑外观质量应进行检查。

3.1.10 回油管应沿回油方向水平倾斜，倾斜度建议1∶20～1∶6。

3.1.11 油系统运转试验：

3.1.11.1 高压主、备油泵（如为电机驱动）启动及运转应正常。

3.1.11.2 低压主、备油泵（如为电机驱动）启动及运转应正常。

3.1.11.3 双联油过滤器、油冷却器手动切换时，系统油压变化应符合相关标准。

3.1.11.4 稳定运转试验1h后，用100目滤网进行检查，手感无硬质颗粒为合格。

3.1.11.5 油站其它功能性试验。

3.2 大、小齿轮喷射润滑装置。

3.2.1 核对油系统P&ID图。

3.2.2 管道、法兰及阀门材料、规格应与采购技术文件规定一致。

3.2.3 气动泵、喷枪组件、压缩机型号、原产地及供应商应与采购技术文件规定一致。

3.2.4 底座范围内的管线布置及支撑外观质量应进行检查。

3.2.5 大、小齿轮喷射润滑装置功能性试验。

3.3 慢速驱动装置。

3.3.1 核对慢速驱动装置P&ID图。

3.3.2 慢速驱动装置安装尺寸应进行检查。

3.3.3 电机型号、原产地及供应商应与采购技术文件规定一致。

3.3.4 慢速驱动装置功能性试验。

3.4 筒体顶起装置。

3.4.1 核对筒体顶起装置P&ID图。

3.4.2 筒体顶起装置安装尺寸应进行检查。

3.4.3 筒体顶起装置功能性试验。

3.5 主电机。

3.5.1 审查质保书中主要零部件用原材料应与采购技术文件规定一致。

3.5.2 核对主电机P&ID图。

3.5.3 电机型号、防护等级、防爆等级、原产地及供应商应与采购技术文件规定一致。

3.5.4 电机安装尺寸应进行检查。

3.5.5 电机出厂试验检查。

3.6 加棒机。

3.6.1 核对加棒机P&ID图。

3.6.2 加棒机安装尺寸应进行检查。

3.6.3 电机型号、原产地及供应商应与采购技术文件规定一致。

3.6.4 加棒机功能性试验。

3.7 控制系统。

3.7.1 核对电控柜及操作柱材质、P&ID图。

3.7.2 仪表、电气元件型号、原产地及供应商应与采购技术文件规定一致。

3.7.3 电控柜安装尺寸应进行检查。

3.7.4 DCS控制系统的组态及调试试验。

## 4 涂装与发运

4.1 防锈涂装按采购技术文件规定，其中主机涂装质量应确保12个月，其它备件涂装质量应确保18个月。

4.2 共用接口必须用金属盲板封口,且盲板厚度应为3mm以上。

4.3 机组转向标识、铭牌应固定在机组醒目位置,铭牌内容及铭牌用材料应进行检查。

4.4 机组包装箱起吊位置及重心位置应醒目标识。

4.5 装箱及出厂文件检查。

## 5 磨煤机驻厂监造主要质量控制点

5.1 文件见证点(R):由监造人员对设备材料制造过程有关文件、记录或报告进行见证而预先设定的监造质量控制点。

5.2 现场见证点(W):由监造人员对设备材料制造过程、工序、节点或结果进行现场见证而预先设定的监造质量控制点,且应包括相关文件见证点(R)质量控制内容。

5.3 停止点(H):由监造人员见证并签认后才可转入下一个过程、工序或节点而预先设定的监造质量控制点,应包括相关现场见证点(W)和文件见证点(R)质量控制内容。

| 序号 | 另部件及工序名称 | 监造内容 | 文件见证点(R) | 现场见证点(W) | 停止点(H) |
|---|---|---|---|---|---|
| 1 | 进/出料端盖及中空轴 | 1. 化学成分 | R | | |
| | | 2. 力学性能 | R | | |
| | | 3. 无损检测 | | W | |
| | | 4. 热处理 | R | | |
| | | 5. 表面粗糙度质量检查 | | W | |
| | | 6. 尺寸及外观检查 | | W | |
| 2 | 筒体、筒体法兰 | 1. 化学成分 | R | | |
| | | 2. 力学性能 | R | | |
| | | 3. 金相检验 | R | | |
| | | 4. 材料无损检测 | R | | |
| | | 5. 热处理 | R | | |
| | | 6. 焊接质量检查 | | W | |
| | | 7. 焊缝无损检测 | | W | |
| | | 8. 筒体整体热处理检查 | R | | |
| | | 9. 筒体安装顶起装置尺寸检查 | | W | |
| | | 10. 尺寸、外观检查 | | W | |

(续表)

| 序号 | 另部件及工序名称 | 监造内容 | 文件见证点（R） | 现场见证点（W） | 停止点（H） |
|---|---|---|---|---|---|
| 3 | 大、小齿轮 | 1. 化学成分 | R | | |
| | | 2. 力学性能 | R | | |
| | | 3. 金相检验 | R | | |
| | | 4. 无损检测 | R | | |
| | | 5. 热处理 | R | | |
| | | 6. 齿型及齿面硬度检查 | | W | |
| | | 7. 尺寸、外观及清洁度检查 | | W | |
| 4 | 进、出料装置（含滚筒筛） | 1. 化学成分 | R | | |
| | | 2. 力学性能 | R | | |
| | | 3. 无损检测 | R | | |
| | | 4. 热处理 | R | | |
| | | 5. 焊接质量检查 | | W | |
| | | 6. 外观及清洁度检查 | | W | |
| 5 | 筒体衬板（金属材料） | 1. 化学成分 | R | | |
| | | 2. 力学性能 | R | | |
| | | 3. 无损检测 | R | | |
| | | 4. 热处理 | R | | |
| | | 5. 硬度检查 | R | | |
| | | 6. 尺寸、外观及清洁度检查 | | W | |
| 6 | 进、出料装置衬板（金属材料） | 1. 化学成分 | R | | |
| | | 2. 力学性能 | R | | |
| | | 3. 无损检测 | R | | |
| | | 4. 热处理 | R | | |
| | | 5. 硬度检查 | R | | |
| | | 6. 尺寸、外观及清洁度检查 | | W | |
| 7 | 轴承座 | 1. 化学成分 | R | | |
| | | 2. 力学性能 | R | | |
| | | 3. 热处理 | R | | |
| | | 4. 焊接质量检查 | | W | |
| | | 5. 煤油渗漏试验 | | W | |
| | | 6. 尺寸及形位公差检查 | | W | |
| | | 7. 内部清洁度检查 | | W | |

（续表）

| 序号 | 零部件及工序名称 | 监造内容 | 文件见证点（R） | 现场见证点（W） | 停止点（H） |
|---|---|---|---|---|---|
| 8 | 主轴承 | 1. 化学成分 | R | | |
| | | 2. 力学性能 | R | | |
| | | 3. 瓦块合金贴合质量UT检测 | | W | |
| | | 4. 结构型式核对 | | W | |
| | | 5. 尺寸及外观质量检查 | | W | |
| 9 | 钢棒（钢球） | 1. 化学成分 | R | | |
| | | 2. 力学性能 | R | | |
| | | 3. 金相检验 | R | | |
| | | 4. 热处理 | R | | |
| | | 5. 尺寸及外观质量检查 | | W | |
| 10 | 工艺管路、冷却水管路、密封及冲洗管路 | 1. 材质确认 | | W | |
| | | 2. 焊缝质量检查 | | W | |
| | | 3. 无损检测 | R | | |
| | | 4. 水压试验 | | W | |
| | | 5. 外观及清洁度检查 | | W | |
| 11 | 主要外购件外协件 | 1. 联轴器、轴承、减速器、气动离合器装置等型号及原产地核对、合格证审查 | | W | |
| | | 2. 监控仪表的合格证检查 | | W | |
| | | 3. 外观质量检查 | | W | |
| 12 | 主机总装 | 1. 进/出料端盖及中空轴的径向跳动和端面跳动检查 | | | H |
| | | 2. 筒体与进/出料端盖及中空轴、轴承座同心度检查 | | | H |
| | | 3. 进/出料端盖及中空轴与主轴承间隙检查 | | | H |
| | | 4. 传动轴与电机轴（或减速机轴）的同轴度检查 | | | H |
| | | 5. 大齿轮的径向跳动和端面跳动检查 | | | H |
| | | 6. 大、小齿轮齿侧间隙检查 | | | H |
| | | 7. 大、小齿轮齿面接触斑点检查 | | | H |
| | | 8. 橡胶衬垫与衬板和筒体、端盖之间的贴合程度检查 | | | H |
| | | 9. 衬板试装检查 | | | H |
| 13 | 机械运转试验 | 1. 审查试车大纲 | | | H |
| | | 2. 润滑油清洁度、油压、油温检查 | | | H |

(续表)

| 序号 | 另部件及工序名称 | 监造内容 | | 文件见证点（R） | 现场见证点（W） | 停止点（H） |
|---|---|---|---|---|---|---|
| 13 | 机械运转试验 | 3.慢速驱动装置盘车试验检查 | | | | H |
| | | 4.稳定运行 | a.主轴承温度 | | | H |
| | | | b.振动 | | | H |
| | | | c.主轴承回油温升 | | | H |
| | | | d.主轴承回油温度 | | | H |
| | | | e.噪声 | | | H |
| | | | f.主电机电流 | | | H |
| | | | g.连续稳定运行4h | | | H |
| 14 | 主轴承高低压油系统 | 1.油系统P&ID图核对 | | | W | |
| | | 2.原材料核对 | | | W | |
| | | 3.清洁度及外观检查 | | | W | |
| | | 4.油过滤器、油冷却器水压试验 | | | W | |
| | | 5.油箱渗漏检查 | | | W | |
| | | 6.油路系统水压试验 | | | W | |
| | | 7.油系统运转试验 | | | | H |
| | | 8.油管酸洗钝化处理 | | | W | |
| 15 | 大、小齿轮喷射润滑装置 | 1.润滑系统P&ID图核对 | | | W | |
| | | 2.原材料核对 | | | W | |
| | | 3.外购件型号、规格、品牌核对 | | | W | |
| | | 4.清洁度及外观检查 | | | W | |
| | | 5.喷射润滑装置功能性试验 | | | W | |
| 16 | 慢速驱动装置 | 1.核对慢速驱动装置P&ID图 | | | W | |
| | | 2.安装尺寸检查 | | | W | |
| | | 3.外购件型号、规格、品牌核对 | | | W | |
| | | 4.慢速驱动装置功能性试验 | | | W | |
| 17 | 筒体顶起装置 | 1.核对筒体顶起装置P&ID图 | | | W | |
| | | 2.安装尺寸检查 | | | W | |
| | | 3.顶起装置功能性试验 | | | W | |
| 18 | 主电机 | 1.原材料核对 | | R | | |
| | | 2.核对主电机P&ID图 | | | W | |
| | | 3.安装尺寸检查 | | | W | |

（续表）

| 序号 | 另部件及工序名称 | 监造内容 | 文件见证点（R） | 现场见证点（W） | 停止点（H） |
|---|---|---|---|---|---|
| 18 | 主电机 | 4. 外购件型号、规格、品牌核对 | | W | |
| | | 5. 电机出厂试验 | | W | |
| 19 | 加棒机 | 1. 核对加棒机P&ID图 | | W | |
| | | 2. 安装尺寸检查 | | W | |
| | | 3. 外购件型号、规格、品牌核对 | | W | |
| | | 4. 加棒机功能性试验 | | W | |
| 20 | 控制系统 | 1. 核对电控柜及操作柱材质 | | W | |
| | | 2. 核对电控柜P&ID图 | | W | |
| | | 3. 仪表、电气元件型号、品牌核对 | | W | |
| | | 4. 电控柜安装尺寸检查 | | W | |
| | | 5. DCS控制系统的组态及调试试验 | | W | |
| 21 | 出厂检验 | 1. 涂装检查 | | W | |
| | | 2. 按合同校对装箱单 | | W | |
| | | 3. 包装检验 | | W | |
| | | 4. 各项技术文件校对 | | W | |
| | | 5. 主要外购件外协件合格证 | R | | |

# 蒸汽管干燥机
# 监造大纲

# 目 录

前 言 ················································································· 261
1 总则 ················································································· 262
2 原材料 ·············································································· 264
3 焊接 ················································································· 264
4 无损检测 ··········································································· 265
5 几何尺寸与外观 ·································································· 265
6 热处理 ·············································································· 266
7 耐压试验 ··········································································· 266
8 空负荷机械运转试验 ···························································· 267
9 涂装与发运 ········································································ 268
10 主要外购外协件检验要求 ····················································· 268
11 其它 ················································································ 268
12 蒸汽管干燥机驻厂监造主要质量控制点 ·································· 268

# 前 言

《蒸汽管干燥机监造大纲》是参照GB/T 1.1—2009《标准化工作导则 第1部分：标准的结构和编写》给出的规则起草。

本大纲由中国石油化工集团有限公司物资装备部提出。

本大纲2010年7月第一次发布，本次为修订升版。

本大纲起草单位：上海众深科技股份有限公司。

本大纲起草人：华伟、邵树伟、方寿奇、贺立新、孙亮亮。

# 蒸汽管干燥机监造大纲

## 1 总则

1.1 内容和适用范围。

1.1.1 本大纲主要规定了采购单位（或使用单位）对石油化工工业使用的蒸汽管干燥机制造过程监造的基本内容及要求，是委托驻厂监造的主要依据。

1.1.2 本大纲适用于石油化工工业使用的蒸汽管干燥机制造过程监造，同类设备可参照使用。

1.1.3 本大纲中具体技术要求如与采购技术文件不一致时，原则上应以采购技术文件为准。

1.2 监造工作的基本要求。

1.2.1 监造人员要求。

1.2.1.1 监造人员应与所在监造单位有正式劳动合同关系。

1.2.1.2 监造人员应严格依据监造委托合同，履行监造职责，完成监造任务。

1.2.1.3 监造人员应持有不低于中国设备监理协会颁发的专业设备监理师资格证书，监造人员有二年（或以上）的监造业务经验，在相应专业岗位工作三年以上。

1.2.1.4 监造人员应熟悉监造物资的制造工艺，掌握制造过程中的质量技术要求和检验试验关键控制点。

1.2.1.5 监造人员在监造活动过程中应遵守有关保密约定和规定。

1.2.1.6 监造人员应遵守制造厂HSSE或安全生产管理制度的相关规定，严格执行劳保着装和安全防护要求。

1.2.2 监造工作程序。

1.2.2.1 监造人员在开始监造的10个工作日内，对制造厂的人员资质、生产工艺、装备能力和质保体系运行情况进行检查和评估，并向委托方提供质量风险评估报告，明确风险等级（高、中、低、无）。

1.2.2.2 监造单位在收到采购技术文件后，10个工作日内编制完成《监造大纲》。

1.2.2.3 监造单位在获得设计相关图纸、制造工艺、质量控制计划、生产进度计划后，15日内编制完成《监造实施细则》。

1.2.2.4 监造人员应配备必要的用于平行检查且检定合格的检测器具。

1.2.2.5 监造人员应按委托方的通知或有关要求参加或组织召开预检验会议，与

制造厂对接确定检验试验计划和质量控制点,并经委托方确认。

1.2.2.6　监造人员应组织制造厂质量、技术、生产及经营（项目管理）等相关部门召开监理周例会,通报监造工作情况,协调解决质量进度问题,结合生产进度计划安排后续监造工作,并形成会议纪要。

1.2.2.7　监造人员在监造实施过程中,如发现质量隐患、质量问题以及可能影响交货期的重大因素时,应及时报委托方,并以书面形式通知制造厂,要求制造厂采取有效措施予以整改,若制造厂延误或拒绝整改时,可责令其停工。

1.2.2.8　对于原材料、外购件以及外协加工、外协检测和外协检验试验等过程,监造人员应重点审查质量证明文件、外协单位资质、人员资质、工艺文件和检验试验报告等。并依据监造实施细则和检验试验计划中设置的监造访问点,实施质量控制。

1.2.2.9　实施监造的物资经现场监造人员确认符合标准规范和订单约定后,按发货批次开具监造放行单,并报委托方。

1.2.2.10　全部监造工作完成后,应于30日内完成监造总结报告交付委托方。

1.3　监造单位应提交的文件资料。

1.3.1　目录（含页码）（必须）。

1.3.2　产品质量监造报告书（必须）。

1.3.3　监造工作总结（必须）。

1.3.4　监造大纲（必须）。

1.3.5　监造实施细则（必须）。

1.3.6　监造周报（必须）。

1.3.7　设计变更通知及往来函件（如有）。

1.3.8　监造工作联系单（如有）。

1.3.9　监理工程师通知单（如有）。

1.3.10　会议纪要（如有）。

1.3.11　监造放行单（必须）。

1.4　主要编制依据。

1.4.1　GB/T 150.1~4　压力容器。

1.4.2　GB/T 151　热交换器。

1.4.3　GB/T 26429　设备工程监理规范。

1.4.4　HG/T 20584　钢制化工容器制造技术要求。

1.4.5　JB/T 4385.1　锤上自由锻件 通用技术条件。

1.4.6　JB/T 5000.4　重型机械通用技术条件—铸件。

1.4.7　JB/T 10175　热处理质量控制要求。

1.4.8　NB/T 47003.1　钢制焊接常压容器。

1.4.9　NB/T 47013.1~5　承压设备无损检测。

1.4.10　NB/T 47014 承压设备焊接工艺评定。

1.4.11　NB/T 47016 承压设备产品焊接试件力学性能试验。

1.4.12　ASME 规范。

1.4.13　PTA 干燥机设计文件、采购技术文件。

## 2　原材料

2.1　本设备与介质接触部位所用的板材均为不锈钢，主要钢种为 304L、316L、317L、2205、904L；加热管材料为 TP316L、TP317L、TP304L、2205；滚圈、大齿圈、小齿轮等材料为高强度合金结构钢。

2.2　审核主体材料（含焊材）质量证明书，核对材料标记，材料牌号及规格、热处理状态、锻件级别、数量、供货商等应与采购技术文件规定一致。

2.3　汽室、机体筒体、进料螺旋所用板材的化学成分、力学性能、铁素体含量、晶间腐蚀、无损检测、热处理状态应与采购技术文件规定一致。材料复验按采购技术文件规定。

2.4　加热系统所用管材的化学成分、力学性能、铁素体含量、水压试验、无损检测、晶间腐蚀、定尺长度、热处理状态应与采购技术文件规定一致。材料复验按采购技术文件规定，监理工程师应现场见证。

2.5　滚圈、大齿圈、小齿轮、托轮、挡轮等传动、承力件的化学成分、机械性能、硬度、硬度曲线、无损检测、几何尺寸、热处理状态应与采购技术文件规定一致。上述外购件的超声、硬度复验及测点部位按采购技术文件规定。

2.6　主电机及辅助电机、变频调速器、润滑系统及润滑方式、液力耦合器、仪表、接近开关、电机转速探头、进、出料端密封装置的定位大轴承、托轮轴承、挡轮轴承等型号、规格、防爆等级、供货商应与采购技术文件规定一致。

2.7　旋转接头所用材料及密封性能试验应符合采购技术文件规定。

## 3　焊接

3.1　应在产品施焊前，根据图样、采购技术文件及 NB/T 47014《承压设备焊接工艺评定》的规定，审查焊接工艺评定报告和产品焊接工艺规程。

3.2　焊接工艺评定应覆盖机体、密封系统、加热系统、进料系统等部件的焊接及返修补焊。

3.3　根据评定合格的焊接工艺核查焊接工艺规程。

3.4　应检查焊接作业人员资格。焊工作业必须持有相应类别的有效焊接资格证书。

3.5　焊接作业应严格遵守焊接工艺纪律。

3.6　加热管拼接、加热管与汽室管板焊接、排凝管与环管对接焊缝应采用氩弧焊接。

3.7 应检查汽室、导料筒等组合件焊接时的热输入量及焊接顺序，以减少变形量。

3.8 应检查汽室箱体组焊时防变形的有效措施，以确保工件焊后的几何尺寸。

3.9 查看加热管与管板连接焊缝焊前的坡口清理及外端板工艺孔堵头组焊前对汽室内腔的清理，不得残留铁屑、焊渣、棉纱等杂物。

3.10 见证A、B类焊缝、加热管对接焊缝的PMI检验，按采购技术文件规定验收。

3.11 应检查角焊缝焊脚高度不得小于两焊接件中较薄者，且必须连续焊，并符合图样规定及圆滑过渡。

3.12 应检查焊缝外观不允许存在咬边、裂纹、未焊透、气孔、弧坑等缺陷。

## 4 无损检测

4.1 应审查无损检测人员资格及无损检测设备的有效性。

4.2 审查制造单位的无损检测报告，检验标准、探伤比例、验收级别按NB/T 47013、采购技术文件规定验收。对射线检测，逐张对底片进行确认。重要部位的表面无损检测和超声检测，应到现场检查。

4.3 审查以下材料无损检测报告。

4.3.1 管板板材的超声检测。

4.3.2 齿圈、滚圈、托轮的超声检测。

4.3.3 汽室拉杆采用锻件，粗加工后的超声检测；采用圆钢，材料的超声或渗透检测。

4.4 承压焊缝的无损检测。

4.4.1 汽室端板拼接焊缝、内外圈纵焊缝的射线检测。

4.4.2 加热管拼接焊缝的射线检测。

4.4.3 加热管与堵头对接焊缝的射线检测。

4.4.4 加热管与插入式焊缝接头的渗透检测。

4.4.5 导料筒、中心管的对接焊缝的射线检测。

4.4.6 不凝气排放系统对接焊缝的射线检测。

4.4.7 加热系统所有角接接头的渗透检测。

4.4.8 对接焊缝的超声检查，按采购技术文件规定验收。

4.4.9 机体对接焊缝的射线检测，探伤比例、验收级别按采购技术文件规定验收。

4.4.10 机体、加热系统、进料部件、出料部件、旋转接头等所有焊缝的渗透检测。

## 5 几何尺寸与外观

5.1 采用适当方式检查试验过程及外观质量，对主要尺寸、几何形状复测，按施工图样和设计文件验收。并审核以下检验试验记录。

5.2 筒体纵缝焊接校园及装卡支撑胎具后，筒体的外周长、椭圆度。

5.3　滚圈垫板、齿圈法兰与厚壁筒体组焊后的几何尺寸。

5.4　进、出料端厚壁筒体、齿圈段筒体整体机加工后的几何尺寸。

5.5　进、出料端厚壁筒体与中间筒体组装时，两滚圈垫板的中心距和机体全长直线度。

5.6　进、出料端厚壁筒体与中间筒体组装时的同轴度（激光经纬仪四点透光检查），透光板中心孔直径按采购技术文件规定。

5.7　滚圈装配后两滚圈中心距、滚圈与滚圈垫板径向与轴向间隙。

5.8　进料端筒体（含端板）与进料端厚壁筒体组焊后的端板密封面径向跳动。

5.9　管支撑板加工后的孔径、外观。

5.10　汽室箱体加工后的几何尺寸、平面度。

5.11　导料筒部件整体加工后的几何尺寸。

5.12　中心管部件整体加工后的几何尺寸。

5.13　导料筒和中心管与汽室箱体组对时的几何尺寸、垂直度。

5.14　汽室组合件整体加工后的几何尺寸、密封面、粗糙度。

5.15　汽室组合件与机体组焊后，导料筒上密封面、定位轴承法兰及导料筒尾部法兰的径向跳动。

5.16　管支撑板、挡料圈与机体组对时的方位、轴向尺寸。

5.17　管板钻孔后的管孔直径、管桥宽度、管孔粗糙度、强度胀接胀管槽的深度。

5.18　穿管时不应强行敲打或拖拽，加热管表面不应出现凹瘪或划伤。穿管后管端及坡口清洁度检查。

5.19　加热管与汽室管板胀接前的胀管工艺试验，其拉脱强度、胀管率按采购技术文件规定。

5.20　排凝系统（含喷嘴）组焊后的外观、几何尺寸、方位。

5.21　干燥机总体尺寸、管口方位。

5.22　螺旋进料及出料端筒体内表面抛光按采购技术文件规定。

## 6　热处理

6.1　应查看热处理工艺文件，核查热处理执行与工艺文件的一致性。

6.2　应审查以下热处理报告（包括自动测温仪表记录的热处理曲线）。

6.2.1　进料出料端厚壁筒体、齿圈段筒体组焊后和整体加工前的消应力处理。

6.2.2　汽室、导料筒组焊后和整体加工前的消应力处理。

6.3　见证、审查换热管对接焊缝验证试件报告，按《技术协议》或图样验收。

## 7　耐压试验

7.1　现场见证试验过程，审核水压试验和气密性试验报告，按施工图样和采购技术文件的规定。

7.2　加热管拼焊后的水压试验。

7.3　加热系统组焊后的水压试验。

7.4　汽室箱体组焊后的水压试验。

7.5　设备水压试验，应检查下列内容。

7.5.1　计量器具的精度、量程、有效期。

7.5.2　容器壁温、氯离子含量、升压和降压速率、试验压力、保压时间、渗漏或泄漏、变形或响声。

7.5.3　机体进、出料端密封装置空负荷试车时的气密试验，应检查以下内容。

7.5.4　计量器具的精度、量程、有效期。

7.5.5　试验介质、升压和降压速率、试验压力、保压时间、渗漏检查。

## 8　空负荷机械运转试验

8.1　运转试验前应检查。

8.2　参与试运转的部件全部安装完毕，间隙符合图样要求。

8.3　基础应满足支承自由端托轮座、固定端托轮座和传动系统底座试运行的要求。

8.4　电气设备安装后的调试与动作验证试验。

8.5　空负荷试车前的手动盘车。

8.5.1　滚圈与托轮的接触长度、滚圈与挡轮的接触长度。

8.5.2　大齿圈与小齿轮的接触斑点。

8.5.3　试车用润滑油。

8.6　试车。

8.6.1　现场见证试验过程，审核试验报告。

8.6.2　试运转时间不得少于8h。

8.6.3　运转状态检查：要求转动部件应灵活、无碰卡和显著振动，减速机、电机应运转正常，无漏油、渗油现象，噪声值和轴承温升合格。

8.6.4　试车时托轮座的位置偏差。

8.6.5　试运转时基础和托轮座有无松动。

8.6.6　大齿圈、滚圈、托轮跳动量（径向、轴向）。

8.6.7　机体进料端和出料端与密封装置连接处的径向跳动量。

8.6.8　导料筒尾部与旋转接头联接处的法兰径向跳动量。

8.7　检查试车过程中固定端和自由端托轮座的主要安装尺寸并记录，合格后核查托轮座刻出的安装基准线，以便现场安装。

## 9 涂装与发运

9.1 检查干燥机的表面酸洗、钝化处理。

9.2 检查所有接管用防水材料遮盖密封。

9.3 核查装箱件数量、型号与清单一致。

## 10 主要外购外协件检验要求

10.1 主要外购外协件供应商应符合图样与采购技术文件要求一致：原产地、型号、防爆防护等级应逐一核对。

10.2 外购外协件进厂后，应进行尺寸、外观、标识检查及文件资料核查。

10.3 主要外协件应按采购技术文件要求，采取过程控制（如关键点访问监造）。

## 11 其它

其它特殊要求按采购技术文件执行。

## 12 蒸汽管干燥机驻厂监造主要质量控制点

12.1 文件见证点（R）：由监造人员对设备材料制造过程有关文件、记录或报告进行见证而预先设定的监造质量控制点。

12.2 现场见证点（W）：由监造人员对设备材料制造过程、工序、节点或结果进行现场见证而预先设定的监造质量控制点，且应包括相关文件见证点（R）质量控制内容。

12.3 停止点（H）：由监造人员见证并签认后才可转入下一个过程、工序或节点而预先设定的监造质量控制点，应包括相关现场见证点（W）和文件见证点（R）质量控制内容。

| 序号 | 零部件及工序名称 | 监造内容 | 文件见证点（R） | 现场见证（W） | 停止点（H） |
|---|---|---|---|---|---|
| 1 | 机体筒体 | 1. 材料质量证明书审查 | R | | |
| | | 2. 化学成分 | R | | |
| | | 3. 力学性能 | R | | |
| | | 4. 铁素体含量（双相钢） | R | | |
| | | 5. 晶间腐蚀试验 | R | | |
| | | 6. 滚圆、纵缝焊接 | | W | |
| | | 7. 校圆、几何形状（外圆周长、椭圆度）检查 | | W | |
| | | 8. 纵缝外观、无损检测（RT、PT） | | W | |

（续表）

| 序号 | 零部件及工序名称 | 监造内容 | 文件见证点（R） | 现场见证（W） | 停止点（H） |
|---|---|---|---|---|---|
| 1 | 机体筒体 | 9.组焊滚圈、齿圈座板角缝 | | W | |
| | | 10.外观、无损检测（PT） | | W | |
| | | 11.消除应力处理（带垫板筒节） | R | | |
| | | 12.滚圈、齿圈座板机加工后外圆尺寸 | | W | |
| | | 13.进出料端厚壁筒体、齿圈段筒体整体机加工后的几何尺寸检查 | | W | |
| | | 14.组焊筒体环缝 | | W | |
| | | 15.外观、无损检测（RT、PT） | R | | |
| | | 16.滚圈垫板、齿圈法兰与厚壁筒体组焊后的几何尺寸检查 | | W | |
| | | 17.进料端筒体（含端板）与进料端厚壁筒体组焊后，端板密封面径向跳动检查 | | | H |
| | | 18.机体筒体几何尺寸检查（两滚圈垫板的中心距、机体全长、直线度） | | W | |
| | | 19.机体筒体同轴度四点透光检查 | | | H |
| | | 20.进、出料端筒体内壁抛光处理（如要求） | | W | |
| 2 | 加热管、环管、弯管 | 1.材料质量证明书审查 | R | | |
| | | 2.化学成分 | R | | |
| | | 3.力学性能 | R | | |
| | | 4.水压试验 | R | | |
| | | 5.超声检测 | R | | |
| | | 6.晶间腐蚀 | R | | |
| | | 7.铁素体含量（双相钢） | R | | |
| | | 8.管子尺寸 | | W | |
| | | 9.加热管拼接组焊 | | W | |
| | | 10.加热管拼缝无损检测（RT、PT） | R | | |
| | | 11.加热管拼接后逐根水压试验 | | W | |
| | | 12.加热管外表面抛光及粗糙度 | | W | |
| | | 13.管子弯制后几何形状检查 | | W | |
| | | 14.环管对接焊缝无损检测（RT、PT） | | W | |
| | | 15.环管水压试验 | | W | |
| 3 | 汽室（组合件） | 1.材料（板材、棒材等）质量证明书审查 | R | | |
| | | 2.化学成分 | R | | |

（续表）

| 序号 | 零部件及工序名称 | 监造内容 | 文件见证点（R） | 现场见证（W） | 停止点（H） |
|---|---|---|---|---|---|
| 3 | 汽室（组合件） | 3. 力学性能 | R | | |
| | | 4. 超声检测（管板、锻件拉杆） | R | | |
| | | 5. 晶间腐蚀试验 | R | | |
| | | 6. 下料、加工坡口、成型、组焊筒节与管板与侧板焊缝等（带筒节纵缝试板） | | W | |
| | | 7. 焊缝外观、无损检测（RT、PT） | | W | |
| | | 8. 拉筋孔尺寸、拉筋与管板、侧板组焊 | | W | |
| | | 9. 焊缝外观、无损检测（PT） | | W | |
| | | 10. 焊后消除应力处理 | R | | |
| | | 11. 校平、几何形状、平面度检查 | | W | |
| | | 12. 箱体水压试验 | | | H |
| | | 13. 加热管孔划线、钻孔、尺寸精度 | | W | |
| | | 14. 汽室机加工后内腔清洁度 | | W | |
| | | 15. 加热系统焊缝无损检测（对接RT，角接PT） | R | | |
| 4 | 进出料部件、导料筒组合件、头部密封与尾部密封组合件、旋转接头部件 | 1. 零部件组焊 | | W | |
| | | 2. 所有焊缝无损检测（PT） | | W | |
| | | 3. 导料筒对接焊缝无损检测（RT） | | W | |
| | | 4. 进料部件、出料部件、导料筒、头部密封、尾部密封等组合件焊后消除应力处理 | | W | |
| | | 5. 抛光及粗糙度检查（按技术协议规定） | | W | |
| | | 6. 导料筒、头部及尾部密封水夹套及出料部件水夹套水压试验 | | W | |
| | | 7. 旋转接头的轴及外壳水压试验 | | W | |
| | | 8. 加工尺寸检查 | | W | |
| 5 | 大齿圈、小齿轮（外购件） | 1. 质量证明书及合格证 | R | | |
| | | 2. 热处理状态（曲线、报告） | R | | |
| | | 3. 化学成分 | R | | |
| | | 4. 力学性能 | R | | |
| | | 5. 无损检测（UT、MT） | R | | |
| | | 6. 齿面硬度 | R | | |
| | | 7. 加工精度检查 | | W | |

（续表）

| 序号 | 零部件及工序名称 | 监造内容 | 文件见证点（R） | 现场见证（W） | 停止点（H） |
|---|---|---|---|---|---|
| 5 | 大齿圈、小齿轮（外购件） | 8. 外观、尺寸检查 | | W | |
| | | 9. 复验（UT、硬度） | | W | |
| 6 | 滚圈、托轮、挡轮（外购件） | 1. 质量证明书及合格证 | R | | |
| | | 2. 热处理状态（曲线、报告） | R | | |
| | | 3. 化学成分 | R | | |
| | | 4. 力学性能 | R | | |
| | | 5. 无损检测（UT、MT） | R | | |
| | | 6. 硬度检测 | R | | |
| | | 7. 加工精度检查 | | W | |
| | | 8. 外观、尺寸检查 | | W | |
| | | 9. 复验（UT、硬度） | | W | |
| 7 | 其它外购件 | 电机、减速机、液力耦合器、润滑系统、轴承等合格证检查 | R | | |
| 8 | 压力试验 | 1. 加热系统水压试验 | | | H |
| | | 2. 进出料端密封装置空负荷试车时气密试验 | | | H |
| 9 | 总装 | 1. 机体筒体与汽室组合件组焊环缝 | | W | |
| | | 2. 焊缝无损检测（PT） | R | | |
| | | 3. 管支撑板孔径、尺寸、外观 | | W | |
| | | 4. 加热管穿管、组焊管头 | | W | |
| | | 5. 管头焊缝无损检测（PT） | R | | |
| | | 6. 胀管、胀管率检查 | | W | |
| | | 7. A、B类焊缝、加热管对接焊缝PMI检查 | | W | |
| | | 8. 机体总长、两滚圈中心距、滚圈与滚圈座板径向与轴向间隙检查 | | W | |
| | | 9. 导料筒与汽室内环板装配同轴度、垂直度 | | W | |
| | | 10. 出料部件方位、旋向、尺寸 | | W | |
| | | 11. 进料端、出料端、旋转接头试装 | | W | |
| | | 12. 与介质接触部位粗糙度（按技术协议规定） | | W | |
| | | 13. 设备内外表面外观 | | W | |
| | | 14. 装配前各油路及气路吹扫 | | W | |
| | | 15. 设备总装后各相关尺寸、管口方位 | | | H |

（续表）

| 序号 | 零部件及工序名称 | 监造内容 | 文件见证点（R） | 现场见证（W） | 停止点（H） |
|---|---|---|---|---|---|
| 10 | 手动盘车 | 1. 托轮座、传动系统底座基础安装检查 | | W | |
| | | 2. 电气设备安装调试 | | W | |
| | | 3. 滚圈与托轮、滚圈与挡轮的接触长度 | | | H |
| | | 4. 大齿圈与小齿轮接触斑点 | | | H |
| | | 5. 挡轮轴座与托轮轴组装后运动状态 | | | H |
| | | 6. 专用润滑油加注情况 | | | H |
| 11 | 空负荷机械运转试验 | 1. 试车大纲审查 | R | | |
| | | 2. 试运转时间检查 | | | H |
| | | 3. 运转状态检查：要求转动部件应灵活、无碰卡和显著振动，减速机、电机应运转正常，无漏油、渗油现象，噪声值和轴承温升合格 | | | H |
| | | 4. 大齿圈、滚圈、托轮跳动量（径向、轴向） | | | H |
| | | 5. 头部和尾部密封处的径向跳动量 | | | H |
| | | 6. 导料筒与旋转接头联接处的法兰径向跳动量 | | | H |
| | | 7. 固定端和自由端托轮座安装基准线检查 | | | H |
| 12 | 出厂及包装 | 1. 设备表面酸洗、钝化（按采购技术协议） | | W | |
| | | 2. 法兰密封面外观检查 | | W | |
| | | 3. 油漆检查 | | W | |
| | | 4. 管口包装检查 | | W | |
| | | 5. 标记检查 | | W | |
| | | 6. 随机文件检查 | | W | |

# 大型发电机
# 监造大纲

# 目 录

前　言 ················································································· 275
1　总则 ················································································ 276
2　主机 ················································································ 278
3　励磁机及其系统 ································································ 281
4　涂装与发运 ······································································· 281
5　大型发电机驻厂监造主要质量控制点 ·································· 281

# 前 言

《大型发电机监造大纲》是参照 GB/T 1.1—2009《标准化工作导则 第1部分：标准的结构和编写》给出的规则起草。

本大纲由中国石油化工集团有限公司物资装备部提出。

本大纲2010年7月第一次发布，本次为修订升版。

本大纲起草单位：上海众深科技股份有限公司。

本大纲起草人：孙亮亮、刘鑫、贺立新、李科锋、肖殿兴、吴茂成。

# 大型发电机监造大纲

## 1 总则

1.1 内容和适用范围。

1.1.1 本大纲主要规定了采购单位(或使用单位)对石油化工工业用大型发电机制造过程监造的基本内容及要求,是委托驻厂监造的主要依据。

1.1.2 本大纲适用于石油化工工业用大型发电机制造过程监造,同类设备可参照使用。

1.1.3 本大纲中具体技术要求如与采购技术文件不一致时,原则上应以采购技术文件为准。

1.2 监造工作的基本要求。

1.2.1 监造人员要求。

1.2.1.1 监造人员应与所在监造单位有正式劳动合同关系。

1.2.1.2 监造人员应严格依据监造委托合同,履行监造职责,完成监造任务。

1.2.1.3 监造人员应持有不低于中国设备监理协会颁发的专业设备监理师资格证书,监造人员有二年(或以上)的监造业务经验,在相应专业岗位工作三年以上。

1.2.1.4 监造人员应熟悉监造物资的制造工艺,掌握制造过程中的质量技术要求和检验试验关键控制点。

1.2.1.5 监造人员在监造活动过程中应遵守有关保密约定和规定。

1.2.1.6 监造人员应遵守制造厂HSSE或安全生产管理制度的相关规定,严格执行劳保着装和安全防护要求。

1.2.2 监造工作程序。

1.2.2.1 监造人员在开始监造的10个工作日内,对制造厂商的人员资质、生产工艺、装备能力和质保体系运行情况进行检查和评估,并向委托方提供质量风险评估报告,明确风险等级(高、中、低、无)。

1.2.2.2 监造单位在收到采购技术文件后,10个工作日内编制完成《监造大纲》。

1.2.2.3 监造单位在获得设计相关图纸、制造工艺、质量控制计划、生产进度计划后,15日内编制完成《监造实施细则》。

1.2.2.4 监造人员应配备必要的用于平行检查且检定合格的检测器具。

1.2.2.5 监造人员应按委托方的通知或有关要求参加或组织召开预检验会议,与

制造厂商对接确定检验试验计划和质量控制点,并经委托方确认。

1.2.2.6 监造人员应组织制造厂质量、技术、生产及经营（项目管理）等相关部门召开监理周例会,通报监造工作情况,协调解决质量进度问题,结合生产进度计划安排后续监造工作,并形成会议纪要。

1.2.2.7 监造人员在监造实施过程中,如发现质量隐患、质量问题以及可能影响交货期的重大因素时,应及时报委托方,并以书面形式通知制造厂商,要求制造厂商采取有效措施予以整改,若制造厂商延误或拒绝整改时,可责令其停工。

1.2.2.8 对于原材料、外购件以及外协加工、外协检测和外协检验试验等过程,监造人员应重点审查质量证明文件、外协单位资质、人员资质、工艺文件和检验试验报告等。并依据监造实施细则和检验试验计划中设置的监造访问点,实施质量控制。

1.2.2.9 实施监造的物资经现场监造人员确认符合标准规范和订单约定后按发货批次开具监造放行单,并报委托方。

1.2.2.10 全部监造工作完成后,应于30日内完成监造总结报告交付委托方。

1.3 监造单位应提交的文件资料。

1.3.1 目录（含页码）（必须）。

1.3.2 产品质量监造报告书（必须）。

1.3.3 监造工作总结（必须）。

1.3.4 监造大纲（必须）。

1.3.5 监造实施细则（必须）。

1.3.6 监造周报（必须）。

1.3.7 设计变更通知及往来函件（如有）。

1.3.8 监造工作联系单（如有）。

1.3.9 监造工程师通知单（如有）。

1.3.10 会议纪要（如有）。

1.3.11 监造放行单（必须）。

1.4 主要编制依据。

1.4.1 GB/T 755 旋转电机 定额和性能。

1.4.2 GB/T 7064 隐极同步发电机技术要求。

1.4.3 GB/T 26429 设备工程监理规范。

1.4.4 GB 50150 电气装置安装工程 电气设备交接试验标准。

1.4.5 DL/T 843 大型汽轮发电机励磁系统技术条件。

1.4.6 JB/T 1267 50MW～200MW 汽轮发电机转子锻件 技术条件。

1.4.7 JB/T 6227 氢冷电机气密封性检验方法及评定。

1.4.8 JB/T 6228 汽轮发电机绕组内部水系统检验方法及评定。

1.4.9 JB/T 6229 隐极同步发电机转子气体内冷通风道检验方法及限值。

1.4.10 JB/T 7784 透平同步发电机用交流励磁机 技术条件。
1.4.11 JB/T 8706 50MW～200MW 汽轮发电机无中心孔转子锻件 技术条件。
1.4.12 国家及行业相关材料及无损检测标准。
1.4.13 采购技术文件。

## 2 主机

2.1 技术要求。
2.1.1 依据采购技术文件和相关标准，核对制造厂施工图样的符合性。
2.1.2 应审查下列文件。
2.1.2.1 施工图样及工艺文件中的检验和试验项目。
2.1.2.2 辅机、电气、仪表等外购件清单。
2.2 原材料。
2.2.1 依据采购技术文件和制造厂技术文件，核对主轴和槽楔锻件毛坯生产厂家、牌号、规格等。审查原始质保书中应包含化学成分、力学性能、无损检测、残余应力试验、导磁率测定等。材料到厂后，应进行化学成分、力学性能、无损检测、残余应力试验、导磁率测定等的复验，并审核复验报告。
2.2.2 依据采购技术文件和制造厂技术文件，核对护环及中心环生产厂家、牌号、规格等。审查原始质保书中应包含化学成分、力学性能、超声波检测、残余应力试验等。材料到厂后，应进行化学成分、力学性能、超声检测、残余应力试验、导磁率测定等的复验，并审核复验报告。
2.2.3 依据采购技术文件和制造厂技术文件，核对风扇或叶片生产厂家、牌号、规格等。审查原始质保书中应包含化学成分、力学性能、风扇或叶片重量、表面硬度、频率、超声检测等。部件到厂后，应进行频率、超声检测等的复验，并审核复验报告。
2.2.4 依据采购技术文件和制造厂技术文件，核对集电环生产厂家、牌号、规格等。审查原始质保书中应包含化学成分、力学性能、无损检测等，锻件硬度的波动范围应在40HBV之内。部件到厂后，应进行化学成分、力学性能和无损检测等的复验，并审核复验报告。
2.2.5 依据采购技术文件和制造厂技术文件，核对转子铜线、定子铜线的生产厂家、牌号、规格等。审查原始质保书中应包含化学成分、力学性能、导电率测试、无损检测等。材料到厂后，应进行化学成分、力学性能、导电率和无损检测等的复验，并审核复验报告。空心导线还应审核水压试验报告。
2.2.6 依据采购技术文件和制造厂技术文件，核对转子导电螺钉的生产厂家、规格等。审查原始质保书中应包含化学成分、力学性能、无损检测等。部件到厂后，应进行化学成分、力学性能和无损检测等复验，并审核复验报告。

2.2.7 依据采购技术文件和制造厂技术文件,核对硅钢片的生产厂家、规格等。审查原始质保书中应包含单耗测试和尺寸检测等。部件到厂后,应进行单耗、冲片漆膜厚度、平直度、漆膜附着力和绝缘电阻等抽检复验,并审核抽检复验报告。

2.2.8 依据采购技术文件和制造厂技术文件,核对定子引线导电铜管的生产厂家、原产地、规格等。

2.2.9 需在制造厂内进行性能热处理的材料,必须以最终性能热处理数据为验收结果。

2.3 无损检测。

2.3.1 按采购技术文件和制造厂技术文件规定执行。

2.3.2 主轴、槽楔、中心环、护环等锻件毛坯粗加工后应进行超声检测。

2.3.3 主轴、中心环、护环半精加工后应进行磁粉检测。主轴应按JB/T 1267和JB/T 8706执行。

2.3.4 轴承合金应进行贴合度超声检测。

2.4 热处理。

2.4.1 验收按制造厂工艺规定。

2.4.2 主轴、槽楔、中心环、护环等锻件粗加工后应进行消应力热处理。

2.4.3 定子机座焊接后应进行消应力热处理。

2.4.4 轴承座等铸件粗加工后应进行消应力热处理。

2.5 几何尺寸。

2.5.1 按制造厂施工图样及工艺规定验收。

2.5.2 主轴、联轴器、轴承、护环、中心环、内风扇等相互配合部位尺寸应逐一检查。

2.5.3 转子嵌线端部外径、端部长度尺寸应逐一检查。

2.5.4 护环外径、环长、内圆锥度尺寸应逐一检查。

2.5.5 转子本体的外径、长度尺寸应逐一检查。

2.5.6 定子线圈的槽部尺寸、端部尺寸应逐一检查。

2.5.7 定子铁芯的内径、外径、总长尺寸应逐一检查。

2.5.8 定子机座的内径、机长、中心高尺寸应逐一检查。

2.5.9 轴承座与轴瓦、轴瓦与转子、中分面配合尺寸应逐一检查。

2.5.10 定子机座、轴承座的与基础安装尺寸应逐一检查。

2.6 外观。

2.6.1 主轴、槽楔、中心环、护环、转子线圈、定子线圈、硅钢片、风扇或叶片、集电环等应进行标识检查。

2.6.2 所有零部件应进行铁屑、毛刺和清洁度检查,合格后才能转入总装工序。

2.7 零部件性能试验。

2.7.1 硅钢片应进行漆膜厚度测试。

2.7.2 转子部件应进行绕组冷态直流电阻试验、交流阻抗测定（含升降速）、绝缘电阻测定、绕组交流耐压试验、匝间耐电压试验。

2.7.3 定子铁芯应进行铁损试验。

2.7.4 定子线圈应进行电性能试验、电晕试验。

2.7.5 定子部件应进行绕组冷态直流电阻测定、绝缘电阻测定、绕组直流耐压及直流泄漏试验、绕组交流耐压试验、绕组绝缘介质损失角测定、定子线圈端部固有频率试验。

2.8 其它检查。

2.8.1 主轴和护环应进行残余应力测定。

2.8.2 主轴应进行导磁率测定。

2.9 转子动平衡及超速试验。

2.9.1 转子部件应进行动平衡试验。

2.9.2 转子部件应进行超速试验，超速试验的转速为额定转速的1.2倍，持续时间至少为2min。

2.10 冷却系统检查。

2.10.1 用氢气作冷却介质时，整个机座和端盖应进行水压试验，压力为0.8MPa表压，持续时间15min。

2.10.2 用氢气作冷却介质时，密封性要求应按JB/T 6227执行。直接冷却转子通风流道检验要求应按JB/T 6229执行。

2.10.3 绕组内部水系统检验要求应按JB/T6228执行。

2.11 渗漏试验。轴承座油池部位应进行煤油渗漏试验，持续时间≥24h，无渗漏。

2.12 装配检查。

2.12.1 按施工图样及制造厂工艺规定。

2.12.2 定子铁芯迭片的槽型整齐度、铁芯长度和片间压力、定子铁芯测温元件埋设情况应进行检查。

2.12.3 定子线圈焊接、线圈引线焊接应进行检查。

2.12.4 转子线圈嵌线及焊接应进行检查。

2.12.5 定子与转子装配气隙应进行检查。

2.13 主要外购外协件。

2.13.1 冷却器、加热器、轴承的型号、产地及供应商应与采购技术文件规定一致。

2.13.2 测温、测振等主要监控仪表型号、产地及供应商应与采购技术文件规定一致。

2.13.3 主要外协件（如主轴锻件毛坯、某一加工工序外协）应按采购技术文件要求，采取过程控制（如关键点访问监造）。

2.14 整机试验。

2.14.1 型式试验项目按采购技术文件规定执行。

2.14.2 整机试验：按采购技术文件和GB/T 7064执行。

## 3 励磁机及其系统

3.1 励磁机及其系统的供货范围应符合采购技术文件和JB/T 7784的规定。

3.2 励磁机转子用主轴材料应符合采购技术文件和制造厂技术文件，应审核原材料质保书。

3.3 励磁机转子应进行直流电阻测量、绝缘电阻测量、绝缘交流耐压试验和动平衡试验。

3.4 励磁机定子应进行直流电阻测量、绝缘电阻测量、交流耐压试验。

3.5 励磁机整体试验包含空载特性、短路特性、振动测定等。

3.6 励磁系统部分应按采购技术文件及相关标准进行出厂验收。

## 4 涂装与发运

4.1 防锈涂装按采购技术文件规定，其中主机涂装质量应确保12个月，其它备件涂装质量应确保18个月。

4.2 冷却器共用接口必须用盲板封口。

4.3 分体发运时部件应固定牢固。转子轴颈部位应加以保护，支撑位置不得在轴颈部位。包装箱上至少应标注货物重量、重心位置、起吊位置、箱号等信息。

4.4 发电机转向标识、铭牌应固定在发电机本体醒目位置。

4.5 装箱及出厂文件检查。

## 5 大型发电机驻厂监造主要质量控制点

5.1 文件见证点（R）：由监造人员对设备材料制造过程有关文件、记录或报告进行见证而预先设定的监造质量控制点。

5.2 现场见证点（W）：由监造人员对设备材料制造过程、工序、节点或结果进行现场见证而预先设定的监造质量控制点，且应包括相关文件见证点（R）质量控制内容。

5.3 停止点（H）：由监造人员见证并签认后才可转入下一个过程、工序或节点而预先设定的监造质量控制点，应包括相关现场见证点（W）和文件见证点（R）质量控制内容。

| 序号 | 零部件及名称 | 内容 | 文件见证点（R） | 现场见证点（W） | 停止点（H） |
|---|---|---|---|---|---|
| 1 | 主轴及槽楔 | 1. 原材料质保证书 | R | | |
| | | 2. 化学成分 | R | | |
| | | 3. 力学性能 | R | | |
| | | 4. 无损检测 | R | | |
| | | 5. 残余应力试验 | R | | |
| | | 6. 导磁率测定 | R | | |
| | | 7. 中心孔检查（如有） | | W | |
| | | 8. 尺寸及外观检查 | | W | |
| 2 | 护环及中心环 | 1. 原材料质保证书 | R | | |
| | | 2. 化学成分 | R | | |
| | | 3. 力学性能 | R | | |
| | | 4. 无损检测 | R | | |
| | | 5. 残余应力试验 | R | | |
| | | 6. 尺寸及外观检查 | | W | |
| 3 | 风扇或叶片 | 1. 原材料质保证书 | R | | |
| | | 2. 化学成分 | R | | |
| | | 3. 力学性能 | R | | |
| | | 4. 无损检测 | R | | |
| | | 5. 测频试验 | R | | |
| | | 6. 尺寸及外观检查 | | W | |
| 4 | 集电环 | 1. 原材料质保书 | R | | |
| | | 2. 化学成分 | R | | |
| | | 3. 力学性能 | R | | |
| | | 4. 无损检测 | R | | |
| | | 5. 尺寸及外观检查 | | W | |
| 5 | 转子铜线 | 1. 原材料质保证书 | R | | |
| | | 2. 化学成分 | R | | |
| | | 3. 力学性能 | R | | |
| | | 4. 导电率测定 | R | | |
| | | 5. 尺寸及外观检查 | | W | |

（续表）

| 序号 | 零部件及名称 | 内容 | 文件见证点（R） | 现场见证点（W） | 停止点（H） |
|---|---|---|---|---|---|
| 6 | 转子导电螺钉 | 1. 原材料质保书 | R | | |
| | | 2. 无损检测 | R | | |
| 7 | 硅钢片 | 1. 原材料质保书 | R | | |
| | | 2. 单耗测试及磁感强度 | R | | |
| | | 3. 冲片毛刺及漆膜质量检查 | | W | |
| | | 4. 尺寸及外观检查 | | W | |
| 8 | 定子铜线 | 1. 原材料质保书 | R | | |
| | | 2. 化学成份 | R | | |
| | | 3. 力学性能 | R | | |
| | | 4. 导电率测试 | R | | |
| | | 5. 尺寸及外观检查 | | W | |
| 9 | 定子引线导电铜管 | 1. 原材料质保书 | R | | |
| | | 2. 铜管与冷却水接头焊接面探伤检查（如适用） | | W | |
| 10 | 转子 | 1. 槽楔及槽衬检查 | | W | |
| | | 2. 绕组下线及焊接检查 | | W | |
| | | 3. 槽楔装配质量检查 | | W | |
| | | 4. 转子通风孔质量检查 | | W | |
| | | 5. 绕组冷态直流电阻测定 | | W | |
| | | 6. 交流阻抗测定 | | W | |
| | | 7. 绝缘电阻测量 | | W | |
| | | 8. 匝间短路试验 | | W | |
| | | 9. 绕组交流耐压试验（出厂前） | | | H |
| | | 10. 动平衡试验 | | | H |
| | | 11. 超速试验 | | | H |
| | | 12. 外观质量检查 | | W | |
| 11 | 定子线棒 | 1. 线棒绝缘整体性检查 | | W | |
| | | 2. 线棒密封性捡验 | | W | |
| | | 3. 线棒通流性捡验 | | W | |
| | | 4. 线棒绝缘介质损耗因数测定（抽样） | | W | |
| | | 5. 工频耐压试验 | | W | |

(续表)

| 序号 | 零部件及名称 | 内容 | 文件见证点（R） | 现场见证点（W） | 停止点（H） |
|---|---|---|---|---|---|
| 12 | 定子 | 1. 线圈尺寸、形状、绝缘检查 | | W | |
| | | 2. 铁芯压装后尺寸检查 | | W | |
| | | 3. 定子铁心损耗试验 | | W | |
| | | 4. 测温元件埋设质量检查 | | W | |
| | | 5. 线圈、线圈并头焊接质量检查 | | W | |
| | | 6. 绝缘电阻测量 | | W | |
| | | 7. 绕组冷态直流电阻测定 | | W | |
| | | 8. 绕组绝缘介质损失角测定 | | W | |
| | | 9. 定子线圈端部固有频率试验 | | W | |
| | | 10. 绕组交流耐压试验（出厂前） | | | H |
| | | 11. 定子内部清洁度检查 | | W | |
| 13 | 轴承 | 1. 原产地及合格证检查 | R | | |
| | | 2. 无损检测报告审查 | R | | |
| | | 3. 外观质量检查 | | W | |
| 14 | 轴承座 | 1. 材料质保书审查 | R | | |
| | | 2. 消除应力处理报告审查 | R | | |
| | | 3. 轴承座渗漏试验 | | W | |
| | | 4. 外观质量检查 | | W | |
| 15 | 冷却器、加热器 | 1. 主要受压件用材料核对及质保书审查 | R | | |
| | | 2. 外观质量检查 | | W | |
| | | 3. 水压试验 | | W | |
| | | 4. 安装尺寸及外观质量检查 | | W | |
| 16 | 外购件 | 1. 合格证检查 | R | | |
| | | 2. 供应商及型号核对 | R | W | |
| | | 3. 外观质量检测 | | W | |
| 17 | 整机总装及机械运转试验 | 1. 转子穿入定子前检查 | | | H |
| | | 2. 定、转子气隙测量及不均度检查 | R | | H |
| | | 3. 绕组、测温探头、轴承的对地绝缘电阻和绕组相互间的绝缘电阻试验 | | W | |

（续表）

| 序号 | 零部件及名称 | 内容 | 文件见证点（R） | 现场见证点（W） | 停止点（H） |
|---|---|---|---|---|---|
| 17 | 整机总装及机械运转试验 | 4. 运转试验：<br>a. 轴电压<br>b. 噪声<br>c. 振动<br>d. 空载<br>e. 短路<br>f. 交流阻抗 | | | H |
| | | 5. 效率试验 | R | | |
| | | 6. 电话谐波因数 | R | | |
| | | 7. 电压波形畸变率 | R | | |
| | | 8. 温升试验 | | W | |
| | | 9. 轴承温度测量 | | W | |
| | | 10. 不平衡负荷能力 | R | | |
| | | 11. 短路比 | R | | |
| | | 12. 电抗和时间常数 | R | | |
| | | 13. 短时升高电压试验 | R | | |
| | | 14. 短时过电流试验 | R | | |
| | | 15. 空载特性试验 | R | | |
| | | 16. 稳态短路特性试验 | R | | |
| | | 17. 型式试验（新产品的第一台发电机必须进行） | | W | |
| | | 18. 机壳内部清洁情况检查 | | W | |
| | | 19. 铭牌标识及喷漆检查 | | W | |
| 18 | 励磁机及其系统 | 1. 原产地及型号核对 | R | | |
| | | 2. 出厂性能试验 | | W | |
| | | 3. 外观质量检查 | | W | |
| | | 4. 供货范围核对 | | W | |
| | | 5. 交工资料审查 | R | | |
| 19 | 涂漆及包装 | 1. 整件涂漆、防锈处理 | R | | |
| | | 2. 包装质量检查 | R | | |
| | | 3. 装箱单检查 | R | | |
| | | 4. 出厂文件核对 | R | | |

# 大型变压器

# 监造大纲

# 目 录

前 言 ·················································································································· 289
1 总则 ················································································································ 290
2 原材料及外购件 ······························································································· 292
3 主要组件 ········································································································· 292
4 部件制造与总装 ······························································································· 293
5 变压器试验 ····································································································· 294
6 控制箱与二次接线 ··························································································· 295
7 涂装与发运 ····································································································· 295
8 大型变压器驻厂监造主要控制点 ······································································· 296

# 前 言

《大型变压器监造大纲》是参照GB/T 1.1—2009《标准化工作导则 第1部分：标准的结构和编写》给出的规则起草。

本大纲由中国石油化工集团有限公司物资装备部提出。

本大纲2010年7月第一次发布，本次为修订升版。

本大纲起草单位：上海众深科技股份有限公司。

本大纲起草人：孙亮亮、贺立新、刘鑫、李科锋、吴茂成。

# 大型变压器监造大纲

## 1 总则

1.1 内容和适用范围。

1.1.1 本大纲主要规定了采购单位（或使用单位）对石油化工工业用大型油浸式变压器制造过程监造的基本内容及要求，是委托驻厂监造的主要依据。

1.1.2 本大纲适用于石油化工工业用大型油浸式变压器制造过程监造，干式变压器及其它同类设备可参照执行。

1.1.3 本大纲中具体技术要求如与采购技术文件不一致时，原则上应以采购技术文件为准。

1.2 监造工作的基本要求。

1.2.1 监造人员要求。

1.2.1.1 监造人员应与所在监造单位有正式劳动合同关系。

1.2.1.2 监造人员应严格依据监造委托合同，履行监造职责，完成监造任务。

1.2.1.3 监造人员应持有不低于中国设备监理协会颁发的专业设备监理师资格证书，监造人员有二年（或以上）的监造业务经验，在相应专业岗位工作三年以上。

1.2.1.4 监造人员应熟悉监造物资的制造工艺，掌握制造过程中的质量技术要求和检验试验关键控制点。

1.2.1.5 监造人员在监造活动过程中应遵守有关保密约定和规定。

1.2.1.6 监造人员应遵守制造厂HSSE或安全生产管理制度的相关规定，严格执行劳保着装和安全防护要求。

1.2.2 监造工作程序。

1.2.2.1 监造人员在开始监造的10个工作日内，对制造厂商的人员资质、生产工艺、装备能力和质保体系运行情况进行检查和评估，并向委托方提供质量风险评估报告，明确风险等级（高、中、低、无）。

1.2.2.2 监造单位在收到采购技术文件后，10个工作日内编制完成《监造大纲》。

1.2.2.3 监造单位在获得设计相关图纸、制造工艺、质量控制计划、生产进度计划后，15日内编制完成《监造实施细则》。

1.2.2.4 监造人员应配备必要的用于平行检查且检定合格的检测器具。

1.2.2.5 监造人员应按委托方的通知或有关要求参加或组织召开预检验会议，与

制造厂商对接确定检验试验计划和质量控制点，并经委托方确认。

1.2.2.6　监造人员应组织制造厂质量、技术、生产及经营（项目管理）等相关部门召开监理周例会，通报监造工作情况，协调解决质量进度问题，结合生产进度计划安排后续监造工作，并形成会议纪要。

1.2.2.7　监造人员在监造实施过程中，如发现质量隐患、质量问题以及可能影响交货期的重大因素时，应及时报委托方，并以书面形式通知制造厂商，要求制造厂商采取有效措施予以整改，若制造厂商延误或拒绝整改时，可责令其停工。

1.2.2.8　对于原材料、外购件以及外协加工、外协检测和外协检验试验等过程，监造人员应重点审查质量证明文件、外协单位资质、人员资质、工艺文件和检验试验报告等。并依据监造实施细则和检验试验计划中设置的监造访问点，实施质量控制。

1.2.2.9　实施监造的物资经现场监造人员确认符合标准规范和订单约定后按发货批次开具监造放行单，并报委托方。

1.2.2.10　全部监造工作完成后，应于30日内完成监造总结报告交付委托方。

1.3　监造单位应提交的文件资料。

1.3.1　目录（含页码）（必须）。

1.3.2　产品质量监造报告书（必须）。

1.3.3　监造工作总结（必须）。

1.3.4　监造大纲（必须）。

1.3.5　监造实施细则（必须）。

1.3.6　监造周报（必须）。

1.3.7　设计变更通知及往来函件（如有）。

1.3.8　监造工作联系单（如有）。

1.3.9　监造工程师通知单（如有）。

1.3.10　会议纪要（如有）。

1.3.11　监造放行单（必须）。

1.4　主要编制依据。

1.4.1　GB 311（所有部分）绝缘配合。

1.4.2　GB 1094.1 电力变压器 第1部分：总则。

1.4.3　GB 1094.2 电力变压器 第2部分：液浸式变压器的温升。

1.4.4　GB 1094.3 电力变压器 第3部分：绝缘水平、绝缘试验和外绝缘空气间隙。

1.4.5　GB/T 1094.4 电力变压器 第4部分：电力变压器和电抗器的雷电冲击和操作冲击试验导则。

1.4.6　GB/T 1094.5 电力变压器 第5部分：承受短路的能力。

1.4.7　GB/T 1094.7 电力变压器 第7部分：油浸式电力变压器负载导则。

1.4.8　GB 2536 电工流体 变压器和开关用的未使用过的矿物绝缘油。

1.4.9　GB/T 5273　高压电器端子尺寸标准化。

1.4.10　GB/T 6451　油浸式电力变压器技术参数和要求。

1.4.11　GB/T 26429　设备工程监理规范。

1.4.12　IEC60076（所有部分）电力变压器。

1.4.13　国家及行业相关材料及无损检测标准等。

1.4.14　采购技术文件。

## 2　原材料及外购件

2.1　依据采购技术文件和制造厂技术文件，核对绕组线（如铜导线等）生产厂家、导线型号、规格等。审查原始质保书（质保书应含尺寸、力学性能、电阻率、绝缘性能等试验结果）。

2.2　依据采购技术文件和制造厂技术文件，核对硅钢片生产厂家、牌号、规格、包装等。审查原始质保书（质保书应含铁损、弯曲、叠装系数、涂层等试验结果）。

2.3　依据采购技术文件和制造厂技术文件，核对绝缘材料和绝缘件生产厂家、型号、规格。审查原始质保书（质保书应含有力学性能、电气性能及绝缘试验等试验结果）。

2.4　依据采购技术文件和制造厂技术文件，核对变压器油的生产厂家、油型号、规格等。审查原始质保书（质保书应含化学成分、物理性能、抗氧化剂含量等试验结果）。

2.5　依据采购技术文件和制造厂技术文件，核对钢板的生产厂家、钢材型号、规格等。审查原始质保书（质保书应含化学成分、力学性能、规格等试验结果）。

## 3　主要组件

3.1　依据采购技术文件，核对套管的生产厂家、型号、爬距等。电容式套管的耐压试验、介质损耗因数、电容值等应符合采购技术文件和制造厂技术文件规定。

3.2　依据采购技术文件和制造厂技术文件，核对散热器和冷却器的生产厂家和型号。审查原始质保证书和试验报告。

3.3　依据采购技术文件和制造厂技术文件，核对电流互感器的生产厂家和型号。审查原始质保证书和试验报告；电流比、出头个数、数量、等级应符合采购技术文件和制造厂技术文件规定。

3.4　依据采购技术文件和制造厂技术文件，审查储油柜、油流继电器、压力释放阀、冷却器控制箱、温度计、气体继电器、油位计、风机、胶囊、各类阀门、油泵、吸湿器等主要组件原始质保证书和试验报告。

## 4 部件制造与总装

4.1 油箱制造。

4.1.1 变压器本体轨距与地脚螺栓配合尺寸核对检查。

4.1.2 所有焊缝应符合工艺要求，外观整齐。不应有尖角、焊瘤、气孔、夹渣、虚焊及漏焊等缺陷。所有钢板的气割面应处理后再焊接。

4.1.3 油箱与所有油箱附件应进行预装配，不应强制拉拽，对接顺畅。审核油箱密封试验报告。

4.1.4 油箱油漆前应按制造厂工艺要求进行处理。油漆颜色和漆膜厚度应符合采购技术文件要求和制造厂工艺要求。

4.2 铁芯制造。

4.2.1 硅钢片表面应平整、光滑，无气泡、锈蚀、裂纹、孔洞、重皮等缺陷。硅钢片剪切后（毛刺、剪切角、划伤）及叠装后表面质量应检查。

4.2.2 铁芯油道（夹件）装配应符合制造厂工艺要求。

4.2.3 铁芯轭柱紧固方式和紧固程度应进行检查。

4.2.4 铁芯尺寸按制造厂工艺要求及检验要求应进行检查。

4.2.5 铁芯对夹件的绝缘电阻应符合制造厂工艺要求及检验要求。

4.3 线圈制造。

4.3.1 核查绕组线生产厂家、型号、性能指标及包装。

4.3.2 绝缘材料和绝缘件颜色均匀度、纸板厚度均匀度、层压纸板间空隙、加工毛刺、锯口糊边缺陷等应进行检查。

4.3.3 绕组线的焊接应牢固，表面处理光滑无尖角毛刺，焊后绝缘处置规范。

4.3.4 线圈单根导线无断路，并绕导线间无短路，组合导线和换位导线间、饼间无短路。

4.3.5 线圈高度、内径、外径，出线线头及位置偏差应核对检查。

4.3.6 应确认线圈干燥整理过程和结果符合制造厂工艺规范要求。

4.4 器身装配。

4.4.1 铁芯试验检验记录应检查合格，且无磕碰损伤。铁芯对夹件绝缘电阻应符合要求。

4.4.2 上铁轭装配后应检查松紧度，并复测铁芯对夹件的绝缘电阻。

4.4.3 依据采购技术文件，核查分接开关生产厂家和开关型号。且应检查开关动作，动作试验应操作灵活、准确。

4.4.4 焊接引线，焊接搭接面积等应符合要求，焊面饱满，表面处理后无氧化皮，无尖角毛刺。冷接引线，压接套管规格应与施工图样一致，填充充实。

4.4.5 线圈中间试验直流电阻、变比测试应符合要求。

4.4.6 器身干燥过程应符合制造厂工艺要求和检验要求,核查最终干燥数据。

4.5 总装配。

4.5.1 器身起吊应平稳,下箱位置准确,定位装置要规整、有效。器身下箱后,复核铁芯对油箱绝缘,夹件对油箱绝缘。

4.5.2 油箱密封胶圈应无裂纹、伤痕、与法兰接口处配合良好。

4.5.3 升高座和电流互感器安装应符合制造厂工艺要求,复测电流互感器绝缘电阻,确认电流互感器耐压、极性、误差、变比等参数。

4.5.4 套管电缆包扎绝缘厚度、清洁度,绝缘皱纹纸锥度和松紧度、导线向内弯曲度、长度应符合工艺要求,球面与引线要趋于同心,均压球调整适当。

4.5.5 压力释放阀、气体继电器等附件安装应符合制造厂工艺要求。

4.5.6 检查所有密封面密封垫配合妥当。

4.5.7 真空注油和热油循环应符合制造厂工艺要求,并审查油样报告。

4.5.8 整体密封试验应按采购技术文件和制造厂工艺要求进行,12h无渗漏和损伤。

## 5 变压器试验

5.1 应按照采购技术文件和相关标准要求的试验项目进行。

5.2 例行试验项目包括但不限于以下项目。

5.2.1 绕组电阻测量。

5.2.2 电压比测量和联接组标号鉴定。

5.2.3 短路阻抗和负载损耗测量。

5.2.4 空载损耗和空载电流测量。

5.2.5 绕组对地及绕组间直流绝缘电阻测量。

5.2.6 绝缘例行试验。

5.2.7 有载分接开关试验(如适用)。

5.2.8 液浸式变压器压力密封试验。

5.2.9 充气式变压器油箱压力密封试验。

5.2.10 内装电流互感器变比和极性试验。

5.2.11 液浸式变压器铁芯和夹件绝缘检查。

5.2.12 绝缘液试验。

设备最高电压 $U_m > 72.5kV$ 的变压器附加例行试验:

1)绕组对地和绕组间电容测量;

2)绝缘系统电容的介质损耗因数($tan\delta$)测量;

3)除分接开关油室外的每个独立油室的绝缘液中溶解气体的测量;

4)在90%和110%额定电压下的空载损耗和空载电流测量。

5.3 型式试验项目包括以下项目。

5.3.1 温升试验。

5.3.2 绝缘型式试验。

5.3.3 声级测定。

5.3.4 风扇和油泵电机功率测定。

5.3.5 在90%和110%额定电压下的空载损耗和空载电流测量。

5.4 特殊试验项目包括以下项目。

5.4.1 绝缘特殊试验。

5.4.2 绕组热点温升测量。

5.4.3 绕组对地和绕组间电容测量。

5.4.4 绝缘系统电容的介质损耗因数（$\tan\delta$）测量。

5.4.5 暂态电压传输特性测定。

5.4.6 三项变压器零序阻抗测量。

5.4.7 短路承受能力试验。

5.4.8 液浸式变压器真空变形试验。

5.4.9 液浸式变压器压力变形试验。

5.4.10 液浸式变压器现场真空密封试验。

5.4.11 频率响应测量。

5.4.12 外部涂层检查。

5.4.13 绝缘液中溶解气体测量。

5.4.14 油箱运输适应性机械试验或评估。

5.4.15 运输质量的测定。

## 6 控制箱与二次接线

6.1 依据采购技术文件和制造厂技术文件，核对变压器控制箱的材质、板材厚度及防护等级。

6.2 依据采购技术文件和制造厂技术文件，核查控制箱内电气元件品牌和布置。

6.3 依据采购技术文件和制造厂技术文件，核查各辅件至控制箱的连接线导线规格型号。

6.4 依据采购技术文件和制造厂技术文件，核查二次接线连通性。

## 7 涂装与发运

7.1 包装文件应有拆卸一览表和产品装箱单，实物和数量相符。

7.2 变压器外壳整洁，无外挂游离物。

7.3 按要求用干燥空气或氮气置换变压器油。

7.4 储油柜、散热器、套管有防护措施或包装箱，接口法兰用钢板密封，密封应良好无渗漏。

7.5 电流互感器升高座接口法兰需用钢板密封，有防潮处理措施。

7.6 防锈及涂装按采购技术文件规定。

7.7 变压器运输应安装冲击记录仪。

7.8 变压器铭牌及警示标识应固定在本体醒目位置。

7.9 装箱及出厂文件检查。

## 8 大型变压器驻厂监造主要控制点

8.1 文件见证点（R）：由监造人员对设备材料制造过程有关文件、记录或报告进行见证而预先设定的监造质量控制点。

8.2 现场见证点（W）：由监造人员对设备材料制造过程、工序、节点或结果进行现场见证而预先设定的监造质量控制点，且应包括相关文件见证点（R）质量控制内容。

8.3 停止点（H）：由监造人员见证并签认后才可转入下一个过程、工序或节点而预先设定的监造质量控制点，应包括相关现场见证点（W）和文件见证点（R）质量控制内容。

| 序号 | 零部件及工序名称 | 监造内容 | 文件见证点（R） | 现场见证点（W） | 停止点（H） |
| --- | --- | --- | --- | --- | --- |
| 1 | 绕组线 | 1. 核对生产厂家、导线型号规格 | R | | |
| | | 2. 原始质保书审核（尺寸、力学性能、电阻率、绝缘性能等） | R | | |
| | | 3. 外观检查 | | W | |
| 2 | 硅钢片 | 1. 核对生产厂家、型号 | R | | |
| | | 2. 原始质保书审核（铁损试验等） | R | | |
| | | 3. 外观检查 | | W | |
| 3 | 绝缘材料和绝缘件 | 1. 核对生产厂家、型号规格 | R | | |
| | | 2. 原始质保书审核（力学性能、电气性能及绝缘试验等） | R | | |
| | | 3. 外观检查 | | W | |
| 4 | 变压器油 | 1. 核对生产厂家、型号规格 | R | | |
| | | 2. 原始质保书审核（化学成分、物理性能、抗氧化剂含量等） | R | | |
| | | 3. 包装外观检查 | | W | |

(续表)

| 序号 | 零部件及工序名称 | 监造内容 | 文件见证点（R） | 现场见证点（W） | 停止点（H） |
|---|---|---|---|---|---|
| 5 | 钢板 | 1. 核对生产厂家、钢材型号规格 | R | | |
| | | 2. 原始质保书审核（化学成分、力学性能） | R | | |
| | | 3. 外观检查 | | W | |
| 6 | 套管 | 1. 核对生产厂家、型号、爬距 | R | | |
| | | 2. 原始质保书审核（耐压试验、介质损耗、电容值） | R | | |
| | | 3. 外观检查 | | W | |
| 7 | 散热器、冷却器 | 1. 核对生产厂家、型号 | R | | |
| | | 2. 原始质保书审查 | R | | |
| | | 3. 外观检查 | | W | |
| 8 | 电流互感器 | 1. 核对厂家、型号 | R | | |
| | | 2. 原始质保书审查（电流比、出头数、等级） | R | | |
| | | 3. 外观检查 | | W | |
| 9 | 装配部件（储油柜、油流继电器、压力释放阀、冷却器控制箱、温度计、气体继电器、油位计、风机、胶囊、各类阀门、油泵、吸湿器等） | 1. 核对厂家、型号 | R | | |
| | | 2. 原始质保书和试验报告审查 | R | | |
| | | 3. 外观检查 | | W | |
| 10 | 油箱制造 | 1. 本体轨距及配合尺寸核查 | | W | |
| | | 2. 焊接质量检查 | | W | |
| | | 3. 油箱附件预装配检查 | | W | |
| | | 4. 密封试验报告审查 | R | | |
| | | 5. 油箱油漆检查 | | W | |
| 11 | 铁芯制造 | 1. 硅钢片表面质量、剪切质量检查 | | W | |
| | | 2. 铁芯装配检查 | | W | |
| | | 3. 铁芯尺寸检查 | | W | |
| | | 4. 铁芯对夹件绝缘检查 | | W | |
| 12 | 线圈制造 | 1. 绕组线、绝缘材料和绝缘件等现场检查 | | W | |
| | | 2. 绕组线焊接检查 | | W | |

（续表）

| 序号 | 零部件及工序名称 | 监造内容 | 文件见证点（R） | 现场见证点（W） | 停止点（H） |
|---|---|---|---|---|---|
| 12 | 线圈制造 | 3. 线圈高度、内径、外径、出线及位置偏差检查 | | W | |
| | | 4. 线圈干燥过程检查 | | W | |
| 13 | 器身装配 | 1. 铁芯对夹件绝缘电阻复核 | | W | |
| | | 2. 分接开关厂家和型号核对，现场操作检查 | | W | |
| | | 3. 焊接引线检查 | | W | |
| | | 4. 线圈中间试验检查（直流电阻、变比测试） | | W | |
| | | 5. 器身干燥过程检查 | | W | |
| 14 | 总装配 | 1. 器身起吊、下箱检查 | | W | |
| | | 2. 油箱密封检查 | | W | |
| | | 3. 升高座和电气互感器安装检查 | | W | |
| | | 4. 套管电缆安装检查 | | W | |
| | | 5. 压力释放阀、气体继电器等附件安装检查 | | W | |
| | | 6. 整体密封试验 | | | H |
| 15 | 例行试验（具体项目依据采购技术文件） | 1. 绕组电阻测量 | | | H |
| | | 2. 电压比测量和联接组标号鉴定 | | | H |
| | | 3. 短路阻抗和负载损耗测量 | | | H |
| | | 4. 空载损耗和空载电流测量 | | | H |
| | | 5. 绕组对地及绕组间直流绝缘电阻测量 | | | H |
| | | 6. 绝缘例行试验 | | | H |
| | | 7. 有载分接开关试验（如适用） | | | H |
| | | 8. 液浸式变压器压力密封试验 | | | H |
| | | 9. 充气式变压器邮箱压力密封试验 | | | H |
| | | 10. 内装电流互感器变比和极性试验 | | | H |
| | | 11. 液浸式变压器铁心和夹件绝缘检查 | | | H |
| | | 12. 绝缘液试验 | | | H |

（续表）

| 序号 | 零部件及工序名称 | 监造内容 | 文件见证点（R） | 现场见证点（W） | 停止点（H） |
|---|---|---|---|---|---|
| 16 | 附加例行试验（设备最高电压$U_m$＞72.5kV的变压器，具体项目依据采购技术文件） | 1. 绕组对地和绕组间电容测量 | | | H |
| | | 2. 绝缘系统电容的介质损耗因数（tan$\delta$）测量 | | | H |
| | | 3. 除分接开关油室外的每个独立油室的绝缘液中溶解气体的测量 | | | H |
| | | 4. 在90%和110%额定电压下的空载损耗和空载电流测量 | | | H |
| 17 | 型式试验（具体项目依据采购技术文件） | 1. 温升试验 | | | H |
| | | 2. 绝缘型式试验 | | | H |
| | | 3. 声级测定 | | | H |
| | | 4. 风扇和油泵电机功率测定 | | | H |
| | | 5. 在90%和110%额定电压下的空载损耗和空载电流测量 | | | H |
| 18 | 特殊试验（具体项目依据采购技术文件） | 1. 绝缘特殊试验 | | | H |
| | | 2. 绕组热点温升测量 | | | H |
| | | 3. 绕组对地和绕组间电容测量 | | | H |
| | | 4. 绝缘系统电容的介质损耗因数（tan$\delta$）测量 | | | H |
| | | 5. 暂态电压传输特性测定 | | | H |
| | | 6. 三项变压器零序阻抗测量 | | | H |
| | | 7. 短路承受能力试验 | | | H |
| | | 8. 液浸式变压器真空变形试验 | | | H |
| | | 9. 液浸式变压器压力变形试验 | | | H |
| | | 10. 液浸式变压器现场真空密封试验 | | | H |
| | | 11. 频率响应测量 | | | H |
| | | 12. 外部涂层检查 | | | H |
| | | 13. 绝缘液中溶解气体测量 | | | H |
| | | 14. 油箱运输适应性机械试验或评估 | | | H |
| | | 15. 运输质量的测定 | | | H |
| 19 | 控制箱 | 1. 材质检查 | | W | |
| | | 2. 板厚检查 | | W | |

(续表)

| 序号 | 零部件及工序名称 | 监造内容 | 文件见证点（R） | 现场见证点（W） | 停止点（H） |
|---|---|---|---|---|---|
| 19 | 控制箱 | 3. 防护等级检查 | | W | |
| | | 4. 端子排外观质量检测 | | W | |
| | | 5. 导线型号核对 | | W | |
| | | 6. 导线布局外观检查 | | W | |
| | | 7. 电气元件原产地及型号核对 | | W | |
| | | 8. 接线外观质量检测 | | W | |
| 20 | 涂漆及包装 | 1. 整件涂漆、防锈处理 | R | | |
| | | 2. 包装质量检查 | | W | |
| | | 3. 出厂文件核对 | R | | |

# 气体绝缘金属封闭开关设备（GIS）监造大纲

# 目 录

前 言 …………………………………………………………………………… 303
1 总则 …………………………………………………………………………… 304
2 零部件及组件 ………………………………………………………………… 306
3 装配 …………………………………………………………………………… 306
4 型式试验及出厂试验 ………………………………………………………… 310
5 涂装与发运 …………………………………………………………………… 311
6 气体绝缘金属封闭开关设备（GIS）驻厂监造主要质量控制点 …………… 311

# 前 言

《气体绝缘金属封闭开关设备（GIS）监造大纲》是参照GB/T 1.1—2009《标准化工作导则　第1部分：标准的结构和编写》给出的规则起草。

本大纲由中国石油化工集团有限公司物资装备部提出。

本大纲2010年9月第一次发布，本次为修订升版。

本大纲起草单位：上海众深科技股份有限公司。

本大纲起草人：孙亮亮、贺立新、刘鑫、李科锋、吴茂成。

# 气体绝缘金属封闭开关设备（GIS）监造大纲

## 1 总则

1.1 内容和适用范围。

1.1.1 本大纲主要规定了采购单位（或使用单位）对石油化工工业用气体绝缘金属封闭开关设备（GIS）制造过程监造的基本内容及要求，是委托驻厂监造的主要依据。

1.1.2 本大纲适用于石油化工工业用气体绝缘金属封闭开关设备（GIS）制造过程监造，同类设备可参照使用。

1.1.3 本大纲中具体技术要求如与采购技术文件不一致时，原则上应以采购技术文件为准。

1.2 监造工作的基本要求。

1.2.1 监造人员要求。

1.2.1.1 监造人员应与所在监造单位有正式劳动合同关系。

1.2.1.2 监造人员应严格依据监造委托合同，履行监造职责，完成监造任务。

1.2.1.3 监造人员应持有不低于中国设备监理协会颁发的专业设备监理师资格证书，监造人员有二年（或以上）的监造业务经验，在相应专业岗位工作三年以上。

1.2.1.4 监造人员应熟悉监造物资的制造工艺，掌握制造过程中的质量技术要求和检验试验关键控制点。

1.2.1.5 监造人员在监造活动过程中应遵守有关保密约定和规定。

1.2.1.6 监造人员应遵守制造厂HSSE或安全生产管理制度的相关规定，严格执行劳保着装和安全防护要求。

1.2.2 监造工作程序。

1.2.2.1 监造人员在开始监造的10个工作日内，对制造厂商的人员资质、生产工艺、装备能力和质保体系运行情况进行检查和评估，并向委托方提供质量风险评估报告，明确风险等级（高、中、低、无）。

1.2.2.2 监造单位在收到采购技术文件后，10个工作日内编制完成《监造大纲》。

1.2.2.3 监造单位在获得设计相关图纸、制造工艺、质量控制计划、生产进度计划后，15日内编制完成《监造实施细则》。

1.2.2.4 监造人员应配备必要的用于平行检查且检定合格的检测器具。

1.2.2.5 监造人员应按委托方的通知或有关要求参加或组织召开预检验会议,与制造厂商对接确定检验试验计划和质量控制点,并经委托方确认。

1.2.2.6 监造人员应组织制造厂质量、技术、生产及经营(项目管理)等相关部门召开监理周例会,通报监造工作情况,协调解决质量进度问题,结合生产进度计划安排后续监造工作,并形成会议纪要。

1.2.2.7 监造人员在监造实施过程中,如发现质量隐患、质量问题以及可能影响交货期的重大因素时,应及时报委托方,并以书面形式通知制造厂商,要求制造厂商采取有效措施予以整改,若制造厂商延误或拒绝整改时,可责令其停工。

1.2.2.8 对于原材料、外购件以及外协加工、外协检测和外协检验试验等过程,监造人员应重点审查质量证明文件、外协单位资质、人员资质、工艺文件和检验试验报告等。并依据监造实施细则和检验试验计划中设置的监造访问点,实施质量控制。

1.2.2.9 实施监造的物资经现场监造人员确认符合标准规范和订单约定后按发货批次开具监造放行单,并报委托方。

1.2.2.10 全部监造工作完成后,应于30日内完成监造总结报告交付委托方。

1.3 监造单位应提交的文件资料。

1.3.1 目录(含页码)(必须)。

1.3.2 产品质量监造报告书(必须)。

1.3.3 监造工作总结(必须)。

1.3.4 监造大纲(必须)。

1.3.5 监造实施细则(必须)。

1.3.6 监造周报(必须)。

1.3.7 设计变更通知及往来函件(如有)。

1.3.8 监造工作联系单(如有)。

1.3.9 监造工程师通知单(如有)。

1.3.10 会议纪要(如有)。

1.3.11 监造放行单(必须)。

1.4 主要编制依据。

1.4.1 GB/T 1985 高压交流隔离开关和接地开关。

1.4.2 GB/T 7674 72.5kV及以上气体绝缘金属封闭开关设备。

1.4.3 GB/T 11022 高压开关设备和控制设备标准的共同技术要求。

1.4.4 GB/T 26429 设备工程监理规范。

1.4.5 DL/T 617 气体绝缘金属封闭开关设备技术条件。

1.4.6 IEC 60376 电气设备用工业级六氟化硫的规范。

1.4.7 IEC 62271-1 高压开关设备和控制设备 第1部分:通用规范。

1.4.8 IEC 62271-102 高压开关设备和控制设备 第102部分:交流隔离开关和接

地开关。

1.4.9　IEC 62271-203 高压开关设备和控制设备 第203部分：额定电压52kV以上用气体绝缘金属封闭型开关设备。

1.4.10　国家及行业相关材料及无损检测标准等。

1.4.11　采购技术文件。

## 2　零部件及组件

2.1　依据采购技术文件，核对喷嘴、触头、盆式绝缘子、支柱绝缘子、绝缘拉杆、密度继电器、压力表、金属外壳、伸缩节、密封件、外壳、吸附剂、安装吸附剂的防护罩、SF气体管路、SF气体等质保书、出厂试验报告、入厂验收记录，并逐一核对实物和进行外观检查。

2.2　依据采购技术文件，核对避雷器、电压互感器、电流互感器、套管、操作机构、压力释放装置、传动件（铝合金连板、杆）、底座、支架等部件的质保书、出厂试验报告、入厂验收记录，并逐一核对实物和进行外观检查。

2.3　绝缘子的出厂试验报告应包含绝缘试验、局部放电试验、压力试验和射线检测报告等。

2.4　绝缘拉杆的出厂试验报告应包含绝缘试验、局部放电试验和拉力强度试验等。

2.5　套管的出厂试验报告应包含瓷件密封面表面粗糙度、形位公差测量、外观检查、例行弯曲试验及记录等。

2.6　SF气体出厂试验报告应包含水分检测的内容。

2.7　传动件（铝合金连扳、杆）出厂试验报告应包含杆棒拉力强度、硬度等项目。

2.8　金属壳体的材料、尺寸、焊缝无损检测、开口方位、压力试验、外观等应符合采购技术文件和制造厂技术文件规定。

2.9　金属壳体质量证明文件应包括材质证明、压力试验、密封试验、焊缝无损检测报告等内容。

2.10　导体外观质量应检查，表面不允许有损伤。

## 3　装配

3.1　总体要求。

3.1.1　装配应按制造厂技术文件规定。

3.1.2　装配所处环境温度、湿度、洁净度要符合工艺要求，所使用的工装器具应干净、无污垢。

3.1.3　装配用的所有元件应是全新的、清洁的。

3.1.4　装配前，所有部件表面应清洁、无凸起、无伤痕、无异物、无斑点等缺陷。密封圈、法兰密封面、外壳筒体外观应进行检查。

3.1.5 对力矩有要求的紧固件、连接件，应使用力矩扳手。

3.1.6 外壳对接和封盖面应清洁、无异物，密封胶圈应平整。

3.2 断路器。

3.2.1 灭弧室装配。

3.2.1.1 装配前，各部件检查核对，重点检查触头、屏蔽罩、喷嘴和导体表面的清洁和完好性。

3.2.1.2 按图纸和装配工艺要求，检查关键工序和装配尺寸，传动动作顺畅自如。

3.2.1.3 核查灭弧室装配尺寸。

3.2.1.4 导电回路电阻应进行检查。

3.2.2 断路器本体装配。

3.2.2.1 确认断路器金属罐体的水压试验记录符合要求，焊缝外观无任何裂纹、焊瘤、放电痕、飞溅附着物。

3.2.2.2 所有密封面、法兰面（密封槽）、密封圈应清洁，使用过的密封圈，不允许再次使用。

3.2.2.3 绝缘拉杆、盆式绝缘子、绝缘件等应表面清洁、无裂纹、无气泡、无伤痕、无异物。

3.2.2.4 核查同批次绝缘拉杆、盆式绝缘子、绝缘件的局部放电量、工频耐压和X射线检测的抽检试验报告。

3.2.2.5 绝缘拉杆连接结构应牢固，有预防绝缘拉杆脱落的有效措施。

3.2.2.6 吸附剂装配和吸附剂的防护罩应进行检查。

3.2.2.7 螺栓紧固点力矩值应达到技术标准的要求。外露的螺栓按力矩要求紧固好以后，做紧固标识线。

3.2.2.8 对于装配完毕的断路器本体，在封盖前应进一步清洁内部，确认内部清洁、无遗留物后封盖。

3.2.2.9 吸附剂装配后应抽真空，合格后充$SF$气体。

3.2.2.10 断路器行程、超程、开距等机械参数和主回路电阻应进行检查。

3.2.3 操作机构装配。

3.2.3.1 传动部件装配尺寸、形位公差应进行检查。

3.2.3.2 传动部件动作应顺畅自如，可靠；接线端子和端子排标识应清楚；箱门密封应进行检查，门框及手柄转动应灵活；机构箱外壳应有防锈、防腐蚀措施；机构箱外壳防护等级应符合采购技术文件要求。

3.2.3.3 应根据电气原理图用万用表检查辅助回路和控制回路所有线路连接，且应符合设计图样要求。

3.2.3.4 二次接线应进行检查，二次线端子及端子排标识清晰，一个端子只允许接入一根导线，端子排固定牢固，确保其不因使用时的振动、发热等而引起松动。

3.2.3.5 分、合闸线圈直流电阻应符合图样要求。

3.2.3.6 分、合闸线圈的铁芯动作应灵活，无卡阻；铁芯运动行程及配合间隙应满足相关规定要求。

3.2.4 断路器单元整体装配。

3.2.4.1 装配尺寸应进行检查。

3.2.4.2 各紧固点力矩值应达到标准要求，应按工艺要求进行螺栓紧固作业。紧固力矩符合要求后，应及时做紧固标识线。

3.2.4.3 弹簧操作或液压操作机构，应符合相关技术规定。

3.2.4.4 断路器本体与操动机构装配后，应进行手动分、合操作检查；辅助开关的接点应进行检查；断路器分、合闸指示标识应清晰，动作指示位置应进行检查。

3.2.4.5 断路器行程、超程、开距应满足图样要求。

3.2.4.6 导电主回路电阻应进行检查。

3.3 隔离开关和接地开关。

3.3.1 本体装配。

3.3.1.1 动、静触头、均压罩、导电杆等元件应清洁、无毛刺、无划痕、无斑点。

3.3.1.2 绝缘拉杆表面、盆式绝缘子、绝缘件的表面应清洁、光滑、无毛刺、不起层。

3.3.1.3 核查同批次绝缘拉杆、盆式绝缘子、绝缘件的局部放电量、工频耐压和X射线检测的抽检试验报告。

3.3.1.4 动、静触头装配尺寸、形位公差、同心度应进行检查。

3.3.1.5 本体机械部件、传动部件等装配均正确，连接牢固、可靠。

3.3.1.6 绝缘拉杆连接结构应牢固，有预防绝缘拉杆脱落的有效工艺措施。

3.3.1.7 螺栓紧固点力矩值达到技术标准的要求，应按工艺要求进行螺栓紧固作业。紧固力矩符合要求后，应及时做紧固标识线。

3.3.1.8 本体装配后，其内部组件及腔体应清洁、无金属遗留物。

3.3.2 机构装配。

3.3.2.1 拐臂、传动轴、连接拉杆等传动部件装配应符合工艺规定。

3.3.2.2 应根据电气原理图用万用表检查辅助回路和控制回路所有线路连接，且应符合设计图纸要求。

3.3.2.3 二次接线应进行检查，二次线端子及端子排标识清晰，一个端子只允许接入一根导线，端子排固定牢固，确保其不因使用时的振动、发热等而引起松动。

3.3.2.4 机构箱门密封胶垫密封性应进行检查；门框及手柄转动应灵活。

3.3.3 隔离开关和接地开关单元整体装配。

3.3.3.1 传动机构与本体之间的连接应进行检查。

3.3.3.2 螺栓紧固应进行抽查。

3.3.3.3　隔离开关与接地开关分、合闸标识应清晰。

3.3.3.4　隔离开关和接地开关的手动分、合操作应进行检查。

3.3.3.5　辅助开关接点转换应进行检查。

3.3.3.6　行程、超程、开距等应符合设计图样的规定。

3.3.3.7　导电回路电阻应进行检查。

3.4　母线和分支母线装配。

3.4.1　动、静触头、均压罩、导电杆等元件应清洁、无毛刺、无划痕、无斑点。

3.4.2　金属导体表面光滑、清洁、无毛刺。

3.4.3　导体触头镀银层无斑点、无划痕、无磕碰痕迹。

3.4.4　母线接头装配尺寸及同心度、导电杆装配尺寸、形位公差应进行检查。

3.4.5　每段母线导体和外壳筒节尺寸应进行检查。

3.4.6　导体尺寸、形位公差应进行检查。

3.4.7　金属外壳内表面、法兰对接面、金属密封面（密封槽）外观质量应进行检查；外壳内、外表面应有防锈、防腐蚀措施。

3.4.8　罐体法兰与盆式绝缘子的连接、罐内导体与绝缘件的连结、罐体法兰端面连接紧固性及标识应进行抽查。

3.4.9　导电回路电阻应进行检查。

3.5　电流互感器装配。

3.5.1　装配前内部清洁度应进行检查。

3.5.2　二次绕组之间应紧实、夹紧牢固，无窜动，并符合设计图样的要求。

3.5.3　绕组数量、容量、准确级、变比等应符合采购技术文件的要求。

3.6　电压互感器装配。

3.6.1　法兰对接面、金属密封面（密封槽）、外壳筒体内部清洁度及外观应进行检查。

3.6.2　螺栓紧固应使用力矩扳手，按标准力矩和工艺要求进行紧固作业。

3.6.3　绕组数量、容量、准确级、变比等应符合采购技术文件的要求。

3.7　套管装配。

3.7.1　套管内、外表面，套管密封面外观质量应进行检查。

3.7.2　套管与导电杆装配形位公差、同心度应符合图样和装配工艺要求。

3.7.3　套管的泄漏比距应符合采购技术文件的要求。

3.8　避雷器装配。

3.8.1　法兰对接面、金属密封面（密封槽）应清洁、光滑。

3.8.2　避雷器的绝缘盆屏蔽罩凹面处应清洁、无异物。

3.8.3　螺栓紧固应使用力矩扳手，按标准力矩和工艺要求进行紧固作业。

3.8.4　动作记数器的外观应进行检查。

3.9 SF气体系统、压力释放装置装配。

3.9.1 SF密度继电器应完好、应有合格证、出厂试验报告，报警信号压力值、闭锁信号压力值、额定压力值等均应符合相关要求。

3.9.2 SF管道装配应进行检查，接头应无泄漏。

3.9.3 压力释放装置的布置位置应进行检查，确保排出压力气体时，不危及巡视人员的安全。

3.10 总装配。

3.10.1 断路器、隔离开关和接地开关试验报告应进行审查。

3.10.2 检查各元器件、部件如断路器、隔离开关、接地开关、母线及分支母线、电流互感器等按各自工艺要求完成装配工作，完整、无损，清洁度等符合要求。

3.10.3 外壳筒体内外表面、对接面、法兰密封面外观质量应进行检查。

3.10.4 母线伸缩节装配尺寸符合工艺要求。

3.10.5 封盖前内部清洁度应进行检查。

3.10.6 螺栓紧固应使用力矩扳手，按标准力矩和工艺要求进行紧固作业。

3.10.7 汇控柜二次接线应进行检查，并满足防水、防潮、防腐、防锈、防小动物要求。

3.10.8 一次接线应进行检查。

3.10.9 各单元间隔总体拼装的正确性、完整性应进行检查。

## 4 型式试验及出厂试验

4.1 应按照采购技术文件和相关要求的电气试验项目进行。

4.2 型式试验应按照采购技术文件规定，试验项目包括但不限于。

4.2.1 绝缘试验（包括雷电冲击、工频耐压、局部放电及辅助回路耐压试验）。

4.2.2 主回路电阻测量和各部分温升试验。

4.2.3 主回路及接地回路的动稳定和热稳定试验。

4.2.4 高压断路器的开断和关合能力试验。

4.2.5 断路器、隔离开关及接地开关关合能力试验。

4.2.6 机械操作试验。

4.2.7 闭锁、辅助回路的试验及防护等级检查。

4.2.8 外壳强度试验。

4.2.9 抗震试验。

4.2.10 压力释放试验。

4.2.11 无线电干扰（RIV）试验。

4.2.12 内部故障电弧影响试验。

4.2.13 固体绝缘材料和浇注绝缘子试验。

4.2.14 极限温度下操作试验。

4.2.15 密封性试验。

4.2.16 防雨试验。

4.2.17 噪声检查。

4.3 出厂试验按采购技术文件规定，试验项目一般包括以下内容。

4.3.1 主回路工频耐压试验（包括相对地、相间及高压开关断口间）。

4.3.2 辅助和控制回路的绝缘试验。

4.3.3 主回路电阻测量。

4.3.4 局部放电试验。

4.3.5 外壳压力试验。

4.3.6 密封性试验。

4.3.7 SF气体含水量测量。

4.3.8 机械特征和机械操作试验。

4.3.9 电动和液压的辅助装置试验。

4.3.10 接线检查。

## 5 涂装与发运

5.1 运输单元各气室应充入0.03~0.1MPa低压力的干燥气体（SF或高纯氮气），并应装有监视气体状况的密度继电器或压力表。

5.2 GIS外壳整洁，油漆完好，无磕碰、划伤、变形。有防雨、防潮、防碰撞、防变形的有效措施。有运输标志和符号（如防雨、防潮、向上、小心轻放、由此起吊和重心点等）。

5.3 包装箱的防护措施和标识应进行检查。

5.4 出厂文件应有拆卸一览表，装箱单。实物、数量应逐一进行核对检查。

5.5 装箱及出厂文件检查。

## 6 气体绝缘金属封闭开关设备（GIS）驻厂监造主要质量控制点

6.1 文件见证点（R）：由监造人员对设备材料制造过程有关文件、记录或报告进行见证而预先设定的监造质量控制点。

6.2 现场见证点（W）：由监造人员对设备材料制造过程、工序、节点或结果进行现场见证而预先设定的监造质量控制点，且应包括相关文件见证点（R）质量控制内容。

6.3 停止点（H）：由监造人员见证并签认后才可转入下一个过程、工序或节点而预先设定的监造质量控制点，应包括相关现场见证点（W）和文件见证点（R）质量控制内容。

| 序号 | 零部件及工序名称 | 监造内容 | 文件见证点（R） | 现场见证点（W） | 停止点（H） |
|---|---|---|---|---|---|
| 1 | 盆式绝缘子 | 1. 原产地及型号核对 | R | | |
| | | 2. 合格证审查 | R | | |
| | | 3. 外观及尺寸检查 | | W | |
| 2 | 触头、防爆膜 | 1. 原产地及型号核对 | R | | |
| | | 2. 合格证审查 | R | | |
| | | 3. 外观及尺寸检查 | | W | |
| 3 | 外壳 | 1. 原材料审查 | R | | |
| | | 2. 焊缝无损检测 | R | | |
| | | 3. 焊接外观质量检查 | | W | |
| | | 4. 压力试验 | | | H |
| | | 5. 密封试验 | | | H |
| 4 | 套管 | 1. 原产地及型号核对 | R | | |
| | | 2. 合格证审查 | R | | |
| | | 3. 载荷试验报告审查 | R | | |
| | | 4. 局部放电量试验报告审查 | R | | |
| | | 5. 介质损失因数及电容量试验报告审查 | R | | |
| | | 6. 60s工频耐压试验报告审查 | R | | |
| | | 7. 外观及尺寸检查 | | W | |
| 5 | 伸缩节 | 1. 原产地及型号核对 | R | | |
| | | 2. 合格证审查 | R | | |
| | | 3. 伸缩量及外观质量检查 | | W | |
| 6 | 电压互感器 | 1. 原产地及型号核对 | R | | |
| | | 2. 参数核对 | R | | |
| | | 3. 耐压试验报告审查 | R | | |
| | | 4. 绝缘试验报告审查 | R | | |
| | | 5. 变比实测数据核对 | R | | |
| | | 6. 外观及尺寸检查 | | W | |
| 7 | 避雷器 | 1. 原产地及型号核对 | R | | |
| | | 2. 合格证审查：绝缘、耐压、电阻、温升等试验报告审查 | R | | |
| | | 3. 外观质量检查 | | W | |

(续表)

| 序号 | 零部件及工序名称 | 监造内容 | 文件见证点（R） | 现场见证点（W） | 停止点（H） |
|---|---|---|---|---|---|
| 8 | 电流互感器 | 1. 原产地及型号核对 | R | | |
| | | 2. 参数核对 | R | | |
| | | 3. 绝缘试验报告审查 | R | | |
| | | 4. 绕组电阻测试 | R | | |
| | | 5. 极性试验 | R | | |
| | | 6. 工频耐压试验报告审查 | R | | |
| | | 7. 误差试验报告审查 | R | | |
| | | 8. 励磁特性试验报告审查 | R | | |
| | | 9. 外观质量检查 | | W | |
| 9 | 断路器装配 | 1. 装配前各零部件标识及外观质量检查 | | W | |
| | | 2. 灭弧室装配质量检查 | | W | |
| | | 3. 断路器本体装配质量检查 | | W | |
| | | 4. 操作机构装配质量检查 | | W | |
| | | 5. 断路器单元整体装配质量检查 | | W | |
| 10 | 隔离开关和接地开关装配 | 1. 装配前各零部件外观质量检查 | | W | |
| | | 2. 传动机构装配质量检查 | | W | |
| | | 3. 隔离开关和接地开关装配质量检查 | | W | |
| 11 | 母线和分支母线装配 | 1. 装配前各零部件外观质量检查 | | W | |
| | | 2. 母线导体和外壳筒体尺寸连接检查 | | W | |
| | | 3. 密封面质量检查 | | W | |
| 12 | 电流、电压互感器装配 | 1. 参数核对 | | W | |
| | | 2. 电流互感器装配紧实度检查 | | W | |
| | | 3. 装配质量检查 | | W | |
| 13 | 套管装配 | 1. 装配前外观质量检查 | | W | |
| | | 2. 套管与导电杆装配质量检查 | | W | |
| | | 3. 导电回路电阻检查 | | W | |
| 14 | 避雷器装配 | 1. 避雷器外观质量检查 | | W | |
| | | 2. 密封面清洁度检查 | | W | |
| | | 3. 避雷器动作计数器及附件完好性检查 | | W | |

（续表）

| 序号 | 零部件及工序名称 | 监造内容 | 文件见证点（R） | 现场见证点（W） | 停止点（H） |
|---|---|---|---|---|---|
| 15 | SF气体系统、压力释放装置 | 1. SF₆密度继电器合格证审查 | R | | |
| | | 2. 密度继电器装配质量检查 | | W | |
| | | 3. 压力释放装置安装位置检查 | | W | |
| 16 | 控制柜 | 1. 电气元件安装质量检查 | | W | |
| | | 2. 内部接线质量检查 | | W | |
| | | 3. 防护等级检查 | | W | |
| | | 4. 外观质量检查 | | W | |
| 17 | 总装配检查 | 1. 外壳筒体安装前外观质量检查 | | W | |
| | | 2. 母线伸缩节装配质量检查 | | W | |
| | | 3. 封盖前内部清洁度检查 | | W | |
| | | 4. 各个单元总体组装检查 | | W | |
| 18 | 型式试验 | 1. 绝缘试验（包括雷电冲击、工频耐压、局部放电及辅助回路耐压试验） | R | | |
| | | 2. 主回路电阻测量和各部分温升试验 | R | | |
| | | 3. 主回路及接地回路的动稳定和热稳定试验 | R | | |
| | | 4. 高压断路器的开断和关合能力试验 | R | | |
| | | 5. 断路器、隔离开关及接地开关关合能力试验 | R | | |
| | | 6. 机械操作试验 | R | | |
| | | 7. 闭锁、辅助回路的试验及防护等级检查 | R | | |
| | | 8. 外壳强度试验 | R | | |
| | | 9. 抗震试验 | R | | |
| | | 10. 压力释放试验 | R | | |
| | | 11. 无线电干扰（RIV）试验 | R | | |
| | | 12. 内部故障电弧影响试验 | R | | |
| | | 13. 固体绝缘材料和浇注绝缘子试验 | R | | |
| | | 14. 极限温度下操作试验 | R | | |
| | | 15. 密封性试验 | R | | |
| | | 16. 防雨试验 | R | | |
| | | 17. 噪声检查 | R | | |

（续表）

| 序号 | 零部件及工序名称 | 监造内容 | 文件见证点（R） | 现场见证点（W） | 停止点（H） |
|---|---|---|---|---|---|
| 19 | 出厂试验 | 1. 主回路工频耐压试验（包括相对地、相间及高压开关断口间） | | | H |
| | | 2. 辅助和控制回路的绝缘试验 | | | H |
| | | 3. 主回路电阻测量 | | | H |
| | | 4. 局部放电测量 | | | H |
| | | 5. 外壳压力试验 | R | | |
| | | 6. 密封性试验 | | | H |
| | | 7. SF气体含水量测量 | | | H |
| | | 8. 机械特征和机械操作试验 | | | H |
| | | 9. 电动辅助装置试验 | | | H |
| | | 10. 接线检查 | | | H |
| 20 | 涂装与发运 | 1. 发运前外观质量检查 | | W | |
| | | 2. 运输单元气室充气检查 | | W | |
| | | 3. 铭牌核对 | | W | |
| | | 4. 拆卸一览表、产品装箱单及出厂文件核对 | | W | |
| | | 5. 包装箱唛头及标志检查 | | W | |

315